住房和城乡建设行业技能人员知识丛书

钢筋加工配送工

主　编　伍任雄　曹　斌
副主编　张　意　谢　天　李　潇　徐　华

中国环境出版集团·北京

图书在版编目（CIP）数据

钢筋加工配送工 / 伍任雄，曹斌主编. —北京：中国环境出版集团，2022.3
（住房和城乡建设行业技能人员知识丛书）
ISBN 978-7-5111-3657-2

Ⅰ.①钢… Ⅱ.①伍… ②曹… Ⅲ.①钢筋—金属加工—技术培训—教材 Ⅳ.①TU755.3

中国版本图书馆 CIP 数据核字（2021）第 261419 号

出 版 人　武德凯
责任编辑　雷　杨
责任校对　任　丽
封面设计　彭　杉

出版发行　中国环境出版集团
（100062　北京市东城区广渠门内大街 16 号）
网　　址：http：//www.cesp.com.cn
电子邮箱：bjgl@cesp.com.cn
联系电话：010-67112765（编辑管理部）
010-67112739（第三分社）
发行热线：010-67125803，010-67113405（传真）
印　　刷　北京中科印刷有限公司
经　　销　各地新华书店
版　　次　2022 年 3 月第 1 版
印　　次　2022 年 3 月第 1 次印刷
开　　本　787×1092　1/16
印　　张　13.75
字　　数　350 千字
定　　价　65.00 元

编 委 会

前　言

为培育装配式混凝土建筑技能人才队伍，推动装配式混凝土建筑行业蓬勃发展，促进建筑业转型升级和高质量发展，我们邀请了多位知名专家和学者，经过对预制构件生产的经验总结以及对装配式混凝土建筑工程项目的实地考察，建立了一套科学的装配式混凝土建筑建造理论体系，结合实践经验和理论知识，参考有关国家、行业标准，共同编写了《住房和城乡建设行业技能人员知识丛书》，为装配式混凝土建筑技能人才培养提供服务，以提升从业人员职业技能，进一步提高工程质量和安全生产水平。

《住房和城乡建设行业技能人员知识丛书》包括《构件制作工》《构件装配工》《灌浆工》《预埋工》《打胶工》《钢筋加工配送工》《内装部品组装工》共 7 本；内容翔实、图文并茂、通俗易懂，涵盖了装配式混凝土建筑技术工人所需的理论知识和操作技能，能够使其全面掌握装配式混凝土建筑生产、施工的标准要求和工艺操作要领，满足装配式混凝土建筑技能人才培养的实际需要。

本书是《住房和城乡建设行业技能人员知识丛书》之一，由基础理论与操作技能两大部分组成，内容包括基本知识、工程建设法律法规、综合素养、钢筋加工配送工岗位基础知识、钢筋配料、钢筋加工、钢筋工程质量检查与验收、钢筋配送、拓展知识。

本书由重庆市建筑业协会组织编写，主编由重庆建工住宅建设有限公司伍任雄、重庆市建设岗位培训中心曹斌担任，副主编由重庆市住房和城乡建设技术发展中心谢天、重庆建工住宅建设有限公司张意和李潇、重庆建筑高级技工学校徐华担任；重庆市建设岗位培训中心杨旋、段光尧、孙惠芬、吴彦莹、侯绍堂、蒋廷浩，重庆市建筑业协会梁汉之、饶毅、袁勇、邓海英，重庆建工住宅建设有限公司戴广亮、何敏、罗庆志、邹倩、张健、陈博、周瑜、张宇、段文川、张柠、史灵玉、陈思庆、李津纬、文杰、符师瑜，重庆工商职业学院王清江、林昕、王志勇、范洁群，重庆市住房和城乡建设技术发展中心王永合、滕超、袁晓峰、张艺伟、王金伟、胡晴、周达，重庆大学黄乐鹏、王春艳，重庆合信检验认证有限公司舒唯，重庆市轨道交通（集团）有限公司周杨，中交一公局重庆城市建设发展有限公司周伟、王东旭参与编写。

本书由唐小林、陈怡宏主审。

本书可以作为装配式混凝土建筑一线人员的培训用书，同时也可作为装配式混凝土建筑从业人员参考用书。

在此对本书的各位编委和参与调研的专家、学者表示衷心感谢。

因时间仓促，经验不足，书中难免存在一些疏漏和缺陷，恳请专家和广大读者批评指正。

目　　录

基础理论篇

操作技能篇

基础理论篇

第一章　基本知识

第一节　装配式混凝土建筑的概念

装配式建筑是指结构系统、外围护系统、内装系统、设备与管线系统的主要部分采用预制部品构件集成的建筑。装配式建筑结构包括装配式混凝土结构、装配式钢结构、装配式木结构建筑三大体系。

装配式混凝土建筑如图 1-1 所示，是指建筑的结构系统由混凝土部件（预制构件）构成的装配式建筑，其结构形式包括装配整体式混凝土结构、全装配式混凝土结构等，在建筑工程中，简称装配式建筑，在结构工程中，简称装配式混凝土结构。

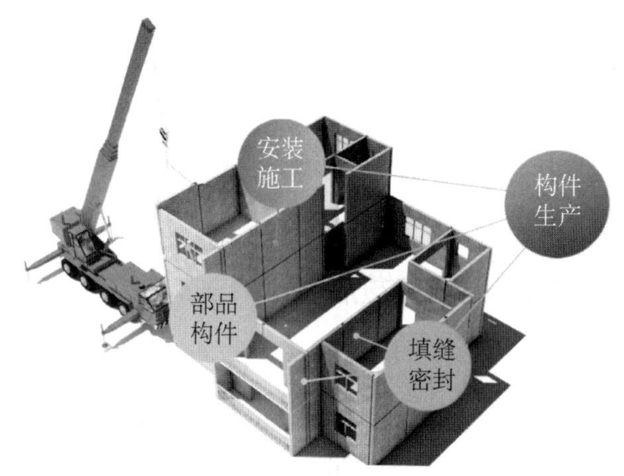

图 1-1　装配式混凝土建筑

装配式混凝土建筑可以采用多种装配式结构类型。当柱与柱、墙与墙、梁与柱或墙等预制构件之间，通过后浇混凝土和钢筋套筒灌浆连接等技术进行连接时，可保证装配式结构的整体性能，使其结构性能与现浇混凝土基本等同，此时称其为装配整体式混凝土结构，也可称之为装配整体式混凝土建筑。当墙与墙之间通过干式节点进行连接时，此时结构的总体刚度与现浇混凝土结构相比，会有所降低，此类结构不属于装配整体式结构。根据我国目前的技术水平和工程实践经验，对于高层建筑，主要采用装配整体式混凝土结构。

我国建筑业现阶段主要采用的是现场浇筑混凝土施工的传统方式，即从搭设脚手架、支设模板、绑扎钢筋到混凝土浇筑，大部分工作都在施工现场完成，现浇施工方式对城乡建设快速发展作出了很大的贡献，但材料浪费相对较多，施工精度相对不足，劳动力成本相对较高。为改变这种粗放式的湿法作业建造方式，《中共中央国务院关于进一步加强城市规划建设管理工作的若干意见》中明确要求：大力推广装配式建筑，减少建筑垃圾和扬尘污染，缩短建造工期，提升工程质量。制定装配式建筑设计、施工和验收规范；完善部品部件标准，实现建筑部品部件工厂化生产；鼓励建筑企业装配式施工，现场装配。建设国家级装配式混凝土建筑生产基地；加大政策支持力度，力争用10年左右时间，使装配式建筑占新建建筑的比例达到30%。

第二节　装配式混凝土结构

一、装配式混凝土结构的概念

装配式混凝土结构是指由预制混凝土构件通过可靠的连接方式装配而成的混凝土结构。我国目前常用的装配整体式混凝土结构是指由预制混凝土构件通过可靠的连接方式进行连接并与现场后浇混凝土、水泥基灌浆料形成整体的装配式混凝土结构，简称装配整体式结构；装配整体式结构包括装配整体式混凝土框架结构（简称装配整体式框架结构）、装配整体式混凝土剪力墙结构（简称装配整体式剪力墙结构）、装配整体式混凝土框架-剪力墙结构（简称装配整体式框架-剪力墙结构）等。

二、装配式混凝土结构的发展

我国从20世纪五六十年代开始研究装配式混凝土结构的设计施工技术，形成了一系列的装配式混凝土结构体系，较为典型的有装配式单层工业厂房建筑体系、装配式多层框架建筑体系、装配式大板建筑体系等。到20世纪80年代，我国装配式混凝土建筑的应用达到全盛时期，全国许多地方都形成了设计、制作和施工安装一体化的装配式建筑建造模式，其中装配式混凝土建筑和采用预制空心楼板的砌体建筑成为两种重要的建筑体系。由于当时装配式建筑的功能和物理性能等逐渐显露出许多缺陷和不足，我国有关装配式建筑的设计和施工技术研发水平又没有跟上社会需求及建筑技术的发展和变化。到20世纪80年代末，装配式混凝土建筑业开始迅速滑坡，逐渐被采用全现浇混凝土结构的建筑取代。直到21世纪，现浇施工方式所造成的环境污染、噪声影响、资源浪费、施工危险等弊端逐步显露，我国建筑业又开始重视装配式混凝土建筑的发展，形成了装配整体式混凝土剪力墙结构、装配整体式混凝土框架结构、装配整体式混凝土框架-剪力墙结构等多种结构体系，并得到大量应用。目前，我国装配式建筑发展较快的城市有深圳、济南、沈阳、上海和北京等，这些城市以示范、试点工程为切入点，在出台政策、技术创新、标准规范制定等方面大胆探索，一定程度上促进了我国装配式混凝土建筑的健康、持续、稳定、有序发展。

三、装配式混凝土结构体系

目前应用最多的装配式混凝土结构体系是装配整体式剪力墙结构，装配整体式框架结构也有一定的应用，装配整体式框架–剪力墙结构有少量应用。无论哪种结构体系，都是基于现浇混凝土结构的设计理念，设计方法与现浇混凝土结构基本相同。

1. 装配整体式剪力墙结构

（1）技术类型

按照主要受力构件的预制及连接方式，装配整体式剪力墙结构体系可以分为以下 3 种：

1）装配整体式剪力墙结构体系；

2）叠合剪力墙结构体系；

3）多层剪力墙结构体系。

各结构体系中装配整体式剪力墙结构体系应用较多，适用的房屋高度最大；叠合剪力墙结构体系目前主要应用于多层建筑或者低烈度区的高层建筑中；多层剪力墙结构体系目前应用较少，但基于其高效、简便的特点，在新型城镇化的推进过程中前景广阔。

此外，还有一种应用较多的剪力墙结构体系，即主体采用现浇剪力墙结构，外墙、楼梯、楼板、隔墙等采用预制构件。这种方式在我国南方部分省（区、市）应用较多，结构设计方法与现浇结构基本相同，但预制装配化程度较低。

（2）结构体系

装配整体式剪力墙结构是装配式混凝土结构的一种。以预制混凝土剪力墙墙板构件（简称预制墙板）和现浇混凝土剪力墙作为结构的竖向承重和水平抗侧力构件，通过整体式连接而成。其中包括同层预制墙板间以及预制墙板与现浇剪力墙的整体连接（采用竖向现浇段将预制墙板以及现浇剪力墙连接成为整体）、楼层间的预制墙板的整体连接（通过预制墙板底部结合面灌浆以及顶部的水平现浇带和圈梁，将相邻楼层的预制墙板连接成为整体）、预制墙板与水平楼盖之间的整体连接（水平现浇带和圈梁）。

新型的装配式混凝土建筑发展是从装配式混凝土住宅开始的，剪力墙结构无梁、柱外露的模式深受用户的认可。近几年装配整体式混凝土剪力墙结构住宅在国内发展迅速，被大量应用，目前主要做法有以下 3 种：

（1）部分或全部预制剪力墙承重体系。通过竖缝节点区后浇混凝土和水平缝节点区后浇混凝土带或圈梁，实现结构的整体连接；竖向受力钢筋采用套筒灌浆、浆锚搭接等连接技术进行连接。装配整体式剪力墙结构住宅如图 1-2 所示，北方地区的外墙板一般采用夹心保温预制混凝土外墙板如图 1-3 所示，它由内叶墙板、夹心保温层、外叶墙板 3 部分组成，内叶墙板和外叶墙板之间通过拉结件连接，可实现外装修、保温、承重一体化。

图 1-2　装配整体式剪力墙结构住宅

图 1-3　夹心保温预制混凝土外墙板

（2）叠合板式混凝土剪力墙结构如图 1-4 所示，即将剪力墙划分为三层，内外两层预制，通过桁架钢筋连接，中间现浇混凝土；墙板竖向和水平分布的钢筋通过附加钢筋实现间接搭接。

图 1-4　叠合板式混凝土剪力墙结构

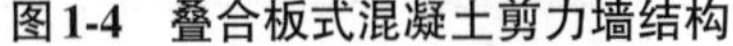

（3）预制剪力墙外墙模板如图 1-5 所示，即剪力墙外墙由预制的混凝土外墙模板和现浇部分形成，其中预制外墙模板设桁架钢筋与现浇部分连接，可部分参与结构受力。

图1-5　预制剪力墙外墙模板

2. 装配整体式框架结构

装配整体式框架结构体系主要参考日本的技术，柱竖向受力钢筋采用套筒灌浆技术进行连接，主要做法分为以下 2 种：一是节点区域预制（或梁柱节点区域和周边部分构件一并预制），这种做法将框架结构施工中最复杂的节点部分在工厂进行预制，避免节点区各个方向钢筋交叉避让的问题，这种做法对预制构件精度要求较高，且预制构件尺寸比较大，运输比较困难；二是梁、柱各自预制为线性构件，节点区域现浇，这种做法预制构件非常规整，但节点区域钢筋相互交叉较多，这也是此法需要考虑的最为关键的环节。

3. 装配整体式框架–剪力墙结构

装配整体式框架–剪力墙结构如图 1-6 所示，是一种常用的结构形式，与装配式框架结构中预制构件的种类相似，其中框架柱采用节点区域预制如图 1-7 所示，剪力墙采用现浇形式。

图1-6　装配整体式框架–剪力墙结构

图1-7　节点区域预制

四、装配式混凝土建筑结构的连接方式

装配式混凝土建筑结构的连接方式主要分为湿连接和干连接两类。

湿连接是用混凝土或水泥基浆料与钢筋结合形成的连接，如套筒灌浆连接、浆锚搭接连接和后浇混凝土连接等，适用于装配整体式混凝土建筑的连接；干连接主要是借助于金属连接，如螺栓连接、焊接等，适用于全装配式混凝土建筑的连接和装配整体式混凝土建筑中的外挂墙板等非主体结构构件的连接。

1. 套筒灌浆连接

套筒灌浆连接是指在预制混凝土构件中预埋的金属套筒中插入钢筋并灌注水泥基灌浆料而实现的钢筋连接方式。钢筋套筒灌浆连接主要用于装配式混凝土结构的剪力墙、预制柱的纵向受力钢筋的连接，也可用于叠合梁等后浇部位的纵向钢筋连接。

套筒灌浆连接的工作原理是将需要连接的带肋钢筋插入金属套筒内对接，在套筒内注入高强、早强且有微膨胀特性的灌浆料，灌浆料在套筒筒壁与钢筋之间形成较大的正向应力。在带肋钢筋的粗糙表面产生较大摩擦力，由此得以传递钢筋的轴向力，如图 1-8 所示。

灌浆料是以水泥为基本原料，配以适当的细集料、混凝土外加剂和其他材料组成的干混料，加水搅拌后具有良好的流动性、早强、高强、微膨胀等特性，填充于套筒与带肋钢筋的间隙内。

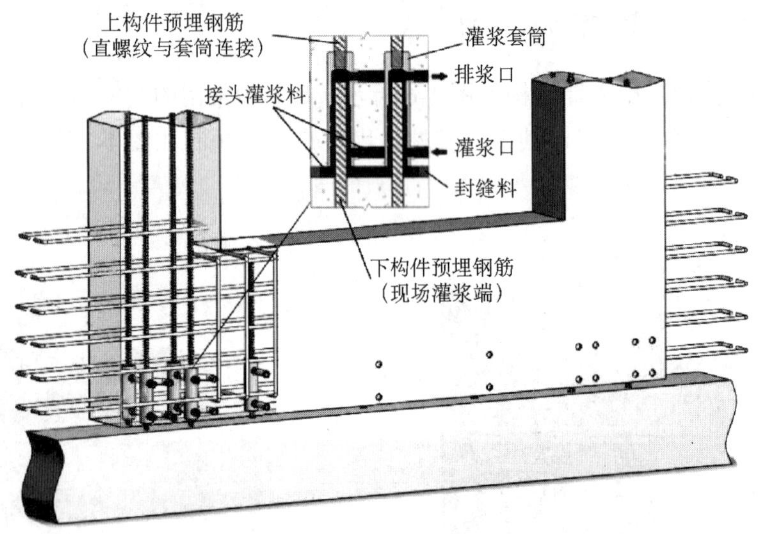

图 1-8 套筒灌浆连接

2. 浆锚搭接连接

浆锚搭接连接是指在预制混凝土构件中预留孔道，在孔道中插入需搭接的钢筋，并灌注水泥基浆料而实现的钢筋搭接连接方式。

浆锚搭接连接是基于黏结锚固原理进行连接的方法，在竖向结构构件下段范围内预留出竖向孔洞，孔洞内壁表面留有螺纹状粗糙面，周围配有横向约束螺旋箍筋，将下部装配式预制构件预留钢筋插入孔洞内，通过灌浆孔注入灌浆料将上下构件连接成一体。浆锚搭接连接常见形式有螺旋箍筋约束浆锚搭接连接和金属波纹管浆锚搭接连接，如图 1-9 所示。

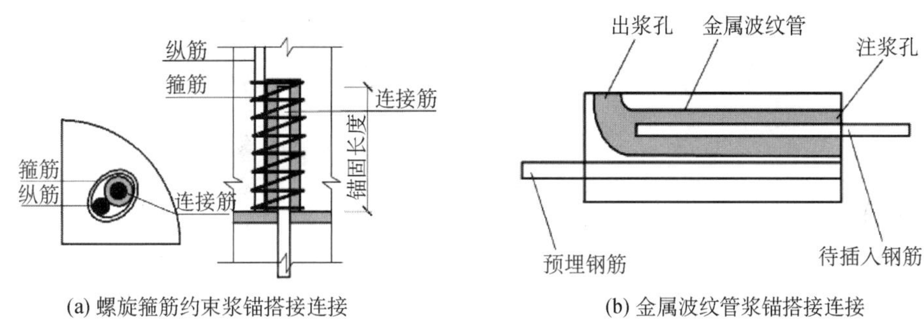

(a) 螺旋箍筋约束浆锚搭接连接　　(b) 金属波纹管浆锚搭接连接

图 1-9　浆锚搭接连接示意

3. 后浇混凝土连接

后浇混凝土是指预制构件安装后在预制构件连接区域或叠合层现场浇筑的混凝土。

后浇混凝土钢筋连接是后浇混凝土连接节点最重要的环节。后浇混凝土钢筋的连接可采用现浇结构钢筋的连接方式，主要包括机械螺纹套筒连接、钢筋搭接、钢筋焊接等。

五、预制混凝土构件

预制混凝土构件是指在工厂或现场预先制作的混凝土构件，简称预制构件。装配式混凝土预制构件主要有：预制柱、预制梁（叠合梁）、预制楼板（叠合楼板）、预制外墙板、预制内墙板、预制楼梯、预制阳台板、预制空调板、预制女儿墙、预制外挂墙板、预制内隔墙板等。

1. 预制柱

预制柱（图 1-10）是建筑物的主要竖向受力构件。预制柱的设计除满足承载力及正常使用阶段功能的要求外，还需要考虑生产线、运输限制、堆放等因素。预制柱设计的关键在于节点。

图 1-10　预制柱

2. 叠合梁

叠合梁（图 1-11）是分两次浇捣混凝土的梁，第一次在预制厂做成预制梁，作为上部现浇混凝土的永久性模板；第二次在施工现场进行，当预制梁吊装安放完成后，再浇捣上部的混凝土，使其连成整体，它是预制构件和现浇结构的互相结合，同时兼有两者的优点。

图1-11　叠合梁

3. 叠合楼板

最常见的预制混凝土叠合楼板主要有两种：一种是预制混凝土钢筋桁架叠合板（图 1-12），另一种是预制带肋底板混凝土叠合楼板。

图1-12　预制混凝土钢筋桁架叠合板

（1）预制混凝土钢筋桁架叠合板

预制混凝土钢筋桁架叠合板属于半预制构件，下部为预制混凝土板，外露部分为桁架钢筋。预制混凝土叠合板的预制部分最小厚度为 3～6 cm，叠合楼板在工地安装到位后应进行二次浇筑，从而成为整体实心楼板。钢筋桁架的主要作用是将后浇筑的混凝土层与预制底板连接成整体，并在制作和安装过程中提供刚度。伸出预制混凝土层的钢筋桁架和粗糙的混凝土表面保证了叠合楼板预制部分与现浇部分能有效地结合成整体。

（2）预制带肋底板混凝土叠合楼板

预制带肋底板混凝土叠合楼板一般为预应力带肋混凝土叠合楼板（简称 PK 板）。

PK 板具有以下优点：

1）预制底板厚 3 cm，自重约 1.1 kg/m^2，具有轻薄的特点。

2）用钢量最省。由于采用 1860 级高强度预应力钢丝，比其他叠合板用钢量节省约 60%。

3）承载能力强。破坏性试验承载力可达 1 100 kN/m^2。

4）抗裂性能好。采用了预应力，极大地提高了混凝土的抗裂性能。

5）新老混凝土接合好。采用了 T 形肋，新老混凝土互相咬合，新混凝土流入孔中产生销栓作用。

6）可形成双向板。在侧孔中横穿钢筋后，消除了传统叠合板只能作为单向板的弊病，且预埋管线方便。

（3）相关规定

1）叠合板应按《混凝土结构设计规范（2015 年版）》（GB 50010—2010）的规定进行设计，并应符合下列规定：

①叠合板的预制板厚度不宜小于 60 mm，后浇混凝土叠合层厚度不应小于 60 mm；

②当叠合板的预制板采用空心板时，板端空腔应封堵；

③跨度大于 3 m 的叠合板，宜采用桁架钢筋混凝土叠合板；

④跨度大于 6 m 的叠合板，宜采用预应力混凝土预制板；

⑤板厚大于 180 mm 的叠合板，宜采用混凝土空心板。

2）桁架钢筋混凝土叠合板应满足下列要求：

①桁架钢筋应沿主要受力方向布置；

②桁架钢筋距板边不应大于 300 mm，间距不宜大于 600 mm；

③桁架钢筋弦杆钢筋直径不宜小于 8 mm，腹杆钢筋直径不应小于 4 mm；

④桁架钢筋弦杆混凝土保护层厚度不应小于 15 mm。

4. 预制混凝土剪力墙墙板

（1）预制混凝土夹心保温外墙板

预制混凝土夹心保温外墙板（图 1-13）是指在工厂预制、内叶板为预制混凝土剪力墙、中间夹有保温层、外叶板为钢筋混凝土保护层的预制混凝土夹心保温剪力墙墙板（简称夹心保温外墙板）。内叶板侧面在施工现场通过预留钢筋与现浇剪力墙边缘构件连接，底部通过钢筋灌浆套筒与下层预制剪力墙预留钢筋相连。

图 1-13　预制混凝土夹心保温外墙板

（2）预制混凝土剪力墙内墙板

预制混凝土剪力墙内墙板（图 1-14）是指在工厂预制成的混凝土剪力墙构件。预制混凝土剪力墙内墙板侧面在施工现场通过预留钢筋与现浇剪力墙边缘构件连接，底部通过钢筋灌浆套筒与下层预制剪力墙预留钢筋相连。

5. 预制混凝土楼梯

预制混凝土楼梯分为梯段、平台梁、平台板三部分。梁板梯段由梯斜梁和踏步板组成，一般在梯斜梁支承踏步板处用水泥砂浆座浆连接，如需加强，可在梯斜梁上预埋插筋，与踏步板支承端预留孔插接，用高等级水泥砂浆或灌浆料填实。预制混凝土楼梯斜梁如图 1-15 所示。

图 1-14　预制混凝土剪力墙内墙板

图 1-15　预制混凝土楼梯斜梁

预制混凝土楼梯由工厂预制生产，现场安装，质量、效率可以极大提高，节约工期及人工成本，安装后无须再做饰面，结构施工段支撑少。预制混凝土楼梯在装配式建筑中应用广泛。

6. 预制混凝土阳台板、空调板、女儿墙

预制混凝土阳台板（图 1-16）能够克服现浇阳台支模复杂，现场高空作业费时、费力以及高空作业时的施工安全问题。

预制混凝土空调板（图 1-17）通常采用预制实心混凝土板，板顶预留钢筋通常与预制叠合板的现浇层相连。

预制混凝土女儿墙（图 1-18）处于屋面处外墙的延伸部位，通常有立面造型，采用预制混凝土女儿墙的优势是安装快速，节省工期。

图 1-16　预制混凝土阳台板

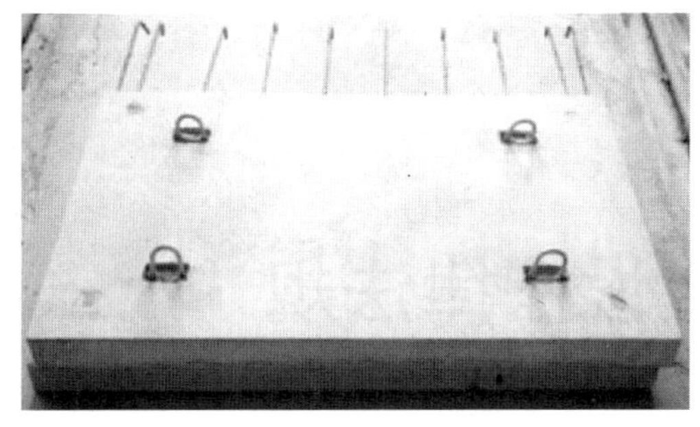
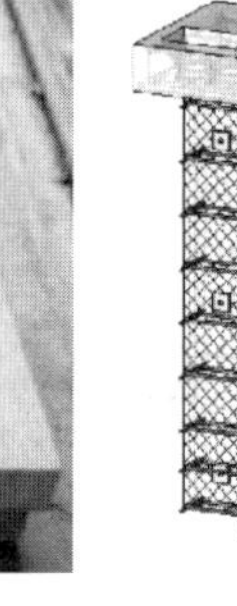

图1-17　预制混凝土空调板

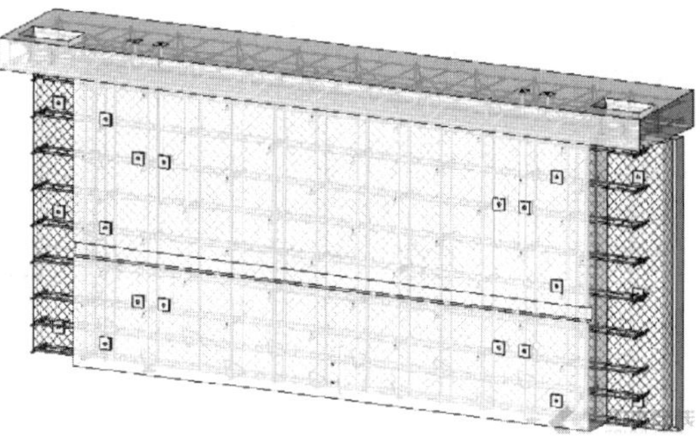

图1-18　预制混凝土女儿墙

7. 预制外挂墙板

装配式混凝土建筑中外挂墙板是集装饰、围护一体化，并在工厂预制加工成具有各类形态或质感的预制构件。

外挂墙板按其安装方向分为横向外挂板和竖向外挂板；根据采光方式分为有窗外挂板和无窗外挂板，有窗外挂板一般为连续满布式安装，无窗外挂板为分段安装外挂墙板，是装配式结构的非承重外围护构件。外挂墙板与主体的节点以金属连接件连接或螺栓连接，如图 1-19 所示。

图1-19　外挂墙板连接节点

第二章　工程建设法律法规

第一节　建设法律法规概述

一、建设法律法规的定义

建设法律法规是调整国家行政管理机关、法人、法人以外的其他组织、公民在建设活动中产生的社会关系的法律规范的总称。建设法律和建设行政法规构成了建设法的主体。建设法是以市场经济中建设活动产生的社会关系为基础，规范国家行政管理机关对建设活动的监管和市场主体之间经济活动的法律法规。

二、法的形式

法的形式是指法律的创制方式和外部表现形式。它包括四层含义：①法律规范创制机关的性质及级别；②法律规范的外部表现形式；③法律规范的效力等级；④法律规范的地域效力。法的形式取决于法的本质。在世界历史上存在过的法律形式主要有习惯法、宗教法、判例、规范性法律文件、国际惯例、国际条约等。在我国，习惯法、宗教法、判例不是法的形式。

我国法的形式是制定法形式，具体可分为以下七类：

1. 宪法

宪法是由全国人民代表大会依照特别程序制定的具有最高效力的根本法。宪法是集中反映统治阶级的意志和利益，规定国家制度、社会制度的基本原则，具有最高法律效力的根本大法。其主要功能是制约和平衡国家权力，保障公民权利。宪法是我国的根本大法，在我国法律体系中具有最高的法律地位和法律效力，是我国最高的法律形式。

宪法也是建设法律的最高形式，是国家进行建设管理、监督的权力基础。

2. 法律

法律是指由全国人民代表大会和全国人民代表大会常务委员会制定颁布的规范性法

律文件，即狭义的法律。法律分为基本法律和一般法律（又称非基本法律、专门法）两类。基本法律是由全国人民代表大会制定的调整国家和社会生活中带有普遍性的社会关系的规范性法律文件的统称，如《刑法》《民法典》《诉讼法》以及有关国家机构的组织法等法律。一般法律是由全国人民代表大会常务委员会制定的调整国家和社会生活中某种具体社会关系或其中某一方面内容的规范性文件的统称。全国人民代表大会和全国人民代表大会常务委员会通过的法律由国家主席签署主席令予以公布。

建设法律既包括专门的建设领域的法律，也包括与建设活动相关的其他法律。前者有《城乡规划法》《建筑法》《城市房地产管理法》等，后者有《民法典》《行政许可法》等。

3. 行政法规

行政法规是国家最高行政机关国务院根据宪法和法律就有关执行法律和履行行政管理职权的问题，以及依据全国人民代表大会及其常务委员会特别授权所制定的规范性文件的总称。行政法规由总理签署国务院令公布。

依照《立法法》的规定，国务院根据宪法和法律，制定行政法规。行政法规可以就下列事项作出规定：①为执行法律的规定需要制定行政法规的事项；②《宪法》第八十九条规定的国务院行政管理职权的事项。应当由全国人民代表大会及其常务委员会制定法律的事项，国务院根据全国人民代表大会及其常务委员会的授权决定先制定的行政法规，经过实践检验，制定法律的条件成熟时，国务院应当及时提请全国人民代表大会及其常务委员会制定法律。

现行的建设行政法规主要有《建设工程质量管理条例》《建设工程安全生产管理条例》《建设工程勘察设计管理条例》《城市房地产开发经营管理条例》《招标投标法实施条例》等。

4. 地方性法规、自治条例和单行条例

省、自治区、直辖市的人民代表大会及其常务委员会根据本行政区域的具体情况和实际需要，在不同宪法、法律、行政法规相抵触的前提下，可以制定地方性法规。设区的市的人民代表大会及其常务委员会根据本市的具体情况和实际需要，在不同宪法、法律、行政法规和本省、自治区的地方性法规相抵触的前提下，可以对城乡建设与管理、环境保护、历史文化保护等方面的事项制定地方性法规。设区的市的地方性法规须报省、自治区的人民代表大会常务委员会批准后施行。省、自治区的人民代表大会常务委员会对报请批准的地方性法规，应当对其合法性进行审查，同宪法、法律、行政法规和本省、自治区的地方性法规不抵触的，应当在 4 个月内予以批准。省、自治区的人民代表大会常务委员会在对报请批准的设区的市的地方性法规进行审查时，发现其同本省、自治区的人民政府的规章相抵触的，应当作出处理决定。

地方性法规可以就下列事项作出规定：①为执行法律、行政法规的规定，需要根据本行政区域的实际情况作具体规定的事项；②属于地方性事务需要制定地方性法规的事项。

省、自治区、直辖市的人民代表大会制定的地方性法规由大会主席团发布公告予以公布。省、自治区、直辖市的人民代表大会常务委员会制定的地方性法规由常务委员会发布公告予以公布。较大的市的人民代表大会及其常务委员会制定的地方性法规报经批准后，由较大的市的人民代表大会常务委员会发布公告予以公布。自治条例和单行条例报经批准后，分别由自治区、自治州、自治县的人民代表大会常务委员会发布公告予以公布。

目前，各地方都制定了大量的规范建设活动的地方性法规、自治条例和单行条例，如《北京市建筑市场管理条例》《天津市建筑市场管理条例》《新疆维吾尔自治区建筑市场管理条例》等。

5. 部门规章

国务院各部、委员会、中国人民银行、审计署和具有行政管理职能的直属机构，以及省、自治区、直辖市人民政府和较大的市的人民政府所制定的规范性文件统称规章。部门规章由部门首长签署命令予以公布。部门规章签署公布后，及时在《国务院公报》或者部门公报和中国政府法制信息网以及在全国范围内发行的报纸上刊载。

部门规章规定的事项应当属于执行法律或者国务院的行政法规、决定、命令的事项，其名称可以是“规定”“办法”和“实施细则”等。目前，大量的建设法规是以部门规章的方式发布的，如住房和城乡建设部发布的《房屋建筑和市政基础设施工程质量监督管理规定》《房屋建筑和市政基础设施工程竣工验收备案管理办法》《市政公用设施抗灾设防管理规定》等。

涉及两个以上国务院部门职权范围的事项，应当提请国务院制定行政法规或者由国务院有关部门联合制定规章。目前，国务院有关部门已联合制定了一些规章。

6. 地方政府规章

省、自治区、直辖市和设区的市、自治州的人民政府，可以根据法律、行政法规和本省、自治区、直辖市的地方性法规，制定地方政府规章。地方政府规章由省长或者自治区主席或者市长签署命令予以公布。地方政府规章签署公布后，及时在本级人民政府公报和中国政府法制信息网以及在本行政区域范围内发行的报纸上刊载。

地方政府规章可以就下列事项作出规定：①为执行法律、行政法规、地方性法规的规定需要制定规章的事项；②属于本行政区域的具体行政管理事项。设区的市、自治州的人民政府根据上述事项范围制定地方政府规章，限于城乡建设与管理、环境保护、历史文化保护等方面的事项。已经制定的地方政府规章，涉及上述事项范围以外的，继续有效。没有法律、行政法规、地方性法规的依据，地方政府规章不得设定减损公民、法人和其他组织权利或者增加其义务的规范。

7. 国际条约

国际条约是指我国与外国缔结、参加、签订、加入、承认的双边或多边的条约、协定和其他具有条约性质的文件。国际条约的名称，除条约外，还有公约、协议、协定、议定书、宪章、盟约、换文和联合宣言等。除我国在缔结时宣布持保留意见不受其约束的以外，这些条约的内容都与国内法具有一样的约束力，所以也是我国法的形式。例如，我国加入WTO后，WTO中与工程建设有关的协定也对我国的建设活动产生约束力。

三、工程建设法规的法律关系

1. 法律的主体客体

任何法律关系都是由主体、客体和内容三个要素构成的。

工程建设法律关系主体主要是指参加或管理、监督建设活动，受建设工程法律规范调整，在法律上享有权利、承担义务的自然人、法人或其他组织。

工程建设法律关系客体是指参加工程建设法律关系的主体享有的权利和承担的义务所共同指向的对象。

法人是指具有民事权利能力和民事行为能力，依法享有民事权利和承担民事义务的组织。

2. 代理的法律规定

（1）代理的概念

代理，是指代理人在代理权限内，以被代理人的名义实施民事法律行为。被代理人对代理人的代理行为承担民事责任。由此可见，在代理关系中，通常涉及三个人，即被代理人、代理人和第三人。

（2）代理的种类

代理有委托代理、法定代理和指定代理三种形式。

1）委托代理。委托代理，是指根据被代理人的委托而产生的代理，如公民委托律师代理诉讼就属于委托代理。

委托代理可采用口头形式委托，也可采用书面形式委托，如果法律明确规定必须采用书面形式委托的，则必须采用书面形式。如代签工程建设合同就必须采用书面形式。

在实际生活中，委托代理应注意下列问题：

①被代理人应慎重选择代理人。因为代理活动要由代理人来实施，且实施结果要由被代理人承担，如果代理人不能胜任工作，将会给被代理人带来不利的后果，甚至还会损害被代理人的利益。

②委托授权的范围要明确。由于委托代理是基于被代理人的委托授权而产生的，所以，被代理人的授权范围一定要明确。如果由于授权不明确而给第三人造成损失的，则被代理人要向第三人承担责任，代理人承担连带责任。

③委托代理的事项必须合法。被代理人自己不能亲自进行违法活动，也不能委托他人进行违法活动；同时，代理人也不能接受此类的委托，否则，被代理人、代理人要承担连

带责任。

2）法定代理。法定代理，是基于法律的直接规定而产生的代理。如父母作为监护人代理未成年人进行民事活动就是属于法定代理。法定代理是为了保护无民事行为能力的人或限制民事行为能力的人的合法权益而设立的一种代理形式，适用范围比较窄。

3）指定代理。指定代理，是指根据主管机关或人民法院的指定而产生的代理。这种代理也主要是为无民事行为能力的人和限制民事行为能力的人而设立的。如人民法院指定一名律师作为离婚诉讼中丧失民事行为能力而又无其他法定代理人的一方当事人的代理人，就属于指定代理。

（3）代理人在代理活动中应注意的问题

1）代理人应在代理权限范围内进行代理活动。如果代理人在没有代理权、超越代理权限范围或代理权终止后进行活动，即属于无权代理，倘若被代理人不予以追认的话，则由行为人承担法律责任。

2）代理人应亲自进行代理活动。代理关系中，被代理人的委托授权是基于对代理人的信任，委托代理就是建立在这种人身信任的基础上的。因此，代理人必须亲自进行代理活动，完成代理任务。

3）代理人应认真履行职责。代理人接受了委托，就有义务尽职尽责地完成代理工作。如果不履行或不认真履行代理职责而给被代理人造成损害的，代理人应承担赔偿责任。

4）不得滥用代理权。滥用代理权表现为：

①以被代理人的名义同自己实施法律行为。如以被代理人的名义同自己订立合同，就属于此种情形。

②代理双方当事人实施同一个法律行为。例如，在同一诉讼中，律师既代理原告，又代理被告，这就很可能损害一方或双方当事人的利益，因此，此种情形为法律所禁止。

③代理人与第三人恶意串通损害被代理人的利益。例如，代理人与第三人相互勾结，在订立合同时给第三人以种种优惠，而损害了被代理人的利益，对此，代理人、第三人要承担连带责任。

（4）代理权的终止

由于代理的种类不同，代理关系终止的原因也不尽相同。

1）委托代理的终止：

①代理期限届满或代理事务完成；

②被代理人取消委托或代理人辞去委托；

③代理人死亡或丧失民事行为能力；

④作为被代理人或代理人的法人组织终止。

2）法定代理或指定代理的终止：

①被代理人或代理人死亡；

②代理人丧失民事行为能力；

③被代理人取得或恢复民事行为能力；

④指定代理的人民法院或指定单位取消指定；

⑤由于其他原因引起的被代理人和代理人之间的监护关系消灭。

四、工程建设法规的法律责任

工程建设法律责任是指由于工程建设主体的违法行为、违约行为或者由于法律规定而应承受的某种不利的法律后果。

责任种类包括：民事责任、行政责任、刑事责任。

五、工程项目建设程序

1. 基本建设的含义

基本建设是指以固定资产扩大再生产为目的，进行的各种新建、改建、扩建、迁建、恢复工程及与之相关的各项建设工作。

2. 基本建设程序

基本建设程序是指建设项目从设想、选择、评估、决策、设计、施工到竣工验收、投入生产等的整个建设过程中，各项工作必须遵循的先后次序的法则。这个法则是人们在认识客观规律的基础上制定出来的，是建设项目科学决策和顺利进行的重要保证。按照建设项目发展的内在联系和发展过程，建设程序分为若干个阶段，这些阶段是有严格的先后次序的，不能任意颠倒而违反它的发展规律。

目前，我国基本建设程序的主要阶段有项目建议书阶段、可行性研究报告阶段、设计阶段、建设准备阶段、建设实施阶段和竣工验收阶段，即决策阶段、实施阶段和运行阶段。其中每个阶段又有不同内容，图 2-1 为我国基本建设程序与工程多次计价之间的关系。

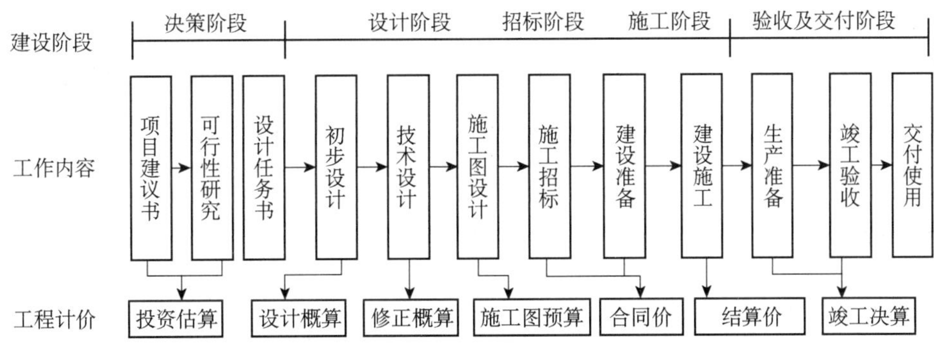

图 2-1　我国基本建设程序与工程多次计价之间的关系

主要阶段说明：

1）编制和报批项目建议书：大中型新建项目和限额以上的大型扩建项目，在上报项目建议书时必须附上初步可行性研究报告。项目建议书获得批准后即可立项。

2）编制和报批可行性研究报告：项目立项后即可由建设单位委托原编报项目建议书的设计院或咨询公司进行可行性研究，根据批准的项目建议书，在详细可行性研究的基础上，编制可行性研究报告，为项目投资决策提供科学依据。根据原国家计委发布的计投资〔1991〕1969号文件，“从本文下发之日起，将现行国内投资项目的设计任务书和利用外资项目的可行性研究报告统一称为可行性研究报告，取消设计任务书的名称”，“所有国内投资项目和利用外资的建设项目，在批准项目建议书以后，并进行可行性研究的基础上，一律编报可行性研究报告，可行性研究报告的编报程序、要求和审批权限与以前的设计任务书（可行性研究报告）一致”。

3）编制和报批设计文件：对于大型、复杂项目，可根据不同行业的特点和要求进行初步设计、技术设计和施工图设计三阶段设计；一般工程项目可采用初步设计和施工图设计两阶段设计。初步设计文件要满足施工图设计、施工准备、土地征用、项目材料和设备订货的要求；施工图设计应能满足建筑材料、构配件及设备的购置和非标准构配件及非标准设备的加工要求。

4）建设准备工作：包括组建筹建机构，征地、拆迁和场地平整；落实和完成施工用水、电、路等工程和外部协调条件；组织设备和特殊材料订货，落实材料供应，准备必要的施工图纸；组织施工招标、投标，择优选定施工单位，签订承包合同，确定合同价；报批开工报告等工作。开工报告获得批准后，建设项目方能开工建设，进行施工安装和生产准备工作。

5）建设施工：包括组织施工和生产准备。

6）项目施工验收、投产经营和后评价。

第二节　建筑法

《建筑法》主要适用于各类房屋建筑及其附属设施的构造和与其配套的线路、管道、设备的安装活动，但其中关于施工许可、企业资质审查和工程发包、承包、禁止转包，以及工程监理、安全和质量管理的规定，也适用于其他建筑工程的建筑活动。

一、建筑工程施工许可和从业资格的规定

建筑许可包括建筑工程施工许可和从业资格两个方面。

1. 建筑工程施工许可

（1）建筑许可的申领

建筑工程开工前，建设单位应当按照国家有关规定向工程所在地县级以上人民政府建设行政主管部门申请领取施工许可证；但是，国务院建设行政主管部门确定的限额以下的

小型工程除外。按照国务院规定的权限和程序批准开工报告的建筑工程，不再领取施工许可证。

申请领取施工许可证，应当具备下列条件：

①已经办理该建筑工程用地批准手续；

②依法应当办理建设规划许可证的，已经取得建设工程规划许可证；

③需要拆迁的，其拆迁进度符合施工要求；

④已经确定建筑施工企业；

⑤有满足施工需要的资金安排、施工图纸及技术资料；

⑥有保证工程质量和安全的具体措施。

（2）施工许可证申请的时间要求

建设行政主管部门应当自收到申请之日起 7 日内，对符合条件的申请颁发施工许可证。

建设单位应当自领取施工许可证之日起 3 个月内开工。因故不能按期开工的，应当向发证机关申请延期；延期以 2 次为限，每次不超过 3 个月。既不开工又不申请延期或者超过延期时限的，施工许可证自行废止。

（3）中止施工和恢复施工

在建的建筑工程因故中止施工的，建设单位应当自中止施工之日起 1 个月内，向发证机关报告，并按照规定做好建筑工程的维护管理工作。

建筑工程恢复施工时，应当向发证机关报告；中止施工满 1 年的工程恢复施工前，建设单位应当报发证机关核验施工许可证。

按照国务院有关规定批准开工报告的建筑工程，因故不能按期开工或者中止施工的，应当及时向批准机关报告情况。因故不能按期开工超过 6 个月的，应当重新办理开工报告的批准手续。

2. 从业资格

（1）单位资质

从事建筑活动的建筑施工企业、勘察单位、设计单位和工程监理单位，应当具备下列条件：

①有符合国家规定的注册资本；

②有与其从事的建筑活动相适应的具有法定执业资格的专业技术人员；

③有从事相关建筑活动所应有的技术装备；

④法律、行政法规规定的其他条件。

从事建筑活动的建筑施工企业、勘察单位、设计单位和工程监理单位，按照其拥有的注册资本、专业技术人员、技术装备和已完成的建筑工程业绩等资质条件，划分为不同的资质等级，经资质审查合格，取得相应等级的资质证书后，方可在其资质等级许可的范围内从事建筑活动。

（2）专业技术人员资格

从事建筑活动的专业技术人员，应当依法取得相应的执业资格证书，并在执业资格证书许可的范围内从事建筑活动。

二、建筑工程安全生产管理的规定

1. 总体方针和原则

建筑工程安全生产管理必须坚持安全第一、预防为主的方针，建立健全安全生产的责任制度和群防群治制度。

建筑工程设计应当符合按照国家规定制定的建筑安全规程和技术规范的要求，保证工程的安全性能。建筑施工企业在编制施工组织设计时，应当根据建筑工程的特点制定相应的安全技术措施；对专业性较强的工程项目，应当编制专项安全施工组织设计，并采取安全技术措施。

2. 施工企业应当采取的安全管理措施

建筑施工企业应当在施工现场采取维护安全、防范危险、预防火灾等措施；有条件的，应当对施工现场实行封闭管理。施工现场对毗邻的建筑物、构筑物和特殊作业环境可能造成损害的，建筑施工企业应当采取安全防护措施。

建筑施工企业必须依法加强对建筑安全生产的管理，执行安全生产责任制度，采取有效措施，防止伤亡和其他安全生产事故的发生。建筑施工企业的法定代表人对本企业的安全生产负责。

施工现场安全由建筑施工企业负责。实行施工总承包的，由总承包单位负责。分包单位向总承包单位负责，服从总承包单位对施工现场的安全生产管理。建筑施工企业应当建立健全劳动安全生产教育培训制度，加强对职工安全生产的教育培训；未经安全生产教育培训的人员，不得上岗作业。建筑施工企业和作业人员在施工过程中，应当遵守有关安全生产的法律、法规和建筑行业安全规章、规程，不得违章指挥或者违章作业。作业人员有权对影响人身健康的作业程序和作业条件提出改进意见，有权获得安全生产所需的防护用品。作业人员对危及生命安全和人身健康的行为有权提出批评、检举和控告。建筑施工企业应当依法为职工办理工伤保险并缴纳工伤保险费。鼓励企业为从事危险作业的职工办理意外伤害保险，并支付保险费。

3. 主体和结构变动

涉及建筑主体和承重结构变动的装修工程，建设单位应当在施工前委托原设计单位或者具有相应资质条件的设计单位提出设计方案；没有设计方案的，不得施工。房屋拆除应当由具备保证安全条件的建筑施工单位承担，由建筑施工单位负责人对安全负责。施工中发生事故时，建筑施工企业应当采取紧急措施减少人员伤亡和事故损失，并按照国家有关规定及时向有关部门报告。

三、建筑工程质量管理的规定

1. 认证

国家对从事建筑活动的单位推行质量体系认证制度。从事建筑活动的单位根据自愿原则可以向国务院产品质量监督管理部门或者国务院产品质量监督管理部门授权的部门认可的认证机构申请质量体系认证。经认证合格的，由认证机构颁发质量体系认证证书。

2. 建设各方的工程质量管理

建设单位不得以任何理由，要求建筑设计单位或者建筑施工企业在工程设计或者施工作业中，违反法律、行政法规和建筑工程质量、安全标准，降低工程质量。

建筑设计单位和建筑施工企业对建设单位违反前款规定提出的降低工程质量的要求，应当予以拒绝。

建筑工程实行总承包的，工程质量由工程总承包单位负责，总承包单位将建筑工程分包给其他单位的，应当对分包工程的质量与分包单位承担连带责任。分包单位应当接受总承包单位的质量管理。建筑工程的勘察、设计单位必须对其勘察、设计的质量负责。勘察、设计文件应当符合有关法律、行政法规的规定和建筑工程质量、安全标准、建筑工程勘察、设计技术规范以及合同的约定。设计文件选用的建筑材料、建筑构配件和设备，应当注明其规格、型号、性能等技术指标，其质量要求必须符合国家规定的标准。

建筑设计单位对设计文件选用的建筑材料、建筑构配件和设备，不得指定生产厂、供应商。建筑施工企业对工程的施工质量负责。建筑施工企业必须按照工程设计图纸和施工技术标准施工，不得偷工减料。工程设计的修改由原设计单位负责，建筑施工企业不得擅自修改工程设计。建筑施工企业必须按照工程设计要求、施工技术标准和合同的约定，对建筑材料、建筑构配件和设备进行检验，不合格的不得使用。

3. 维修和保修

建筑物在合理使用寿命内，必须确保地基基础工程和主体结构的质量。建筑工程竣工时，屋顶、墙面不得留有渗漏、开裂等质量缺陷；对已发现的质量缺陷，建筑施工企业应当修复。

交付竣工验收的建筑工程，必须符合规定的建筑工程质量标准，有完整的工程技术经济资料和经签署的工程保修书，并具备国家规定的其他竣工条件。建筑工程竣工经验收合格后，方可交付使用；未经验收或者验收不合格的，不得交付使用。

建筑工程实行质量保修制度。

建筑工程的保修范围应当包括地基基础工程、主体结构工程、屋面防水工程和其他土建工程，以及电气管线、上下水管线的安装工程，供热、供冷系统工程等项目；保修的期限应当按照保证建筑物合理寿命年限内正常使用、维护使用者合法权益的原则确定。具体的保修范围和最低保修期限由国务院规定。

四、施工单位违法行为的处罚规定

1. 施工资质

未取得施工许可证或者开工报告未经批准擅自施工的，责令改正，对不符合开工条件的责令停止施工，可以处以罚款。发包单位将工程发包给不具有相应资质条件的承包单位的，或者违反《建筑法》规定将建筑工程肢解发包的，责令改正，处以罚款。超越本单位资质等级承揽工程的，责令停止违法行为，处以罚款，可以责令停业整顿，降低资质等级；情节严重的，吊销资质证书；有违法所得的，予以没收。未取得资质证书承揽工程的，予以取缔，并处罚款；有违法所得的，予以没收。以欺骗手段取得资质证书的，吊销资质证书，处以罚款；构成犯罪的，依法追究刑事责任。建筑施工企业转让、出借资质证书或者以其他方式允许他人以本企业的名义承揽工程的，责令改正，没收违法所得，并处罚款，可以责令停业整顿，降低资质等级；情节严重的，吊销资质证书。对因该项承揽工程不符合规定的质量标准造成的损失，建筑施工企业与使用本企业名义的单位或者个人承担连带赔偿责任。

2. 安全生产

涉及建筑主体或者承重结构变动的装修工程擅自施工的，责令改正，处以罚款；造成损失的，承担赔偿责任；构成犯罪的，依法追究刑事责任。建筑施工企业违反《建筑法》规定，对建筑安全事故隐患不采取措施予以消除的，责令改正，可以处以罚款；情节严重的，责令停业整顿，降低资质等级或者吊销资质证书；构成犯罪的，依法追究刑事责任。建筑施工企业的管理人员违章指挥、强令职工冒险作业，因而发生重大伤亡事故或者造成其他严重后果的，依法追究刑事责任。

3. 质量管理

建设单位违反《建筑法》规定，要求建筑设计单位或者建筑施工企业违反建筑工程质量、安全标准，降低工程质量的，责令改正，可以处以罚款；构成犯罪的，依法追究刑事责任。建筑设计单位不按照建筑工程质量、安全标准进行设计的，责令改正，处以罚款；造成工程质量事故的，责令停业整顿，降低资质等级或者吊销资质证书，没收违法所得，并处罚款；造成损失的，承担赔偿责任；构成犯罪的，依法追究刑事责任。

建筑施工企业在施工中偷工减料的，使用不合格的建筑材料、建筑构配件和设备的，或者有其他不按照工程设计图纸或者施工技术标准施工的行为的，责令改正，处以罚款；情节严重的，责令停业整顿，降低资质等级或者吊销资质证书；造成建筑工程质量不符合规定的质量标准的，负责返工、修理，并赔偿因此造成的损失；构成犯罪的，依法追究刑事责任。建筑施工企业违反《建筑法》规定，不履行保修义务或者拖延履行保修义务的，责令改正，可以处以罚款，并对在保修期内因屋顶、墙面渗漏、开裂等质量缺陷造成的损失，承担赔偿责任。

4. 承担责任

《建筑法》规定的责令停业整顿、降低资质等级和吊销资质证书的行政处罚，由颁发资质证书的机关决定；其他行政处罚，由建设行政主管部门或者有关部门依照法律和国务院规定的职权范围决定。依照《建筑法》规定被吊销资质证书的，由工商行政管理部门吊销其营业执照。违反《建筑法》规定，对不具备相应资质等级条件的单位颁发该等级资质证书的，由其上级机关责令收回所颁发的资质证书，对直接负责的主管人员和其他直接责任人员给予行政处分；构成犯罪的，依法追究刑事责任。政府及其所属部门的工作人员违反《建筑法》规定，限定发包单位将招标发包的工程发包给指定的承包单位的，由上级机关责令改正；构成犯罪的，依法追究刑事责任。负责颁发建筑工程施工许可证的部门及其工作人员对不符合施工条件的建筑工程颁发施工许可证的，负责工程质量监督检查或者竣工验收的部门及其工作人员对不合格的建筑工程出具质量合格文件或者按合格工程验收的，由上级机关责令改正，对责任人员给予行政处分；构成犯罪的，依法追究刑事责任；造成损失的，由该部门承担相应的赔偿责任。在建筑物的合理使用寿命内，因建筑工程质量不合格受到损害的，有权向责任者要求赔偿。

第三节　安全生产法

一、生产经营单位安全生产保障的规定

《安全生产法》为生产经营单位在安全生产的各个环节上确立了必须遵循的行为准则。包括以下主要内容。

1. 安全生产条件

生产经营单位应当具备《安全生产法》和有关法律、行政法规和国家标准或者行业标准规定的安全生产条件；不具备安全生产条件的，不得从事生产经营活动。

2. 生产经营单位的主要负责人的安全生产职责

生产经营单位的主要负责人对本单位安全生产工作负有下列职责：

①建立健全并落实本单位全员安全生产责任制，加强安全生产标准化建设；

②组织制定本单位安全生产规章制度和操作规程；

③组织制定并实施本单位安全生产教育和培训计划；

④保证本单位安全生产投入的有效实施；

⑤组织建立并落实安全风险分级管控和隐患排查治理双重预防工作机制，督促、检查本单位的安全生产工作，及时消除生产安全事故隐患；

⑥组织制定并实施本单位的生产安全事故应急救援预案；

⑦及时、如实报告生产安全事故。

3. 安全生产责任制的建立和落实

生产经营单位的安全生产责任制应当明确各岗位的责任人员、责任范围和考核标准等内容。生产经营单位应当建立相应的机制，加强对安全生产责任制落实情况的监督考核，保证安全生产责任制的落实。

4. 安全生产资金投入

生产经营单位应当具备的安全生产条件所必需的资金投入，由生产经营单位的决策机构、主要负责人或者个人经营的投资人予以保证，并对由于安全生产所必需的资金投入不足导致的后果承担责任。有关生产经营单位应当按照规定提取和使用安全生产费用，专门用于改善安全生产条件。安全生产费用在成本中据实列支。安全生产费用提取、使用和监督管理的具体办法由国务院财政部门会同国务院安全生产监督管理部门征求国务院有关部门意见后制定。

5. 安全生产管理机构和人员的设置和配备以及相关职责

矿山、金属冶炼、建筑施工、道路运输单位和危险物品的生产、经营、储存单位，应当设置安全生产管理机构或者配备专职安全生产管理人员。其他生产经营单位，从业人员超过 100 人的，应当设置安全生产管理机构或者配备专职安全生产管理人员；从业人员在 100 人以下的，应当配备专职或者兼职的安全生产管理人员。生产经营单位的安全生产管理机构以及安全生产管理人员履行下列职责：

①组织或者参与拟订本单位安全生产规章制度、操作规程和生产安全事故应急救援预案；

②组织或者参与本单位安全生产教育和培训，如实记录安全生产教育和培训情况；

③组织开展危险源辨识和评估工作，督促落实本单位重大危险源的安全管理措施；

④组织或者参与本单位应急救援演练；

⑤检查本单位的安全生产状况，及时排查生产安全事故隐患，提出改进安全生产管理的建议；

⑥制止和纠正违章指挥、强令冒险作业、违反操作规程的行为；

⑦督促落实本单位安全生产整改措施。

生产经营单位可以设置专职安全生产分管负责人，协助本单位主要负责人履行安全生产管理职责。

生产经营单位的安全生产管理机构以及安全生产管理人员应当恪尽职守，依法履行职责。生产经营单位作出涉及安全生产的经营决策，应当听取安全生产管理机构以及安全生产管理人员的意见。生产经营单位不得因安全生产管理人员依法履行职责而降低其工资、福利等待遇或者解除与其订立的劳动合同。危险物品的生产、储存单位以及矿山、金属冶炼单位的安全生产管理人员的任免，应当告知负有安全生产监督管理职责的主管部门。生产经营单位的主要负责人和安全生产管理人员必须具备与本单位所从事的生产经营活动相适应的安全生产知识和管理能力。危险物品的生产、经营、储存单位以及矿山、金属冶炼、建筑施工、道路运输单位的主要负责人和安全生产管理人员，应当由主管的负有安全生产监督管理职责的部门对其安全生产知识和管理能力考核合格。考核不得收费。危险物品的生产、储存单位以及矿山、金属冶炼单位应当由注册安全工程师来从事安全生产管理工作。鼓励其他生产经营单位聘用注册安全工程师从事安全生产管理工作。注册安全工程师按专业分类管理，具体办法由国务院人力资源和社会保障部门、国务院安全生产监督管理部门会同国务院有关部门制定。

6. 安全生产教育培训和资格要求

生产经营单位应当对从业人员进行安全生产教育和培训，保证从业人员具备必要的安全生产知识，熟悉有关的安全生产规章制度和安全操作规程，掌握本岗位的安全操作技能，了解事故应急处理措施，知悉自身在安全生产方面的权利和义务。未经安全生产教育和培训合格的从业人员，不得上岗作业。生产经营单位使用被派遣劳动者的，应当将被派遣劳动者纳入本单位从业人员统一管理，对被派遣劳动者进行岗位安全操作规程和安全操作技能的教育和培训。劳务派遣单位应当对被派遣劳动者进行必要的安全生产教育和培训。生产经营单位接收中等职业学校、高等学校学生实习的，应当对实习学生进行相应的安全生产教育和培训，提供必要的劳动防护用品。学校应当协助生产经营单位对实习学生进行安全生产教育和培训。生产经营单位应当建立安全生产教育和培训档案，如实记录安全生产教育和培训的时间、内容、参加人员以及考核结果等情况。生产经营单位采用新工艺、新技术、新材料或者使用新设备时，必须了解、掌握其安全技术特性，采取有效的安全防护措施，并对从业人员进行专门的安全生产教育和培训。

生产经营单位的特种作业人员必须按照国家有关规定经专门的安全作业培训，取得相应资格，方可上岗作业。特种作业人员的范围由国务院安全生产监督管理部门会同国务院有关部门确定。

7. 安全设施“三同时”原则和安全评价

生产经营单位新建、改建、扩建工程项目（以下统称建设项目）的安全设施，必须与主体工程同时设计、同时施工、同时投入生产和使用。安全设施投资应当纳入建设项目概算。矿山、金属冶炼建设项目和用于生产、储存、装卸危险物品的建设项目，应当按照国家有关规定进行安全评价。

8. 安全设施设计、施工验收和监督核查

建设项目安全设施的设计人员、设计单位应当对安全设施设计负责。矿山、金属冶炼建设项目和用于生产、储存、装卸危险物品的建设项目的安全设施设计应当按照国家有关规定报经有关部门审查，审查部门及其负责审查的人员对审查结果负责。矿山、金属冶炼建设项目和用于生产、储存、装卸危险物品的建设项目的施工单位必须按照批准的安全设施设计施工，并对安全设施的工程质量负责。矿山、金属冶炼建设项目和用于生产、储存危险物品的建设项目竣工投入生产或者使用前，应当由建设单位负责组织对安全设施进行验收；验收合格后，方可投入生产和使用。安全生产监督管理部门应当加强对建设单位验收活动和验收结果的监督核查。

9. 安全设备管理，特种设备及危险品容器、运输工具特殊管理

生产经营单位应当在有较大危险因素的生产经营场所和有关设施、设备上，设置明显的安全警示标志。安全设备的设计、制造、安装、使用、检测、维修、改造和报废，应当符合国家标准或者行业标准。生产经营单位必须对安全设备进行经常性维护、保养，并定期检测，保证正常运转。维护、保养、检测应当做好记录，并由有关人员签字。生产经营单位不得关闭、破坏直接关系生产安全的监控、报警、防护、救生设备、设施，或者篡改、隐瞒、销毁其相关数据、信息。餐饮等行业的生产经营单位使用燃气的，应当安装可燃气体报警装置，并保障其正常使用。生产经营单位使用的危险物品的容器、运输工具，以及涉及人身安全、危险性较大的海洋石油开采特种设备和矿山井下特种设备，必须按照国家有关规定，由专业生产单位生产，并经具有专业资质的检测、检验机构进行检测、检验合格，取得安全使用证或者安全标志，方可投入使用。检测、检验机构对检测、检验结果负责。

10. 严重危及生产安全的工艺、设备淘汰制度

国家对严重危及生产安全的工艺、设备实行淘汰制度，具体目录由国务院安全生产监督管理部门会同国务院有关部门制定并公布。生产经营单位不得使用应当淘汰的危及生产安全的工艺、设备。

11. 危险物品及废弃危险物品监督

生产、经营、运输、储存、使用危险物品或者处置废弃危险物品的，由有关主管部门依照有关法律、法规的规定和国家标准或者行业标准审批并实施监督管理。生产经营单位生产、经营、运输、储存、使用危险物品或者处置废弃危险物品，必须执行有关法律、法规和国家标准或者行业标准，建立专门的安全管理制度，采取可靠的安全措施，接受有关主管部门依法实施的监督管理。

12. 重大危险源管理

生产经营单位对重大危险源应当登记建档，进行定期检测、评估、监控，并制定应急预案，告知从业人员和相关人员在紧急情况下应当采取的应急措施。生产经营单位应当按照国家有关规定将本单位重大危险源及有关安全措施、应急措施报地方人民政府应急管理部门和有关部门备案。地方人民政府应急管理部门和有关部门应当通过相关信息系统实现信息共享。生产经营单位应当建立安全风险分级管控制度，按照安全风险分级采取相应的管控措施。生产经营单位应当建立健全并落实生产安全事故隐患排查治理制度，采取技术、管理措施，及时发现并消除事故隐患。事故隐患排查治理情况应当如实记录，并通过职工大会或者职工代表大会、信息公示栏等方式向从业人员通报。其中，重大事故隐患排查治理情况应当及时向负有安全生产监督管理职责的部门和职工大会或者职工代表大会报告。县级以上地方各级人民政府负有安全生产监督管理职责的部门应当将重大事故隐患纳入相关信息系统，建立健全重大事故隐患治理督办制度，督促生产经营单位消除重大事故隐患。

13. 生产经营场所和宿舍安全要求

生产、经营、储存、使用危险物品的车间、商店、仓库不得与员工宿舍在同一座建筑物内，并应当与员工宿舍保持安全距离。生产经营场所和员工宿舍应当设有符合紧急疏散要求、标志明显、保持畅通的出口。禁止锁闭、封堵生产经营场所或者员工宿舍的出口。

14. 危险作业现场的安全管理

生产经营单位进行爆破、吊装以及国务院安全生产监督管理部门会同国务院有关部门规定的其他危险作业，应当安排专门人员进行现场安全管理，确保操作规程的遵守和安全措施的落实。

15. 安全检查和报告义务

生产经营单位应当教育和督促从业人员严格执行本单位的安全生产规章制度和安全操作规程，并向从业人员如实告知作业场所和工作岗位存在的危险因素、防范措施以及事故应急措施。生产经营单位应当关注从业人员的身体、心理状况和行为习惯，加强对从业人员的心理疏导、精神慰藉，严格落实岗位安全生产责任，防范从业人员行为异常导致事故发生。生产经营单位必须为从业人员提供符合国家标准或者行业标准的劳动防护用品，并监督、教育从业人员按照使用规则佩戴、使用。

16. 生产经营单位发包或者出租情况下的安全生产责任

生产经营单位的安全生产管理人员应当根据本单位的生产经营特点，对安全生产状况进行经常性检查；对检查中发现的安全问题，应当立即处理；不能处理的，应当及时报告本单位有关负责人，有关负责人应当及时处理。检查及处理情况应当如实记录在案。生产经营单位的安全生产管理人员在检查中发现重大事故隐患，依照前款规定向本单位有关负责人报告，有关负责人不及时处理的，安全生产管理人员可以向主管的负有安全生产监督管理职责的部门报告，接到报告的部门应当依法及时处理。

生产经营单位应当安排用于配备劳动防护用品、进行安全生产培训的经费。两个以上生产经营单位在同一作业区域内进行生产经营活动，可能危及对方生产安全的，应当签订安全生产管理协议，明确各自的安全生产管理职责和应当采取的安全措施，并指定专职安全生产管理人员进行安全检查与协调。

生产经营单位不得将生产经营项目、场所、设备发包或者出租给不具备安全生产条件或者相应资质的单位或者个人。生产经营项目、场所发包或者出租给其他单位的，生产经营单位应当与承包单位、承租单位签订专门的安全生产管理协议，或者在承包合同、租赁合同中约定各自的安全生产管理职责；生产经营单位对承包单位、承租单位的安全生产工作统一协调、管理，定期进行安全检查，发现安全问题的，应当及时督促整改。矿山、金属冶炼建设项目和用于生产、储存、装卸危险物品的建设项目的施工单位应当加强对施工项目的安全管理，不得倒卖、出租、出借、挂靠或者以其他形式非法转让施工资质，不得将其承包的全部建设工程转包给第三人或者将其承包的全部建设工程支解以后以分包的名义分别转包给第三人，不得将工程分包给不具备相应资质条件的单位。

17. 生产安全事故及工伤处理

生产经营单位发生生产安全事故时，单位的主要负责人应当立即组织抢救，并不得在事故调查处理期间擅离职守。生产经营单位必须依法参加工伤保险，为从业人员缴纳保险费。国家鼓励生产经营单位投保安全生产责任保险；属于国家规定的高危行业、领域的生产经营单位，应当投保安全生产责任保险。具体范围和实施办法由国务院应急管理部门会同国务院财政部门、国务院保险监督管理机构和相关行业主管部门制定。

二、从业人员权利和义务的规定

《安全生产法》规定的从业人员权利和义务主要有：

1）从业人员与生产经营单位订立的劳动合同应当载明与从业人员劳动安全有关的事项，以及生产经营单位不得以协议免除或者减轻安全事故伤亡责任。

2）从业人员有权了解其作业场所和工作岗位存在的危险因素、防范措施及事故应急措施，有权对本单位的安全生产工作提出建议。

3）从业人员有权对本单位存在的安全问题提出批评、检举、控告，有权拒绝违章指挥和强令冒险作业。

4）从业人员发现直接危及人身安全的紧急情况时，有权停止作业或者在采取可能的应急措施后撤离作业场所。生产经营单位不得因从业人员在前款紧急情况下停止作业或者采取紧急撤离措施而降低其工资、福利等待遇或者解除与其订立的劳动合同。

5）生产经营单位发生生产安全事故后，应当及时采取措施救治有关人员。因生产安全事故受到损害的从业人员，除依法享有工伤保险外，依照有关民事法律尚有获得赔偿的权利的，有权提出赔偿要求。

6）从业人员在作业过程中，应当严格落实岗位安全责任，遵守本单位的安全生产规章制度和操作规程，服从管理，正确佩戴和使用劳动防护用品。

7）从业人员应当接受安全生产教育和培训，掌握本职工作所需的安全生产知识，提高安全生产技能，增强事故预防和应急处理能力。

8）从业人员发现事故隐患或者其他不安全因素，应当立即向现场安全生产管理人员或者本单位负责人报告；接到报告的人员应当及时予以处理。

9）生产经营单位使用被派遣劳动者的，被派遣劳动者享有《安全生产法》规定的从业人员的权利，履行从业人员的义务。

三、安全生产监督管理的规定

《安全生产法》对安全生产的监督管理作出了规定，包括以下主要内容。

1. 政府及安全生产监督管理部门的职责

县级以上地方各级人民政府应当根据本行政区域内的安全生产状况，组织有关部门按照职责分工，对本行政区域内容易发生重大生产安全事故的生产经营单位进行严格检查。安全生产监督管理部门应当按照分类分级监督管理的要求，制定安全生产年度监督检查计划，并按照年度监督检查计划进行监督检查，发现事故隐患，应当及时处理。

2. 安全生产事项的审批

负有安全生产监督管理职责的部门依照有关法律、法规的规定，对涉及安全生产的事项需要审查批准（包括批准、核准、许可、注册、认证、颁发证照等，下同）或者验收的，必须严格依照有关法律、法规和国家标准或者行业标准规定的安全生产条件和程序进行审查；不符合有关法律、法规和国家标准或者行业标准规定的安全生产条件的，不得批准或者验收通过。对未依法取得批准或者验收合格的单位擅自从事有关活动的，负责行政审批的部门发现或者接到举报后应当立即予以取缔，并依法予以处理。对已经依法取得批准的单位，负责行政审批的部门发现其不再具备安全生产条件的，应当撤销原批准。

3. 政府监管的要求

负有安全生产监督管理职责的部门对涉及安全生产的事项进行审查、验收，不得收取费用；不得要求接受审查、验收的单位购买其指定品牌或者指定生产、销售单位的安全设备、器材或者其他产品。

4. 监督检查的实施

安全生产监督管理部门和其他负有安全生产监督管理职责的部门依法开展安全生产行政执法工作，对生产经营单位执行有关安全生产的法律、法规和国家标准或者行业标准的情况进行监督检查，行使以下职权：

①进入生产经营单位进行检查，调阅有关资料，向有关单位和人员了解情况；

②对检查中发现的安全生产违法行为，当场予以纠正或者要求限期改正；对依法应当给予行政处罚的行为，依照《安全生产法》和其他有关法律、行政法规的规定作出行政处罚决定；

③对检查中发现的事故隐患，应当责令立即排除；重大事故隐患排除前或者排除过程中无法保证安全的，应当责令从危险区域内撤出作业人员，责令暂时停产停业或者停止使用相关设施、设备；重大事故隐患排除后，经审查同意，方可恢复生产经营和使用；

④对有根据认为不符合保障安全生产的国家标准或者行业标准的设施、设备、器材以及违法生产、储存、使用、经营、运输的危险物品予以查封或者扣押，对违法生产、储存、使用、经营危险物品的作业场所予以查封，并依法作出处理决定。监督检查不得影响被检查单位的正常生产经营活动。

生产经营单位对负有安全生产监督管理职责的部门的监督检查人员（以下统称安全生产监督检查人员）依法履行监督检查职责，应当予以配合，不得拒绝、阻挠。安全生产监督检查人员应当忠于职守，坚持原则，秉公执法。

安全生产监督检查人员执行监督检查任务时，必须出示有效的监督执法证件；涉及被检查单位的技术秘密和业务秘密时，应当为其保密。安全生产监督检查人员应当将检查的时间、地点、内容、发现的问题及其处理情况，作出书面记录，并由检查人员和被检查单位的负责人签字；被检查单位的负责人拒绝签字的，检查人员应当将情况记录在案，并向负有安全生产监督管理职责的部门报告。

负有安全生产监督管理职责的部门在监督检查中，应当互相配合，实行联合检查；确需分别进行检查的，应当互通情况，发现存在的安全问题应当由其他有关部门进行处理的，应当及时移送其他有关部门并形成记录备查，接受移送的部门应当及时进行处理。

负有安全生产监督管理职责的部门依法对存在重大事故隐患的生产经营单位作出停产停业、停止施工、停止使用相关设施或者设备的决定，生产经营单位应当依法执行，及时消除事故隐患。生产经营单位拒不执行，有发生生产安全事故的现实危险的，在保证安全的前提下，经本部门主要负责人批准，负有安全生产监督管理职责的部门可以采取通知有关单位停止供电、停止供应民用爆炸物品等措施，强制生产经营单位履行决定。通知应当采用书面形式，有关单位应当予以配合。

负有安全生产监督管理职责的部门依照前款规定采取停止供电措施，除有危及生产安全的紧急情形外，应当提前 24 小时通知生产经营单位。生产经营单位依法履行行政决定、采取相应措施消除事故隐患的，负有安全生产监督管理职责的部门应当及时解除前款规定的措施。监察机关依照行政监察法的规定，对负有安全生产监督管理职责的部门及其工作人员履行安全生产监督管理职责实施监察。

承担安全评价、认证、检测、检验职责的机构应当具备国家规定的资质条件，并对其作出的安全评价、认证、检测、检验结果的合法性、真实性负责。资质条件由国务院应急管理部门会同国务院有关部门制定。承担安全评价、认证、检测、检验职责的机构应当建立并实施服务公开和报告公开制度，不得租借资质、挂靠、出具虚假报告。负有安全生产监督管理职责的部门应当建立举报制度，公开举报电话、信箱或者电子邮件地址等网络举报平台，受理有关安全生产的举报；受理的举报事项经调查核实后，应当形成书面材料；需要落实整改措施的，报经有关负责人签字并督促落实。对不属于本部门职责，需要由其他有关部门进行调查处理的，转交其他有关部门处理。涉及人员死亡的举报事项，应当由县级以上人民政府组织核查处理。

5. 安全生产举报制度

任何单位或者个人对事故隐患或者安全生产违法行为，均有权向负有安全生产监督管理职责的部门报告或者举报。因安全生产违法行为造成重大事故隐患或者导致重大事故，致使国家利益或者社会公共利益受到侵害的，人民检察院可以根据民事诉讼法、行政诉讼法的相关规定提起公益诉讼。居民委员会、村民委员会发现其所在区域内的生产经营单位存在事故隐患或者安全生产违法行为时，应当向当地人民政府或者有关部门报告。县级以上各级人民政府及其有关部门对报告重大事故隐患或者举报安全生产违法行为的有功人员，给予奖励。具体奖励办法由国务院安全生产监督管理部门会同国务院财政部门制定。

6. 安全生产舆论监督及信息记录公告

新闻、出版、广播、电影、电视等单位有进行安全生产公益宣传教育的义务，有对违反安全生产法律、法规的行为进行舆论监督的权利。负有安全生产监督管理职责的部门应当建立安全生产违法行为信息库，如实记录生产经营单位及其有关从业人员的安全生产违法行为信息；对违法行为情节严重的生产经营单位及其有关从业人员，应当及时向社会公告，并通报行业主管部门、投资主管部门、自然资源主管部门、生态环境主管部门、证券监督管理机构以及有关金融机构。有关部门和机构应当对存在失信行为的生产经营单位及其有关从业人员采取加大执法检查频次、暂停项目审批、上调有关保险费率、行业或者职业禁入等联合惩戒措施，并向社会公示。负有安全生产监督管理职责的部门应当加强对生产经营单位行政处罚信息的及时归集、共享、应用和公开，对生产经营单位作出处罚决定后七个工作日内在监督管理部门公示系统予以公开曝光，强化对违法失信生产经营单位及其有关从业人员的社会监督，提高全社会安全生产诚信水平。

四、事故应急救援与调查处理的规定

《安全生产法》对生产安全事故的应急救援和调查处理做出规定，包括以下主要内容。

1. 安全生产责任事故应急救援

1）县级以上地方各级人民政府应当组织有关部门制定本行政区域内特大生产安全事故应急救援预案，建立应急救援体系。乡镇人民政府和街道办事处，以及开发区、工业园区、港区、风景区等应当制定相应的生产安全事故应急救援预案，协助人民政府有关部门或者按照授权依法履行生产安全事故应急救援工作职责。

2）危险物品的生产、经营、储存单位以及矿山、建筑施工单位应当建立应急救援组织；生产经营规模较小，可以不建立应急救援组织的，应当指定兼职的应急救援人员。

3）危险物品的生产、经营、储存单位以及矿山、建筑施工单位应当配备必要的应急救援器材、设备，并进行经常性维护、保养，保证正常运转。

2. 安全生产责任事故报告

1）生产经营单位发生生产安全事故后，事故现场有关人员应当立即报告本单位负责人。

2）负有安全生产监督管理职责的部门接到事故报告后，应当立即按照国家有关规定上报事故情况。负有安全生产监督管理职责的部门和有关地方人民政府对事故情况不得隐瞒不报、谎报或者迟报。

3）有关地方人民政府和负有安全生产监督管理职责部门的负责人接到重大生产安全事故报告后，应当立即赶到事故现场，组织事故抢救。

3. 安全生产责任事故调查处理

1）事故调查处理应当按照科学严谨、依法依规、实事求是、注重实效的原则，及时、准确地查清事故原因，查明事故性质和责任，评估应急处置工作，总结事故教训，提出整改措施，并对事故责任单位和人员提出处理建议。事故调查报告应当依法及时向社会公布。事故调查和处理的具体办法由国务院制定。事故发生单位应当及时全面落实整改措施，负有安全生产监督管理职责的部门应当加强监督检查。负责事故调查处理的国务院有关部门和地方人民政府应当在批复事故调查报告后一年内，组织有关部门对事故整改和防范措施落实情况进行评估，并及时向社会公开评估结果；对不履行职责导致事故整改和防范措施没有落实的有关单位和人员，应当按照有关规定追究责任。

2）生产经营单位发生生产安全事故，经调查确定为责任事故的，除了应当查明事故单位的责任并依法予以追究外，还应当查明对安全生产的有关事项负有审查批准和监督职责的行政部门的责任，对有失职、渎职行为的，追究法律责任。

3）任何单位和个人不得阻挠和干涉对事故的依法调查处理。

4）县级以上地方各级人民政府负责安全生产监督管理的部门应当定期统计分析本行政区域内发生生产安全事故的情况，并定期向社会公布。

五、施工单位违法行为的处罚规定

《安全生产法》规定了安全生产违法行为的法律责任。包括：行政责任、民事责任和刑事责任。

第四节　劳动法和劳动合同法

一、劳动安全卫生的规定

《劳动法》对劳动安全卫生规定有6条，包括：劳动安全卫生制度、劳动安全卫生设施、劳动防护用品、从业资格、劳动者义务和权益、伤亡事故和职业病统计报告和处理制度。

1. 劳动安全卫生制度

用人单位必须建立健全劳动安全卫生制度，严格执行国家劳动安全卫生规程和标准，对劳动者进行劳动安全卫生教育，防止劳动过程中的事故，减少职业危害。

2. 劳动安全卫生设施

劳动安全卫生设施必须符合国家规定的标准。新建、改建、扩建工程的劳动安全卫生设施必须与主体工程同时设计、同时施工、同时投入生产和使用。

3. 劳动防护用品

用人单位必须为劳动者提供符合国家规定的劳动安全卫生条件和必要的劳动防护用品，对从事有职业危害作业的劳动者应当定期进行健康检查。

4. 从业资格

从事特种作业的劳动者必须经过专门培训并取得特种作业资格。

5. 劳动者义务和权益

劳动者在劳动过程中必须严格遵守安全操作规程。劳动者对用人单位管理人员违章指挥、强令冒险作业，有权拒绝执行；对危害生命安全和身体健康的行为，有权提出批评、检举和控告。

6. 伤亡事故和职业病统计报告和处理制度

国家建立伤亡事故和职业病统计报告和处理制度。县级以上各级人民政府劳动行政部门、有关部门和用人单位应当依法对劳动者在劳动过程中发生的伤亡事故和劳动者的职业病状况，进行统计、报告和处理。

二、劳动合同和集体合同的规定

《劳动合同法》关于劳动合同和集体合同的规定包括：

1. 劳动合同

（1）劳动合同的订立

用人单位自用工之日起即与劳动者建立劳动关系。用人单位应当建立职工名册备查。用人单位招用劳动者时，应当如实告知劳动者工作内容、工作条件、工作地点、职业危害、安全生产状况、劳动报酬，以及劳动者要求了解的其他情况；用人单位有权了解劳动者与劳动合同直接相关的基本情况，劳动者应当如实说明。

用人单位招用劳动者，不得扣押劳动者的居民身份证和其他证件，不得要求劳动者提供担保或者以其他名义向劳动者收取财物。

已建立劳动关系，未同时订立书面劳动合同的，应当自用工之日起一个月内订立书面劳动合同。用人单位与劳动者在用工前订立劳动合同的，劳动关系自用工之日起建立。

用人单位未在用工的同时订立书面劳动合同，与劳动者约定的劳动报酬不明确的，新招用的劳动者的劳动报酬按照集体合同规定的标准执行；没有集体合同或者集体合同未规定的，实行同工同酬。

（2）劳动合同的条款：

劳动合同应当具备以下条款：

①用人单位的名称、住所和法定代表人或者主要负责人；

②劳动者的姓名、住址和居民身份证或者其他有效身份证件号码；

③劳动合同期限；

④工作内容和工作地点；

⑤工作时间和休息休假；

⑥劳动报酬；

⑦社会保险；

⑧劳动保护、劳动条件和职业危害防护；

⑨法律、法规规定应当纳入劳动合同的其他事项。

劳动合同除前款规定的必备条款外，用人单位与劳动者可以约定试用期、培训、保守秘密、补充保险和福利待遇等其他事项。

（3）劳动合同的期限

劳动合同期限 3 个月以上不满 1 年的，试用期不得超过 1 个月；劳动合同期限 1 年以上不满 3 年的，试用期不得超过 2 个月；3 年以上固定期限和无固定期限的劳动合同，试用期不得超过 6 个月。

（4）劳动合同无效情形

下列劳动合同无效或者部分无效：

①以欺诈、胁迫的手段或者乘人之危，使对方在违背真实意思的情况下订立或者变更劳动合同的；

②用人单位免除自己的法定责任、排除劳动者权利的；

③违反法律、行政法规强制性规定的。

对劳动合同的无效或者部分无效有争议的，由劳动争议仲裁机构或者人民法院确认。

（5）劳动合同的履行和变更

用人单位与劳动者应当按照劳动合同的约定，全面履行各自的义务。用人单位应当按照劳动合同约定和国家规定，向劳动者及时足额支付劳动报酬。用人单位拖欠或者未足额支付劳动报酬的，劳动者可以依法向当地人民法院申请支付令，人民法院应当依法发出支付令。

用人单位应当严格执行劳动定额标准，不得强迫或者变相强迫劳动者加班。用人单位安排加班的，应当按照国家有关规定向劳动者支付加班费。

用人单位与劳动者协商一致，可以变更劳动合同约定的内容。变更劳动合同，应当采用书面形式。变更后的劳动合同文本由用人单位和劳动者各执一份。

（6）劳动合同的解除和阻止

①时间：劳动者提前 30 日以书面形式通知用人单位，可以解除劳动合同。劳动者在试用期内提前 3 日通知用人单位，可以解除劳动合同。

②用人单位有下列情形之一的，劳动者可以解除劳动合同：未按照劳动合同约定提供劳动保护或者劳动条件的；未及时足额支付劳动报酬的；未依法为劳动者缴纳社会保险费的；用人单位的规章制度违反法律、法规的规定，损害劳动者权益的；因《劳动合同法》第二十六条第一款规定的情形致使劳动合同无效的；法律、行政法规规定劳动者可以解除劳动合同的其他情形。

用人单位以暴力、威胁或者非法限制人身自由的手段强迫劳动者劳动的，或者用人单位违章指挥、强令冒险作业危及劳动者人身安全的，劳动者可以立即解除劳动合同，不需事先告知用人单位。

③劳动者有下列情形之一的，用人单位可以解除劳动合同：

在试用期间被证明不符合录用条件的；严重违反用人单位的规章制度的；严重失职，营私舞弊，给用人单位造成重大损害的；劳动者同时与其他用人单位建立劳动关系，对完成本单位的工作任务造成严重影响，或者经用人单位提出，拒不改正的；因《劳动合同法》第二十六条第一款第一项规定的情形致使劳动合同无效的；被依法追究刑事责任的。

（7）不得解除劳动合同的情形：

劳动者有下列情形之一的，用人单位不得解除劳动合同：

①从事接触职业病危害作业的劳动者未进行离岗前职业健康检查，或者疑似职业病病人在诊断或者医学观察期间的；

②在本单位患职业病或者因工负伤并被确认丧失或者部分丧失劳动能力的；

③患病或者非因工负伤，在规定的医疗期内的；

④女职工在孕期、产期、哺乳期的；

⑤在本单位连续工作满 15 年，且距法定退休年龄不足 5 年的；

⑥法律、行政法规规定的其他情形。

（8）有下列情形之一的，劳动合同终止：

①劳动合同期满的；

②劳动者开始依法享受基本养老保险待遇的；

③劳动者死亡，或者被人民法院宣告死亡或者宣告失踪的；

④用人单位被依法宣告破产的；

⑤用人单位被吊销营业执照、责令关闭、撤销或者用人单位决定提前解散的；

⑥法律、行政法规规定的其他情形。

2. 集体合同

（1）集体合同的概念

企业职工一方与用人单位通过平等协商，可以就劳动报酬、工作时间、休息休假、劳动安全卫生、保险福利等事项订立集体合同。集体合同草案应当提交职工代表大会或者全体职工讨论通过。集体合同由工会代表企业职工一方与用人单位订立；尚未建立工会的用人单位，由上级工会指导劳动者推举的代表与用人单位订立。企业职工一方与用人单位可以订立劳动安全卫生、女职工权益保护、工资调整机制等专项集体合同。在县级以下区域内，建筑业、采矿业、餐饮服务业等行业可以由工会与企业方面代表订立行业性集体合同，或者订立区域性集体合同。

（2）集体合同的订立

集体合同订立后，应当报送劳动行政部门；劳动行政部门自收到集体合同文本之日起 15 日内未提出异议的，集体合同即行生效。

（3）集体合同的效力

依法订立的集体合同对用人单位和劳动者具有约束力。行业性、区域性集体合同对当地本行业、本区域的用人单位和劳动者具有约束力。

（4）集体合同劳动报酬的标准

集体合同中劳动报酬和劳动条件等标准不得低于当地人民政府规定的最低标准；用人单位与劳动者订立的劳动合同中劳动报酬和劳动条件等标准不得低于集体合同规定的标准。

（5）违反处理

用人单位违反集体合同，侵犯职工劳动权益的，工会可以依法要求用人单位承担责任；因履行集体合同发生争议，经协商解决不成的，工会可以依法申请仲裁、提起诉讼。

第五节　消防法

一、建设工程火灾预防及灭火救援的相关规定

1. 建设工程火灾预防的相关规定

（1）建设工程消防质量责任

建设工程的消防设计、施工必须符合国家工程建设消防技术标准。建设、设计、施工、工程监理等单位依法对建设工程的消防设计、施工质量负责。

（2）消防设计审查和验收

①对按照国家工程建设消防技术标准需要进行消防设计的建设工程，实行建设工程消防设计审查验收制度。

②国务院住房和城乡建设主管部门规定的特殊建设工程，建设单位应当将消防设计文件报送住房和城乡建设主管部门审查，住房和城乡建设主管部门依法对审查的结果负责。规定以外的其他建设工程，建设单位申请领取施工许可证或者申请批准开工报告时应当提供满足施工需要的消防设计图纸及技术资料。

③特殊建设工程未经消防设计审查或者审查不合格的，建设单位、施工单位不得施工；其他建设工程，建设单位未提供满足施工需要的消防设计图纸及技术资料的，有关部门不得发放施工许可证或者批准开工报告。

④国务院住房和城乡建设主管部门规定应当申请消防验收的建设工程竣工，建设单位应当向住房和城乡建设主管部门申请消防验收。规定以外的其他建设工程，建设单位在验收后应当报住房和城乡建设主管部门备案，住房和城乡建设主管部门应当进行抽查。依法应当进行消防验收的建设工程，未经消防验收或者消防验收不合格的，禁止投入使用；其他建设工程经依法抽查不合格的，应当停止使用。

（3）消防产品的使用和监督检查

①消防产品必须符合国家标准；没有国家标准的，必须符合行业标准。禁止生产、销售或者使用不合格的消防产品以及国家明令淘汰的消防产品。依法实行强制性产品认证的消防产品，由具有法定资质的认证机构按照国家标准、行业标准的强制性要求认证合格后，方可生产、销售、使用。实行强制性产品认证的消防产品目录，由国务院产品质量监督部门会同国务院应急管理部门制定并公布。新研制的尚未制定国家标准、行业标准的消防产

品，应当按照国务院产品质量监督部门会同国务院应急管理部门规定的办法，经技术鉴定符合消防安全要求的，方可生产、销售、使用。

②产品质量监督部门、工商行政管理部门、消防救援机构应当按照各自职责加强对消防产品质量的监督检查。

③建筑构件、建筑材料和室内装修、装饰材料的防火性能必须符合国家标准；没有国家标准的，必须符合行业标准。人员密集场所室内装修、装饰，应当按照消防技术标准的要求，使用不燃、难燃材料。

④电器产品、燃气用具的产品标准，应当符合消防安全的要求。电器产品、燃气用具的安装、使用及其线路、管路的设计、敷设、维护保养、检测，必须符合消防技术标准和管理规定。

（4）消防安全职责

施工单位的主要负责人是本单位的消防安全责任人。

施工单位应当履行下列消防安全职责：

①落实消防安全责任制，制定本单位的消防安全制度、消防安全操作规程，制定灭火和应急疏散预案；

②按照国家标准、行业标准配置消防设施、器材，设置消防安全标志，并定期组织检验、维修，确保完好有效；

③对建筑消防设施每年至少进行一次全面检测，确保完好有效，检测记录应当完整准确，存档备查；

④保障疏散通道、安全出口、消防车通道畅通，保证防火防烟分区、防火间距符合消防技术标准；

⑤组织防火检查，及时消除火灾隐患；

⑥组织进行有针对性的消防演练；

⑦法律、法规规定的其他消防安全职责。

消防安全重点单位除应当履行以上规定的职责外，还应当履行下列消防安全职责：

①确定消防安全管理人，组织实施本单位的消防安全管理工作；

②建立消防档案，确定消防安全重点部位，设置防火标志，实行严格管理；

③实行每日防火巡查，并建立巡查记录；

④对职工进行岗前消防安全培训，定期组织消防安全培训和消防演练。

同一建筑物由两个以上单位管理或者使用的，应当明确各方的消防安全责任，并确定责任人对共用的疏散通道、安全出口、建筑消防设施和消防车通道进行统一管理。

（5）施工现场消防管理

①生产、储存、经营易燃易爆危险品的场所不得与居住场所设置在同一建筑物内，并应当与居住场所保持安全距离。生产、储存、经营其他物品的场所与居住场所设置在同一建筑物内的，应当符合国家工程建设消防技术标准。

②禁止在具有火灾、爆炸危险的场所吸烟、使用明火。因施工等特殊情况需要使用明火作业的，应当按照规定事先办理审批手续，采取相应的消防安全措施；作业人员应当遵守消防安全规定。进行电焊、气焊等具有火灾危险作业的人员和自动消防系统的操作人员，必须持证上岗，并遵守消防安全操作规程。

③生产、储存、运输、销售、使用、销毁易燃易爆危险品，必须执行消防技术标准和管理规定。进入生产、储存易燃易爆危险品的场所，必须执行消防安全规定。禁止非法携带易燃易爆危险品进入公共场所或者乘坐公共交通工具。储存可燃物资仓库的管理，必须执行消防技术标准和管理规定。

④任何单位、个人不得损坏、挪用或者擅自拆除、停用消防设施、器材，不得埋压、圈占、遮挡消火栓或者占用防火间距，不得占用、堵塞、封闭疏散通道、安全出口、消防车通道。人员密集场所的门窗不得设置影响逃生和灭火救援的障碍物。

⑤负责公共消防设施维护管理的单位，应当保持消防供水、消防通信、消防车通道等公共消防设施的完好有效。在修建道路以及停电、停水、截断通信线路时有可能影响消防队灭火救援的，有关单位必须事先通知当地消防救援机构。

2. 建设工程灭火救援的相关规定

任何人发现火灾都应当立即报警。任何单位、个人都应当无偿为报警提供便利，不得阻拦报警。严禁谎报火警。人员密集场所发生火灾，该场所的现场工作人员应当立即组织、引导在场人员疏散。任何单位发生火灾，必须立即组织力量扑救。邻近单位应当给予支援。消防队接到火警，必须立即赶赴火灾现场，救助遇险人员，排除险情，扑灭火灾。

对因参加扑救火灾或者应急救援受伤、致残或者死亡的人员，按照国家有关规定给予医疗、抚恤。

消防救援机构有权根据需要封闭火灾现场，负责调查火灾原因，统计火灾损失。火灾扑灭后，发生火灾的单位和相关人员应当按照消防救援机构的要求保护现场，接受事故调查，如实提供与火灾有关的情况。消防救援机构根据火灾现场勘验、调查情况和有关的检验、鉴定意见，及时制作火灾事故认定书，作为处理火灾事故的证据。

二、施工单位违法行为的规定

1）违反《消防法》规定，有下列行为之一的，由住房和城乡建设主管部门、消防救援机构按照各自职权责令停止施工、停止使用或者停产停业，并处三万元以上三十万元以下罚款：

①依法应当进行消防设计审查的建设工程，未经依法审查或者审查不合格，擅自施工的；

②依法应当进行消防验收的建设工程，未经消防验收或者消防验收不合格，擅自投入使用的。

2）违反《消防法》规定，有下列行为之一的，由住房和城乡建设主管部门责令改正或者停止施工，并处一万元以上十万元以下罚款：

①建筑施工企业不按照消防设计文件和消防技术标准施工，降低消防施工质量的；

②工程监理单位与建设单位或者建筑施工企业串通，弄虚作假，降低消防施工质量的。

3）单位违反《消防法》规定，有下列行为之一的，责令改正，处五千元以上五万元以下罚款：

①消防设施、器材或者消防安全标志的配置、设置不符合国家标准、行业标准，或者未保持完好有效的；

②损坏、挪用或者擅自拆除、停用消防设施、器材的；

③占用、堵塞、封闭疏散通道、安全出口或者有其他妨碍安全疏散行为的；

④埋压、圈占、遮挡消火栓或者占用防火间距的；

⑤占用、堵塞、封闭消防车通道，妨碍消防车通行的；

⑥人员密集场所在门窗上设置影响逃生和灭火救援的障碍物的；

⑦对火灾隐患经消防救援机构通知后不及时采取措施消除的。

个人有 3）中第②项、第③项、第④项、第⑤项行为之一的，处警告或者五百元以下罚款。

有 3）中第③项、第④项、第⑤项、第⑥项行为，经责令改正拒不改正的，强制执行，所需费用由违法行为人承担。

4）生产、储存、经营易燃易爆危险品的场所与居住场所设置在同一建筑物内，或者未与居住场所保持安全距离的，责令停产停业，并处五千元以上五万元以下罚款。生产、储存、经营其他物品的场所与居住场所设置在同一建筑物内，不符合消防技术标准的，责令停产停业，并处五千元以上五万元以下罚款。

5）违反《消防法》规定，有下列行为之一的，处警告或者五百元以下罚款；情节严重的，处五日以下拘留：

①违反消防安全规定进入生产、储存易燃易爆危险品场所的；

②违反规定使用明火作业或者在具有火灾、爆炸危险的场所吸烟、使用明火的。

6）违反《消防法》规定，有下列行为之一，尚不构成犯罪的，处十日以上十五日以下拘留，可以并处五百元以下罚款；情节较轻的，处警告或者五百元以下罚款：

①指使或者强令他人违反消防安全规定，冒险作业的；

②过失引起火灾的；

③在火灾发生后阻拦报警，或者负有报告职责的人员不及时报警的；

④扰乱火灾现场秩序，或者拒不执行火灾现场指挥员指挥，影响灭火救援的；

⑤故意破坏或者伪造火灾现场的；

⑥擅自拆封或者使用被消防救援机构查封的场所、部位的。

7）人员密集场所使用不合格的消防产品或者国家明令淘汰的消防产品的，责令限期改正；逾期不改正的，处五千元以上五万元以下罚款，并对其直接负责的主管人员和其他直接责任人员处五百元以上二千元以下罚款；情节严重的，责令停产停业。

8）电器产品、燃气用具的安装、使用及其线路、管路的设计、敷设、维护保养、检测不符合消防技术标准和管理规定的，责令限期改正；逾期不改正的，责令停止使用，可以并处一千元以上五千元以下罚款。

9）机关、团体、企业、事业等单位违反《消防法》第十六条、第十七条、第十八条、第二十一条第二款规定的，责令限期改正；逾期不改正的，对其直接负责的主管人员和其他直接责任人员依法给予处分或者给予警告处罚。

10）人员密集场所发生火灾，该场所的现场工作人员不履行组织、引导在场人员疏散的义务，情节严重，尚不构成犯罪的，处五日以上十日以下拘留。

11）消防设施维护保养检测、消防安全评估等消防技术服务机构，不具备从业条件从事消防技术服务活动或者出具虚假文件的，由消防救援机构责令改正，处五万元以上十万元以下罚款，并对直接负责的主管人员和其他直接责任人员处一万元以上五万元以下罚款；不按照国家标准、行业标准开展消防技术服务活动的，责令改正，处五万元以下罚款，并对直接负责的主管人员和其他直接责任人员处一万元以下罚款；有违法所得的，并处没收违法所得；给他人造成损失的，依法承担赔偿责任；情节严重的，依法责令停止执业或者吊销相应资格；造成重大损失的，由相关部门吊销营业执照，并对有关责任人员采取终身市场禁入措施。

消防设施维护保养检测、消防安全评估等消防技术服务机构出具失实文件，给他人造成损失的，依法承担赔偿责任；造成重大损失的，由消防救援机构依法责令停止执业或者吊销相应资格，由相关部门吊销营业执照，并对有关责任人员采取终身市场禁入措施。

第六节　建设工程安全生产管理条例

一、施工单位安全责任的规定

1. 工程承揽

施工单位从事建设工程的新建、扩建、改建和拆除等活动，应当具备国家规定的注册资本、专业技术人员、技术装备和安全生产等条件，依法取得相应等级的资质证书，并在其资质等级许可的范围内承揽工程。

2. 安全生产责任制度

施工单位主要负责人依法对本单位的安全生产工作全面负责。施工单位应当建立健全安全生产责任制度和安全生产教育培训制度，制定安全生产规章制度和操作规程，保证本单位安全生产条件所需资金的投入，对所承担的建设工程进行定期和专项安全检查，并做好安全检查记录。

施工单位的项目负责人应当由取得相应执业资格的人员担任，对建设工程项目的安全施工负责，落实安全生产责任制度、安全生产规章制度和操作规程，确保安全生产费用的有效使用，并根据工程的特点组织制定安全施工措施，消除安全事故隐患，及时、如实报告生产安全事故。

3. 安全施工费用管理

施工单位对列入建设工程概算的安全作业环境及安全施工措施所需费用，应当用于施工安全防护用具及设施的采购和更新、安全施工措施的落实、安全生产条件的改善，不得挪作他用。

4. 施工现场安全管理

施工单位应当设立安全生产管理机构，配备专职安全生产管理人员。专职安全生产管理人员负责对安全生产进行现场监督检查。发现安全事故隐患，应当及时向项目负责人和安全生产管理机构报告；对违章指挥、违章操作的，应当立即制止。专职安全生产管理人员的配备办法由国务院建设行政主管部门会同国务院其他有关部门制定。建设工程实行施工总承包的，由总承包单位对施工现场的安全生产负总责。总承包单位应当自行完成建设工程主体结构的施工。总承包单位依法将建设工程分包给其他单位的，分包合同中应当明确各自的安全生产方面的权利、义务。总承包单位和分包单位对分包工程的安全生产承担连带责任。分包单位应当服从总承包单位的安全生产管理，分包单位不服从管理导致生产安全事故的，由分包单位承担主要责任。

5. 安全生产教育培训

垂直运输机械作业人员、安装拆卸工、爆破作业人员、起重信号工、登高架设作业人员等特种作业人员，必须按照国家有关规定经过专门的安全作业培训，并取得特种作业操作资格证书后，方可上岗作业。施工单位的主要负责人、项目负责人、专职安全生产管理人员应当经建设行政主管部门或者其他有关部门考核合格后方可任职。施工单位应当对管理人员和作业人员每年至少进行一次安全生产教育培训，其教育培训情况记入个人工作档案。安全生产教育培训考核不合格的人员，不得上岗。

作业人员进入新的岗位或者新的施工现场前，应当接受安全生产教育培训。未经教育培训或者教育培训考核不合格的人员，不得上岗作业。施工单位在采用新技术、新工艺、新设备、新材料时，应当对作业人员进行相应的安全生产教育培训。

6. 安全技术措施和专项方案

施工单位应当在施工组织设计中编制安全技术措施和施工现场临时用电方案，对下列达到一定规模的危险性较大的分部分项工程编制专项施工方案，并附具安全验算结果，经施工单位技术负责人、总监理工程师签字后实施，由专职安全生产管理人员进行现场监督：

①基坑支护与降水工程；

②土方开挖工程；

③模板工程；

④起重吊装工程；

⑤脚手架工程；

⑥拆除、爆破工程；

⑦国务院建设行政主管部门或者其他有关部门规定的其他危险性较大的工程。

对前款所列工程中涉及深基坑、地下暗挖工程、高大模板工程的专项施工方案，施工单位还应当组织专家进行论证、审查。

建设工程施工前，施工单位负责项目管理的技术人员应当对有关安全施工的技术要求向施工作业班组、作业人员作出详细说明，并由双方签字确认。

7. 施工现场安全防护

施工单位应当在施工现场入口处、施工起重机械、临时用电设施、脚手架、出入通道口、楼梯口、电梯井口、孔洞口、桥梁口、隧道口、基坑边沿、爆破物及有害危险气体和液体存放处等危险部位，设置明显的安全警示标志。安全警示标志必须符合国家标准。施工单位应当根据不同施工阶段和周围环境及季节、气候的变化，在施工现场采取相应的安全施工措施。施工现场暂时停止施工的，施工单位应当做好现场防护，所需费用由责任方承担，或者按照合同约定执行。

8. 施工现场卫生、环境与消防安全管理

施工单位应当将施工现场的办公、生活区与作业区分开设置，并保持安全距离；办公、生活区的选址应当符合安全性要求。职工的膳食、饮水、休息场所等应当符合卫生标准。施工单位不得在尚未竣工的建筑物内设置员工集体宿舍。施工现场临时搭建的建筑物应当符合安全使用要求。施工现场使用的装配式活动房屋应当具有产品合格证。

施工单位对因建设工程施工可能造成损害的毗邻建筑物、构筑物和地下管线等，应当采取专项防护措施。施工单位应当遵守有关环境保护法律、法规的规定，在施工现场采取措施，防止或者减少粉尘、废气、废水、固体废物、噪声、振动和施工照明对人和环境的危害和污染。在城市市区内的建设工程，施工单位应当对施工现场实行封闭围挡。

施工单位应当在施工现场建立消防安全责任制度，确定消防安全责任人，制定用火、用电、使用易燃易爆材料等各项消防安全管理制度和操作规程，设置消防通道、消防水源，配备消防设施和灭火器材，并在施工现场入口处设置明显标志。

9. 施工机具设备安全管理

施工单位应当向作业人员提供安全防护用具和安全防护服装，并书面告知危险岗位的操作规程和违章操作的危害。作业人员有权对施工现场的作业条件、作业程序和作业方式中存在的安全问题提出批评、检举和控告，有权拒绝违章指挥和强令冒险作业。在施工中发生危及人身安全的紧急情况时，作业人员有权立即停止作业或者在采取必要的应急措施后撤离危险区域。作业人员应当遵守安全施工的强制性标准、规章制度和操作规程，正确使用安全防护用具、机械设备等。施工单位采购、租赁的安全防护用具、机械设备、施工机具及配件，应当具有生产（制造）许可证、产品合格证，并在进入施工现场前进行查验。施工现场的安全防护用具、机械设备、施工机具及配件必须由专人管理，定期进行检查、维修和保养，建立相应的资料档案，并按照国家有关规定及时报废。

施工单位在使用施工起重机械和整体提升脚手架、模板等自升式架设设施前，应当组织有关单位进行验收，也可以委托具有相应资质的检验检测机构进行验收；使用承租的机械设备和施工机具及配件的，由施工总承包单位、分包单位、出租单位和安装单位共同进行验收。验收合格的方可使用。《特种设备安全监察条例》规定的施工起重机械，在验收前应当经有相应资质的检验检测机构监督检验合格。

施工单位应当自施工起重机械和整体提升脚手架、模板等自升式架设设施验收合格之日起三十日内，向建设行政主管部门或者其他有关部门登记。登记标志应当置于或者附着于该设备的显著位置。

施工单位应当为施工现场从事危险作业的人员办理意外伤害保险。意外伤害保险费由施工单位支付。实行施工总承包的，由总承包单位支付意外伤害保险费。意外伤害保险期限自建设工程开工之日起至竣工验收合格止。

二、施工单位违法行为的处罚规定

1）违反《建设工程安全生产管理条例》（以下简称本条例）的规定，施工起重机械和整体提升脚手架、模板等自升式架设设施安装、拆卸单位有下列行为之一的，责令限期改正，处五万元以上十万元以下的罚款；情节严重的，责令停业整顿，降低资质等级，直至吊销资质证书；造成损失的，依法承担赔偿责任：

①未编制拆装方案、制定安全施工措施的；

②未由专业技术人员现场监督的；

③未出具自检合格证明或者出具虚假证明的；

④未向施工单位进行安全使用说明，办理移交手续的。

施工起重机械和整体提升脚手架、模板等自升式架设设施安装、拆卸单位有前款规定的第①项、第③项行为，经有关部门或者单位职工提出后，对事故隐患仍不采取措施，因而发生重大伤亡事故或者造成其他严重后果，构成犯罪的，对直接责任人员，依照刑法有关规定追究刑事责任。

2）违反本条例的规定，施工单位有下列行为之一的，责令限期改正；逾期未改正的，责令停业整顿，依照《中华人民共和国安全生产法》的有关规定处以罚款；造成重大安全事故，构成犯罪的，对直接责任人员，依照刑法有关规定追究刑事责任：

①未设立安全生产管理机构、配备专职安全生产管理人员或者分部分项工程施工时无专职安全生产管理人员现场监督的；

②施工单位的主要负责人、项目负责人、专职安全生产管理人员、作业人员或者特种作业人员，未经安全教育培训或者经考核不合格即从事相关工作的；

③未在施工现场的危险部位设置明显的安全警示标志，或者未按照国家有关规定在施工现场设置消防通道、消防水源、配备消防设施和灭火器材的；

④未向作业人员提供安全防护用具和安全防护服装的；

⑤未按照规定在施工起重机械和整体提升脚手架、模板等自升式架设设施验收合格后登记的；

⑥使用国家明令淘汰、禁止使用的危及施工安全的工艺、设备、材料的。

3）违反本条例的规定，施工单位挪用列入建设工程概算的安全生产作业环境及安全施工措施所需费用的，责令限期改正，处挪用费用 20%以上 50%以下的罚款；造成损失的，依法承担赔偿责任。

4）违反本条例的规定，施工单位有下列行为之一的，责令限期改正；逾期未改正的，责令停业整顿，并处五万元以上十万元以下的罚款；造成重大安全事故，构成犯罪的，对直接责任人员，依照刑法有关规定追究刑事责任：

①施工前未对有关安全施工的技术要求作出详细说明的；

②未根据不同施工阶段和周围环境及季节、气候的变化，在施工现场采取相应的安全施工措施，或者在城市市区内的建设工程的施工现场未实行封闭围挡的；

③在尚未竣工的建筑物内设置员工集体宿舍的；

④施工现场临时搭建的建筑物不符合安全使用要求的；

⑤未对因建设工程施工可能造成损害的毗邻建筑物、构筑物和地下管线等采取专项防护措施的。

5）违反本条例的规定，施工单位有下列行为之一的，责令限期改正；逾期未改正的，责令停业整顿，并处十万元以上三十万元以下的罚款；情节严重的，降低资质等级，直至吊销资质证书；造成重大安全事故，构成犯罪的，对直接责任人员，依照刑法有关规定追究刑事责任；造成损失的，依法承担赔偿责任：

①安全防护用具、机械设备、施工机具及配件在进入施工现场前未经查验或者查验不合格即投入使用的；

②使用未经验收或者验收不合格的施工起重机械和整体提升脚手架、模板等自升式架设设施的；

③委托不具有相应资质的单位承担施工现场安装、拆卸施工起重机械和整体提升脚手架、模板等自升式架设设施的；

④在施工组织设计中未编制安全技术措施、施工现场临时用电方案或者专项施工方案的。

6）违反本条例的规定，施工单位的主要负责人、项目负责人未履行安全生产管理职责的，责令限期改正；逾期未改正的，责令施工单位停业整顿；造成重大安全事故、重大伤亡事故或者其他严重后果，构成犯罪的，依照《刑法》有关规定追究刑事责任。

作业人员不服管理、违反规章制度和操作规程冒险作业造成重大伤亡事故或者其他严重后果，构成犯罪的，依照刑法有关规定追究刑事责任。

施工单位的主要负责人、项目负责人有前款违法行为，尚不够刑事处罚的，处二万元以上二十万元以下的罚款或者按照管理权限给予撤职处分；自刑罚执行完毕或者受处分之日起，五年内不得担任任何施工单位的主要负责人、项目负责人。

第七节　建设工程质量管理条例

一、施工单位质量责任和义务的规定

1. 建设工程质量管理的基本制度

（1）工程质量监督管理制度

建设工程质量必须实行政府监督管理。政府对工程质量的监督管理主要以保证工程使用安全和环境质量为主要目的，以法律、法规和强制性标准为依据，以地基基础、主体结构、环境质量和与此有关的工程建设各方主体的质量行为为主要内容，以施工许可制度和竣工验收备案制度为主要手段。

（2）工程竣工验收备案制度

《建设工程质量管理条例》确立了建设工程竣工验收备案制度。该项制度是加强政府监督管理，防止不合格工程流向社会的一个重要手段。结合《建设工程质量管理条例》和《房屋建筑工程和市政基础设施工程竣工验收备案管理暂行办法》（建设部令第 78 号）的有关规定，建设单位应当在工程竣工验收合格后的 15 天内到县级以上人民政府建设行政主管部门或其他有关部门备案。建设单位办理工程竣工验收备案应提交以下材料：

①工程竣工验收备案表；

②工程竣工验收报告（竣工验收报告应当包括工程报建日期，施工许可证号，施工图设计文件审查意见，勘察、设计、施工、工程监理等单位分别签署的质量合格文件及验收

人员签署的竣工验收原始文件，市政基础设施的有关质量检测和功能性试验资料以及备案机关认为需要提供的有关资料）；

③法律、行政法规规定应当由规划、公安消防、环保等部门出具的认可文件或者准许使用文件；

④施工单位签署的工程质量保修书；

⑤法规、规章规定必须提供的其他文件；

⑥商品住宅还应当提交《住宅质量保证书》和《住宅使用说明书》。

建设行政主管部门或其他有关部门收到建设单位的竣工验收备案文件后，依据质量监督机构的监督报告，发现建设单位在竣工验收过程中有违反国家有关建设工程质量管理规定行为的，责令停止使用，重新组织竣工验收后再办理竣工验收备案。

（3）工程质量事故报告制度

建设工程发生质量事故后，有关单位应当在 24 小时内向当地建设行政主管部门和其他有关部门报告。对重大质量事故，事故发生地的建设行政主管部门和其他有关部门应当按照事故类别和等级向当地人民政府和上级建设行政主管部门和其他有关部门报告。

（4）工程质量检举、控告、投诉制度

《建筑法》与《建设工程质量管理条例》均明确，任何单位和个人对建设工程的质量事故、质量缺陷都有权检举、控告、投诉。工程质量检举、控告、投诉制度是为了更好地发挥群众监督和社会舆论监督的作用，是保证建设工程质量的一项有效措施。

2. 施工单位的质量责任和义务

《建设工程质量管理条例》第四章明确了施工单位的质量责任和义务。施工单位应当依法取得相应等级的资质证书，并在其资质等级许可的范围内承揽工程。施工单位不得转包或违法分包工程。总承包单位与分包单位对分包工程的质量承担连带责任。施工单位必须按照工程设计图纸和施工技术标准施工，不得擅自修改工程设计，不得偷工减料。

施工单位必须按照工程设计要求、施工技术标准和合同约定，对建筑材料、建筑构配件、设备和商品混凝土进行检验，未经检验或检验不合格的，不得使用。施工人员对涉及结构安全的试块、试件以及有关材料，应在建设单位或工程监理单位监督下现场取样，并送具有相应资质等级的质量检测单位进行检测。建设工程实行质量保修制度，承包单位应履行保修义务。

3. 建设工程质量保修

建设工程质量保修制度是指建设工程在办理竣工验收手续后，在规定的保修期限内，因勘察、设计、施工、材料等原因造成的质量缺陷，应当由施工承包单位负责维修、返工或更换，由责任单位负责赔偿损失的保修制度。建设工程实行质量保修制度是落实建设工程质量责任的重要措施。

1）建设工程承包单位在向建设单位提交竣工验收报告时，应当向建设单位出具质量保修书。质量保修书中应当明确建设工程的保修范围、保修期限和保修责任等。保修范围和正常使用条件下的最低保修期限如下：

①基础设施工程、房屋建筑的地基基础工程和主体结构工程，其最低保修期限为设计文件规定的该工程的合理使用年限；

②屋面防水工程、有防水要求的卫生间、房间和外墙面的防渗漏，其最低保修期限为五年；

③供热与供冷系统，其最低保修期限为两个采暖期、供冷期；

④电气管线、给排水管道、设备安装和装修工程，其最低保修年限为两年。

其他项目的保修期限由发包方与承包方约定。建设工程的保修期，自竣工验收合格之日起计算。因使用不当或者第三方造成的质量缺陷，以及不可抗力造成的质量缺陷，不属于法律规定的保修范围。

2）建设工程在保修范围和保修期限内发生质量问题的，施工单位应当履行保修义务，并对造成的损失承担赔偿责任。

对在保修期限内和保修范围内发生的质量问题，一般应先由建设单位组织勘察、设计、施工等单位分析质量问题的原因，确定维修方案，由施工单位负责维修，但当问题较严重、复杂时，不管是什么原因造成的，只要是在保修范围内，均先由施工单位履行保修义务，不得推诿扯皮。对于保修费用，则由质量缺陷的责任方承担。

二、施工单位违法行为的处罚规定

1. 违规承揽工程

1）违反《建设工程质量管理条例》规定，勘察、设计、施工、工程监理单位超越本单位资质等级承揽工程的，责令停止违法行为，对勘察、设计单位或者工程监理单位处合同约定的勘察费、设计费或者监理酬金1倍以上2倍以下的罚款；对施工单位处工程合同价款2%以上4%以下的罚款，可以责令停业整顿，降低资质等级；情节严重的，吊销资质证书；有违法所得的，予以没收。

未取得资质证书承揽工程的，予以取缔，依照前款规定处以罚款；有违法所得的，予以没收。以欺骗手段取得资质证书承揽工程的，吊销资质证书，依照本条规定处以罚款；有违法所得的，予以没收。

2）违反《建设工程质量管理条例》规定，勘察、设计、施工、工程监理单位允许其他单位或者个人以本单位名义承揽工程的，责令改正，没收违法所得，对勘察、设计单位和工程监理单位处合同约定的勘察费、设计费和监理酬金1倍以上2倍以下的罚款；对施工单位处工程合同价款2%以上4%以下的罚款；可以责令停业整顿，降低资质等级；情节严重的，吊销资质证书。

2. 转包和违法分包

（1）转包和违法分包的概念

1）转包是指承包单位承包建设工程后，不履行合同约定的责任和义务，将其承包的全部建设工程转给他人，或者将其承包的全部建设工程肢解以后以分包的名义分别转给其他单位承包的行为。

2）违法分包是指下列行为：

①总承包单位将建设工程分包给不具备相应资质条件的单位的；

②建设工程总承包合同中未有约定，又未经建设单位认可，承包单位将其承包的部分建设工程交由其他单位完成的；

③施工总承包单位将建设工程主体结构的施工分包给其他单位的；

④分包单位将其承包的建设工程再分包的。

（2）处罚规定

违反《建设工程质量管理条例》规定，承包单位将承包的工程转包或者违法分包的，责令改正，没收违法所得，对勘察、设计单位处合同约定的勘察费、设计费25%以上50%以下的罚款；对施工单位处工程合同价款0.5%以上1%以下的罚款；可以责令停业整顿，降低资质等级；情节严重的，吊销资质证书。

3. 偷工减料、质量管理不善

1）施工单位在施工中偷工减料的，使用不合格的建筑材料、建筑构配件和设备的，或者有不按照工程设计图纸或者施工技术标准施工的其他行为的，责令改正，处工程合同价款2%以上4%以下的罚款；造成建设工程质量不符合规定的质量标准的，负责返工、修理，并赔偿因此造成的损失；情节严重的，责令停业整顿，降低资质等级或者吊销资质证书。

2）施工单位未对建筑材料、建筑构配件、设备和商品混凝土进行检验，或者未对涉及结构安全的试块、试件以及有关材料取样检测的，责令改正，处十万元以上二十万元以下的罚款；情节严重的，责令停业整顿，降低资质等级或者吊销资质证书；造成损失的，依法承担赔偿责任。

3）施工单位不履行保修义务或者拖延履行保修义务的，责令改正，处十万元以上二十万元以下的罚款，并对在保修期内因质量缺陷造成的损失承担赔偿责任。

4）发生重大工程质量事故隐瞒不报、谎报或者拖延报告期限的，对直接负责的主管人员和其他责任人员依法给予行政处分。

5）建设单位、设计单位、施工单位、工程监理单位违反国家规定，降低工程质量标准，造成重大安全事故，构成犯罪的，对直接责任人员依法追究刑事责任。

第三章　综合素养

第一节　职业道德

一、职业道德的特点和作用

1. 职业道德的特点

职业道德的概念有广义和狭义之分。广义的职业道德是指从业人员在职业活动中应该遵循的行为准则，涵盖了从业人员与服务对象、职业与职工、职业与职业之间的关系。狭义的职业道德是指在一定职业活动中应遵循的、体现一定职业特征的、调整一定职业关系的职业行为准则和规范。不同的职业人员在特定的职业活动中形成了特殊的职业关系，包括职业主体与职业服务对象之间的关系、职业团体之间的关系、同一职业团体内部之间的关系，以及职业劳动者、职业团体与国家之间的关系。

（1）职业道德具有适用范围的有限性

每种职业都担负着一种特定的责任和义务。由于各种职业的责任和义务不同，因此形成了各自特定的职业道德的具体规范。

（2）职业道德具有发展的继承性

由于职业具有不断发展和世代延续的特征，不仅其技术世代延续，其管理员工的方法、与服务对象交流的方式，也有一定的继承性。

（3）职业道德具有表达形式的多样性

由于各种职业道德的要求都较为具体、细致，因此其表达形式多种多样。

（4）职业道德兼有强烈的纪律性

纪律也是一种行为规范，但它是介于法律和道德之间的一种特殊的规范。它既要求人们能自觉遵守，又带有一定的强制性。因此，它具有道德色彩和法律色彩。一方面，遵守纪律是一种美德；另一方面，遵守纪律又带有强制性，具有法令的要求。

2. 职业道德的作用

职业道德是社会道德体系的重要组成部分，既有社会道德的一般作用，又有自身的特殊作用，具体表现为以下 4 个方面。

（1）调节从业人员之间以及从业人员与服务对象之间的关系

职业道德的基本职能是调节职能。一方面，它可以调节从业人员之间的关系，即运用职业道德规范约束职业人员的行为，促进职业人员的团结与合作，如职业道德规范要求各行各业的从业人员都要团结、互助、爱岗、敬业、齐心协力地为本行业、本职业服务。另一方面，职业道德又可以调节从业人员和服务对象之间的关系。如职业道德规定了制造产品的工人要对用户负责，营销人员要对顾客负责；医生要对病人负责，教师要对学生负责等。

（2）维护和提高本行业的信誉

信誉即形象、信用和声誉，是指企业及其产品与服务在社会公众中的信任程度，提高企业的信誉主要靠产品质量和服务质量，而从业人员职业道德水平高是产品质量和服务质量的有效保障。

（3）促进本行业的发展

一个行业的发展有赖于较高的经济效益，而较高的经济效益基于高素质的员工。员工素质主要包含知识、能力、责任心三个方面，其中责任心是最重要的。而职业道德水平高的从业人员有较高的责任心，因此，职业道德能促进本行业的发展。

（4）有助于提高全社会的道德水平

职业道德是整个社会道德的主要内容。职业道德一方面涉及每个从业者如何对待职业，如何对待工作，同时也是一个从业人员的生活态度、价值观念的表现；职业道德是一个人的道德意识和道德行为成熟的表现，具有较强的稳定性和连续性。另一方面，职业道德也是一个职业集体，甚至一个行业全体人员的行为表现，如果每个行业、每个职业集体都具备优良的道德，则全社会的道德水平也会随之提高。

二、社会主义职业道德规范

社会主义职业道德规范是社会各行各业劳动者在职业活动中必须共同遵守的基本行为准则，它是判断人们职业行为优劣的具体标准，也是社会主义道德在职业生活中的反映。集体主义贯穿于社会主义职业道德规范的始终，是正确处理国家、集体、个人关系的最根本的准则，也是衡量个人职业行为和职业品质的基本准则，是社会主义社会的客观要求，是社会主义职业活动获得成功的保证。

《中共中央关于加强社会主义精神文明建设若干重要问题的决议》中大力倡导职业道德的五项基本规范，即“爱岗敬业、诚实守信、办事公道、服务群众、奉献社会”。其中，服务群众是职业行为的本质，是职业道德建设的核心，它是贯穿于全社会共同的职业道德之中的基本精神。社会主义职业道德的基本原则是集体主义。

1. 爱岗敬业

爱岗敬业是社会主义职业道德最基本的要求，是对人们工作态度的一种普遍要求。爱岗就是热爱自己的工作岗位，热爱本职工作，敬业就是要用一种恭敬严肃的态度对待自己的工作。

2. 诚实守信

诚实守信是做人的基本准则，也是社会道德和职业道德的一个基本规范。诚实就是表里如一，说老实话，办老实事，做老实人。守信就是信守诺言，讲信誉，重信用，忠实履行自己承担的义务。诚实守信是各行各业的行为准则，也是做人做事的基本准则，是社会主义最基本的道德规范之一。

3. 办事公道

办事公道是对人和事的一种态度，也是千百年来人们所称道的职业道德，它要求人们待人处世要公正、公平。

4. 服务群众

服务群众就是为人民群众服务，是社会全体从业者互相服务、促进社会发展、实现共同富裕。服务群众是一种现实的生活方式，也是职业道德要求的一个基本内容。

5. 奉献社会

奉献社会就是积极自觉地为社会做贡献，这是社会主义职业道德的本质特征。奉献社会自始至终体现在爱岗敬业、诚实守信、办事公道和服务群众的各种要求之中。奉献社会并不意味着不要个人的正当利益、不要个人的幸福，恰恰相反，一个自觉奉献社会的人才能真正找到个人幸福的支撑点，奉献和个人利益是辩证统一的关系。

第二节　文明礼仪

作为都市生活新市民，由于生活环境的改变，每个人的行为举止也随之改变。我们有义务遵守社会文明礼仪规范，在公共场所规范自己的言谈举止、注意自己的衣着打扮，做一个讲文明、懂礼仪的新市民。

1. 社会文明礼仪规范

社会文明礼仪规范是人们在公共生活和相互交往中约定俗成、普遍遵循的基本行为规范，涉及个人和人际交往中仪表仪容、言谈举止、待人接物等方面的具体规则和惯用形式。

2. 社会文明礼仪的体现

社会文明礼仪主要体现在：相互尊重、真诚相待；宽容大度、严于律己；把握分寸、尊重差异；身体力行、注重养成。

3. 个人仪容的基本要求

发型要得体，面部要清爽，表情要自然，手部要清洁。

4. 个人体态的基本要求

1）站姿：两眼平视前方，两肩自然放平，两臂自然下垂，挺胸、收腹、提臀。
2）坐姿：保持上身直立，双腿自然并拢，切忌抖动。
3）走姿：抬头、挺胸、收腹，双臂自然摆动，脚步轻盈稳健。

5. 个人着装的基本要求

个人着装应该做到：整洁合体，搭配协调，体现个性，随境而变，遵守常规。佩戴饰物要尊重当地的文化和习俗。

6. 与人交谈时的基本要求

在与人交谈时应该多用敬语和谦词。说话时要注意对象，注意措辞，不能一心二用。

7. 公共场所使用手机的基本要求

在公共场所不宜旁若无人地接打电话；在会场、影院、剧场、音乐厅、图书馆、展览馆等需要保持安静的场所应主动关机或使手机处于振动、静音状态，必须接打电话时，应到不妨碍他人的地方；不在驾驶汽车或乘坐飞机的过程中使用手机；不在加油站使用手机。

随着社会的进步，经济的发展，人们的生活水平也日益提高。但是，伴随社会的发展也出现了很多“负增长”现象，不文明行为的增多就是“负增长”现象的一种。我们要向不文明行为说“不”，提高自身的文明素质，以适应经济社会发展形势的需要。

第三节　安全与生活

（一）安全用电常识

（1）电击

电击是电流通过人体时对人体的外部和内部器官造成的伤害，它可使触电者产生抽搐、神经麻痹等症状，严重时会引起昏迷窒息甚至死亡。

（2）电伤

电伤是电流的热效应、化学效应、机械效应以及电流本身作用下对人体外部造成的伤害，常见的有灼伤、烙伤等。触电事故发生后，现场急救十分重要。实践证明，1 分钟内抢救，90%能救活；1～4 分钟内抢救，60%能救活；10 分钟后抢救，存活的希望很小。

（二）交通安全常识

现代化的交通工具给人们出行带来很多便利，节省了很多时间，但同时也因为人们不注重交通安全知识，引发许多交通事故。

车辆超载是发生交通事故的重要原因之一。车辆超载时，在紧急情况下，刹车或其他措施都难以防范。人人都要树立交通安全的意识，行人更应该遵守交通规则，只有这样才能减少和杜绝交通事故的发生。

（三）安全用气常识

天然气是一种优质、高效、清洁的能源，其主要成分是甲烷（CH_4），具有无色、微臭味、比空气轻、易燃易爆等特性。如果天然气设施、设备发生故障或使用不当，容易引发火灾、爆炸和中毒事故。

一旦发现天然气泄漏，应立即切断气源，开窗通风，禁止开启抽油烟机、排风扇、电灯等用电设备，杜绝火源，也不能在漏气处拨打电话，以免引燃气体，造成爆炸。

（四）消防安全常识

火是一种自然现象。驯服的火是人类的朋友，它给人们带来光明和温暖，推动了人类文明和社会的进步。但火如果失去控制，酿成火灾，就会给人们生命财产造成巨大损失。

发生火灾时，不能乘电梯，因为电梯随时可能发生故障或被火烧坏，应沿防火安全疏散楼梯朝底楼跑，如果中途防火楼梯被堵死，应立即返回屋顶平台，并呼救求援。也可以将楼梯间的窗户玻璃打破，向外高声呼救，让救援人员知道你的确切位置，以便营救。

第四节　卫生常识

健康是我们有效工作和高质量生活的前提，而健康离不开良好的卫生习惯，离不开对常见病的了解和预防。掌握卫生常识有助于培养每个公民良好的卫生习惯和健康文明的生活态度，同时也体现了社会的进步，是保证个人健康的前提和基础。

（一）个人卫生

要保持皮肤清洁，经常洗澡，提倡淋浴和冷水擦澡；要保持头发整洁，定期理发，不蓄胡子。梳子和刮胡刀不要与别人共用；理发和洗头能够清除头发和头皮上的污垢、头屑、病菌，预防头癣、皮肤病，防止生头虱。

要养成饭前便后洗手的习惯，经常修剪指甲并保持干净；经常保持脚的清洁和干燥，尽可能每天洗脚换袜子；要穿大小合适的鞋子；要经常刷牙、漱口，保持口腔卫生。要养成经常洗脸的习惯，以保持脸部卫生；洗漱用具不要与他人共用，冬天提倡用冷水洗脸，用干毛巾擦脸，以提高御寒能力。

（二）公共卫生

不随地吐痰和大小便，不乱扔果皮、烟头、纸屑等废弃物，保持公共场所的清洁和卫生。

第四章　钢筋加工配送工岗位基础知识

第一节　施工图识读

一、施工图的基本知识

（一）建筑制图统一标准

1. 图纸幅面

图纸以短边作为垂直边应为横式图纸，以短边作为水平边应为立式图纸。A0～A3 图纸宜横式使用，必要时也可立式使用。图纸幅面及图框尺寸应符合表 4-1 的规定。

表 4-1　幅面及图框尺寸　　单位：mm

尺寸代号	幅面代号				
	A0	A1	A2	A3	A4
$b \times l$	841×1 189	594×841	420×594	297×420	210×297
c	10			5	
a	25				

注：表中 b 为幅面短边尺寸；l 为幅面长边尺寸；c 为图框线与幅面线间宽度；a 为图框线与装订边间的宽度。

2. 标题栏、会签栏

图纸中应有标题栏、图框线、幅面线、装订边线和对中标志。横式图纸、立式图纸的标题栏及装订边的位置如图 4-1 所示。

（二）图线

1. 线宽

图纸的基本线宽 b，宜按图纸比例及图纸性质从 1.4 mm、1.0 mm、0.7 mm、0.5 mm 线宽组中选取。绘图时应根据图样的复杂程度及比例大小，选用表 4-2 所示的线宽组合。

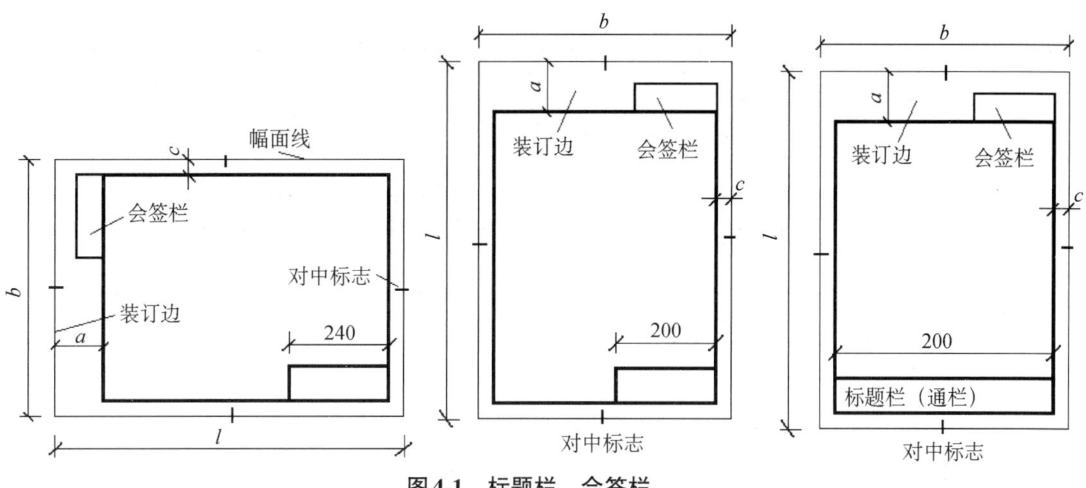

图 4-1　标题栏、会签栏

表 4-2　线宽组合　　单位：mm

线宽	线宽组			
b	1.4	1.0	0.7	0.5
0.7 *b*	1.0	0.7	0.5	0.35
0.5 *b*	0.7	0.5	0.35	0.25
0.25 *b*	0.35	0.25	0.18	0.13

注：1. 需要微缩的图纸不宜采用 0.18 mm 及更细的线宽。

2. 同一张图纸内，各种不同线宽中的细线，可统一采用较细的线宽组的细线。

2. 线型

工程建设制图应选用表 4-3 所示的图线。

表 4-3　图线的类型及应用　　单位：mm

名称		线型	线宽	用途
实线	粗	————	*b*	主要可见轮廓线
	中粗	————	0.7 *b*	可见轮廓线、变更云线
	中	————	0.5 *b*	可见轮廓线、尺寸线
	细	————	0.25 *b*	图例填充线、家具线
虚线	粗	— — —	*b*	见各有关专业制图标准
	中粗	— — — — —	0.7 *b*	不可见轮廓线
	中	— — — — —	0.5 *b*	不可见轮廓线、图例线
	细	- - - - - - - - - -	0.25 *b*	图例填充线、家具线
单点长画线	粗	—— · —— · ——	*b*	见各有关专业制图标准
	中	—— · —— · ——	0.5 *b*	见各有关专业制图标准
	细	—— · —— · ——	0.25 *b*	中心线、对称线、轴线等

续表

名称		线型	线宽	用途
双点长画线	粗		b	见各有关专业制图标准
	中		0.5 b	见各有关专业制图标准
	细		0.25 b	假想轮廓线、成型前原始轮廓线
折断线	细		0.25 b	断开界线
波浪线	细		0.25 b	断开界线

（三）字体

1. 汉字

图纸上所需书写的文字、数字或符号等，均应笔画清晰、字体端正、排列整齐；标点符号应清楚正确。字高大于 10 mm 的文字宜采用 True Type 字体，如需书写更大的字，其高度应按 $\sqrt{2}$ 的倍数递增。

2. 数字和字母

图样及说明中的数字、字母，宜优先采用 True Type 字体中的 Roman 字型。写成斜体字时，应从字的底线向上倾斜 75°，其高度和宽度应与相应的直体字相等。数字、字母的字高不应小于 2.5 mm。

（四）比例

图样的比例为图形与实物相对应的线性尺寸之比，符号为“：”，用阿拉伯数字表示。比例宜注写在图名的右侧，并与字的基准线平齐；比例的字高宜比图名的字高小 1 号或 2号。

绘图所选用的比例，应根据图样的用途和所绘对象的复杂程度，从表 4-4 中选用，并优先选用表中常用比例。

表 4-4　绘图选用比例

常用比例	1∶1、1∶2、1∶5、1∶10、1∶20、1∶30、1∶50、1∶100、1∶150、1∶200、1∶500、1∶1 000、1∶2 000
可用比例	1∶3、1∶4、1∶6、1∶15、1∶25、1∶40、1∶60、1∶80、1∶250、1∶300、1∶400、1∶600、1∶5 000、1∶10 000、1∶20 000、1∶50 000、1∶100 000、1∶200 000

（五）索引符号与详图符号

（1）索引符号：图样中的某一局部或构件，如需另见详图，应以索引符号索引，如图

4-2（a）所示。索引符号由直径为 8～10 mm 的圆和水平直径组成，圆及水平直径线宽宜为 0.25 *b*，应按下列规定编写：

①索引出的详图，如与被索引的详图同在一张图纸内，应在索引符号的上半圆中用阿拉伯数字注明该详图的编号，并在下半圆中间画一段水平细实线如图 4-2（b）所示。

②索引出的详图，如与被索引的详图不在同一张图纸内，应在索引符号的上半圆中用阿拉伯数字注明该详图的编号，在索引符号的下半圆中用阿拉伯数字注明该详图所在图纸的编号，如图 4-2（c）所示。数字较多时，可加文字标注。

③索引出的详图，如采用标准图，应在索引符号水平直径的延长线上加注该标准图册的编号，如图 4-2（d）所示。

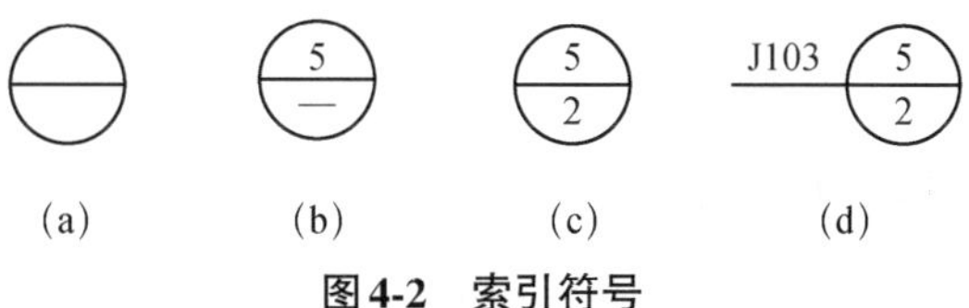

图 4-2　索引符号

（2）索引符号如用于索引剖视详图，应在被剖切的部位绘制剖切位置线，并以引出线引出索引符号，引出线所在的一侧应为剖视方向。索引符号的编写同（1）的规定，如图 4-3 所示。

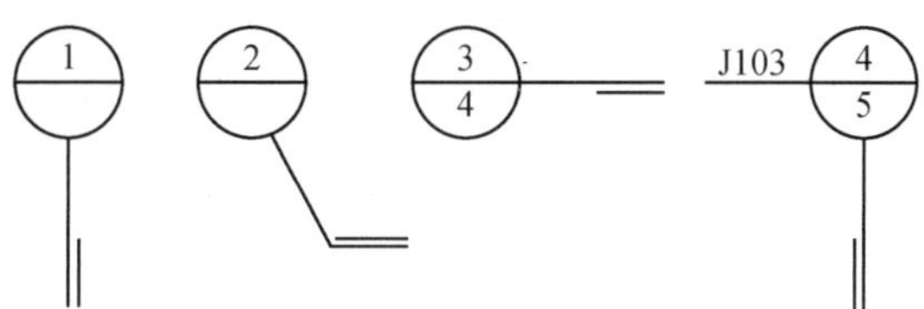

图 4-3　用于索引剖面详图的索引符号

（3）钢筋、杆件、设备等的编号，以直径为 4～6 mm（同一图样应保持一致）的圆表示，图线宽为 0.25 *b*，其编号应用阿拉伯数字按顺序编写。

（4）详图符号。详图的位置和编号，应以详图符号表示。详图符号的圆直径应为 14 mm，线宽为 *b*。详图编号应符合下列规定：

①详图与被索引的图样同在一张图纸内时，应在详图符号内用阿拉伯数字注明详图的编号。

②详图与被索引的图样不在同一张图纸内时，应用细实线在详图符号内画一水平直径，在上半圆中用阿拉伯数字注明详图编号，在下半圆中用阿拉伯数字注明被索引的图纸的编号。

（5）其他符号：

①对称符号。对称符号由对称线和两端的两对平行线组成。用单点长画线绘制；线宽宜为 0.25 *b*；平行线用细实线绘制，其长度宜为 6～10 mm，每对的间距宜为 2～3 mm，对称线垂直平分于两对平行线，两端宜超出平行线 2～3 mm。

②连接符号。连接符号应以折断线表示需要连接的部位。两部分相距过远时，折断线两端靠图样一侧应标注大写拉丁字母表示连接符号。两个被连接的图样必须用相同的字母编号。

③指北针的圆直径宜为 24 mm，用细实线绘制，指针尾部的宽度宜为 3 mm，指针头部应标注“北”或“N”字样。需用较大直径绘制指北针时，指针尾部宽度宜为直径的 1/8。

（六）工程制图的基本规定

1. 定位轴线

（1）定位轴线应用 0.25 *b* 线宽的单点长画线绘制。

（2）定位轴线应编号，编号应注写在轴线端部的圆内。圆应用 0.25 *b* 线宽的实线绘制，直径宜为 8～10 mm，详图上可增为 10 mm。定位轴线圆的圆心，应在定位轴线的延长线上或延长线的折线上。

（3）平面图上定位轴线的编号，宜注写在图样的下方与左侧。横向编号应用阿拉伯数字，从左至右顺序编写，竖向编号应用大写拉丁字母，从下至上顺序编写。

（4）附加定位轴线的编号，应以分数的形式表示，并符合下列规定：

①两根轴线的附加轴线，应以分母表示前一轴线的编号，分子表示附加轴线的编号，编号宜用阿拉伯数字顺序编写。

②1 号轴线或 A 号轴线之前的附加轴线应以分母 01 或 0 A 表示。

（5）一个详图适用于几根轴线时，应同时注明各有关轴线的编号，如图 4-4 所示。通用详图中的定位轴线，应只画圆，不注写轴线编号。

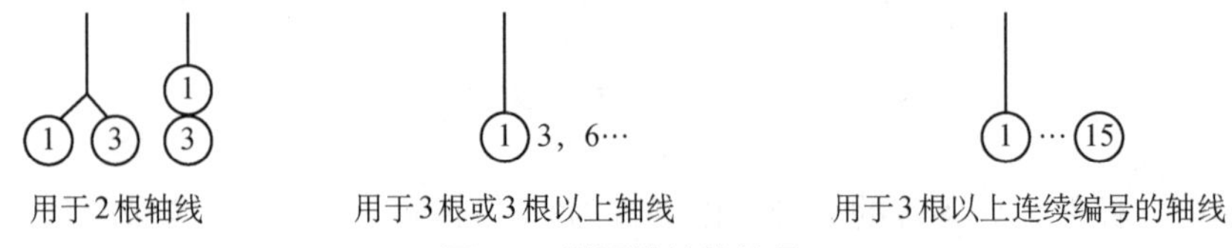

图4-4　详图的轴线编号

2. 引出线

（1）引出线

引出线线宽应为 0.25 *b*，宜采用水平方向的直线或与水平方向成 30°、45°、60°、90°的直线，并经上述角度再折为水平线，如图 4-5 所示。

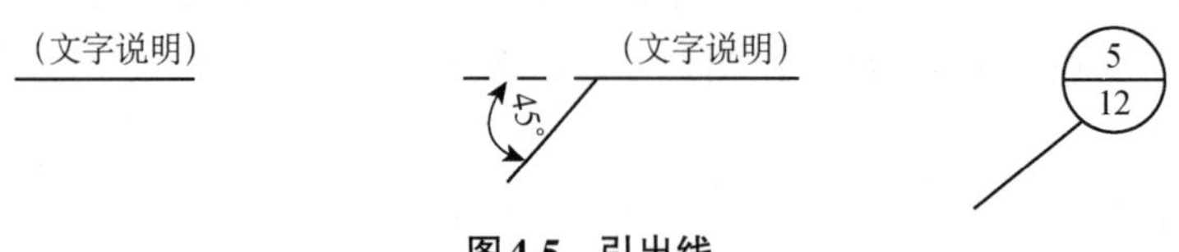

图4-5　引出线

（2）共同引出线、共用引出线

同时引出几个相同部分的引出线，宜互相平行，如图 4-6（a）所示。多层构造或多层管道共用引出线，应通过被引出的各层，并用圆点示意对应各层次。文字说明宜注写在水平线的上方，也可注写在水平线的端部，说明的顺序应由上至下，并应与被说明的层次相互一致；如层次为横向排列，则由上至下的说明顺序应与由左至右的层次相互一致，如图 4-6（b）所示。

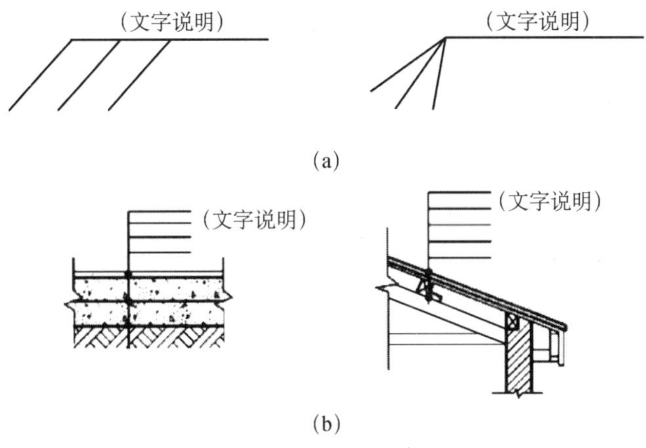

图4-6　共同引出线、共用引出线

二、投影的基本知识

（一）投影的基本概念

在日常生活中，物体在太阳光或灯光照射下，会在地面或墙壁上产生物体的影子。我们称这一自然现象为投影现象。发生自然投影时，物体的影子是漆黑的，通过自然投影人们只能看到物体外形的轮廓，看不到物体上的一些变化或内部情况。在工程制图上，根据自然投影现象，经过科学的抽象，即假设按规定方向射来的光线能够透过物体照射，形成的影子不但能反映物体的外形，也能反映物体上部和内部的情况，这样形成的影子就称为投影。我们把能够产生光线的光源称为投影中心，光线称为投射线，落影平面称为投影面，用投影表达物体形状和大小的方法称为投影法，用投影法画出的物体的图形称为投影图。

（二）投影法的分类

投影法一般分为中心投影法和平行投影法两种。投射线从投影中心出发的投影法，称为中心投影法，所得到的投影称为中心投影。投射线相互平行的投影法称为平行投影法，所得到的投影称为平行投影。根据投射线与投影面的相对位置，平行投影法又分正投影法和斜投影法两种。投射线垂直于投影面时称为正投影法。在正投影的条件下，使物体的某个面平行于投影面，则该面的正投影反映其实际形状和大小，所以一般工程图样都选用正投影原理绘制。投射线相互平行且倾斜于投影面时称为斜投影法。

（三）三面投影及其对应关系

1. 形体的三面投影

如图 4-7 所示，三面投影体系由 3 个相互垂直的投影面组成。*H* 面称为水平投影面，*V* 面称为正立投影面，*W* 面称为侧立投影面。在三面投影体系中，任意两个投影面的交线称为投影轴，分别用 *X* 轴、*Y* 轴、*Z* 轴表示。3 个投影轴的交点 *O* 称为原点。

2. 三面投影图的形成

如图 4-8 所示，将被投影的物体置于三面投影体系中，并尽可能使物体的几个主要表面平行或垂直于其中的一个或几个投影面（使物体的底面平行于 *H* 面，物体的前、后端面平行于 *V* 面，物体的左、右端面平行于 *W* 面）。保持物体的位置不变，将物体分别向 3 个投影面作投影，得到物体的三面投影图。

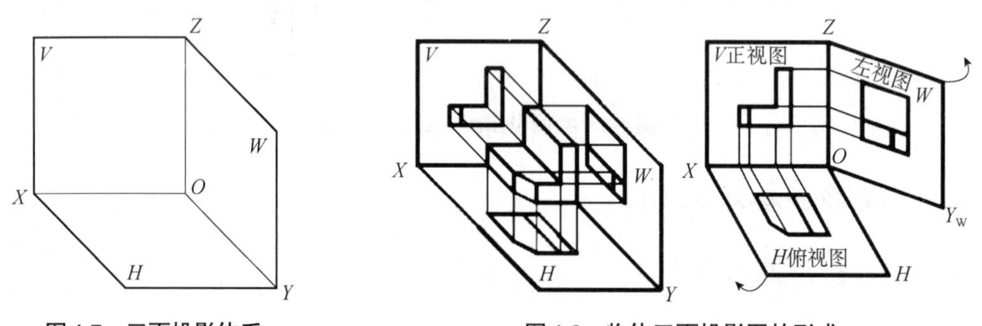

图 4-7　三面投影体系　　**图 4-8　物体三面投影图的形成**

3. 三面投影的对应关系

（1）三面投影的投影关系

在投影体系中，物体的 *X* 轴方向的尺寸称为长度，*Y* 轴方向的尺寸称为宽度，*Z* 轴方向的尺寸称为高度。如图 4-8 所示，由三面投影图的形成可知，物体的水平投影反映它的长和宽，正面投影反映它的长和高，侧面投影反映它的宽和高。

（2）三面投影图的方位关系

当物体在投影体系中的相对位置确定之后，它就有上、下、左、右、前、后 6 个方位，如图 4-9（a）所示。由三面图的形成可以看出，物体的水平投影反映左、右、前、后 4 个方向；正面投影反映左、右、上、下 4 个方向；侧面投影反映上、下、前、后 4 个方向，如图 4-9（b）所示。

（四）点、直线、平面的投影

1. 点的投影

如图 4-10（a）所示，过 *A* 点分别向 3 个投影面作垂线，所得 3 个垂足 *a*、*a*′、*a*″ 即为

A 点的 3 个投影。*a* 表示水平投影，*a*′ 表示正面投影，*a*″ 表示侧面投影。将投影体系展开所得的图即 *A* 点的三面投影图，如图 4-10（b）、（c）所示。

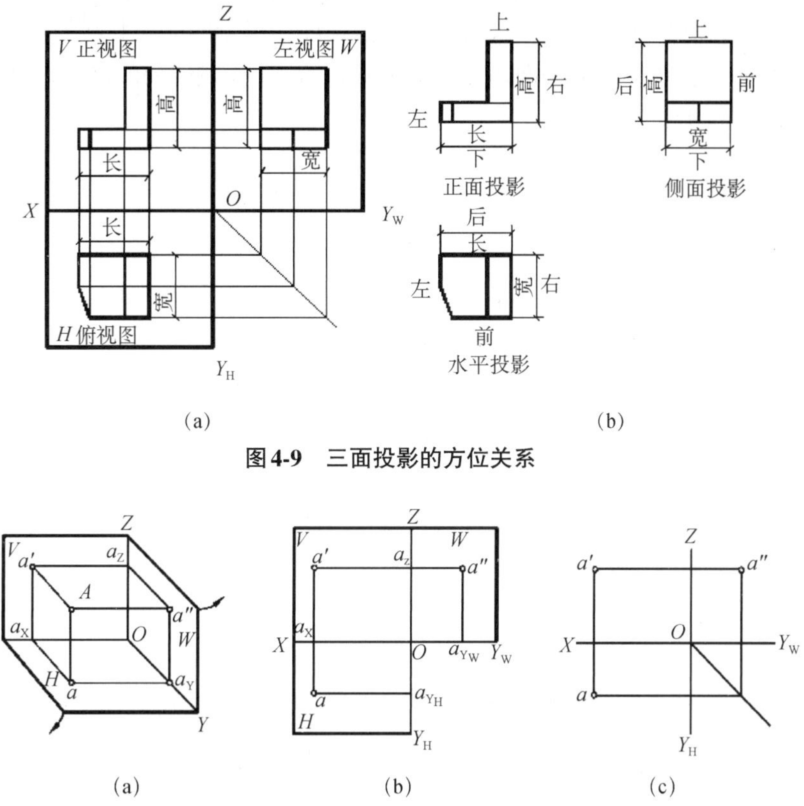

图 4-9　三面投影的方位关系

图 4-10　点三面投影的形成

2. 直线的投影

由初等几何可知，两点决定一直线。所以要确定直线 *AB* 的空间位置，只要确定出 *A*、*B* 两点的空间位置，连接起来即可确定该直线的空间位置，如图 4-11（a）所示。因此，在作直线 *AB* 的投影时，只要分别作出 *A*、*B* 两点的三面投影 *a*、*a*′、*a*″ 和 *b*、*b*′、*b*″，再分别把两点在同一投影面上的投影连接起来，即得直线 *AB* 的三面投影 *ab*、*a*′*b*′、*a*″ *b*″，如图 4-11（b）所示。

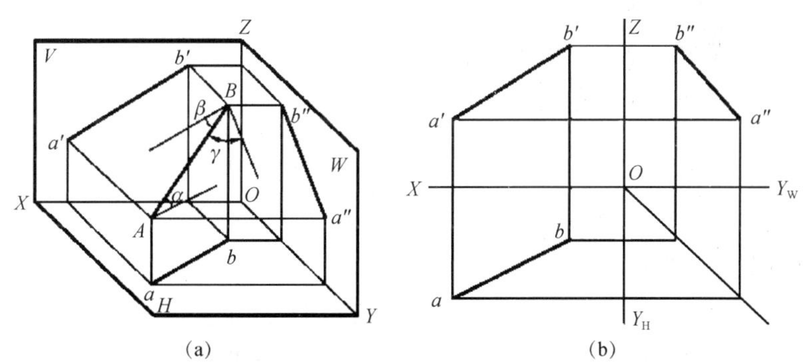

图 4-11　直线的三面投影的形成

3. 平面的投影

平面可以看作点和直线不同形式的组合，一般常用平面图形来表示，如三角形、四边形、圆形等。要绘制平面的投影，只需作出表示平面图形轮廓的点和线的投影，依次连接即可得到平面的投影图。根据平面与投影面相对位置不同，平面可以分为一般位置平面、投影面平行面、投影面垂直面 3 类。

4. 平面立体的投影

由于平面立体的表面是由若干个平面所围成，平面立体的投影可归结为平面立体棱线和棱线间交点的投影。因此求解平面立体的投影就是作出组成立体表面的各平面和棱线的投影。最常见的平面立体有棱柱、棱锥和棱台。

5. 曲面立体的投影

常见的曲面立体是回转体，回转体的曲面是母线（直线或曲线）绕一轴做回转运动而形成的。曲面上任意一个位置的母线称为素线，母线上每一个点的运动轨迹都是圆，称为纬圆，纬圆平面垂直于回转直线，主要有圆柱体、圆锥体和圆球。

（五）组合体的投影

组合体是由若干个基本形体组合而成的。一般情况下，形状复杂的工程建筑物可看作由若干个基本几何体经过叠加、切割或相交等形式组合而成的。表达组合体一般画三面投影图。

1. 形体分析

绘制组合体的投影图，需先进行形体分析，选择适当的投影图，再进行画图。形体分析法是指把一个物体分解成若干个形体或简单形体的方法。即绘制和阅读组合体的投影图时，将组合体分解成若干个基本形体或简单形体，分析它们之间的关系，然后逐一解决它们的画图和识图问题。它是画图、读图和标注尺寸的基本方法。

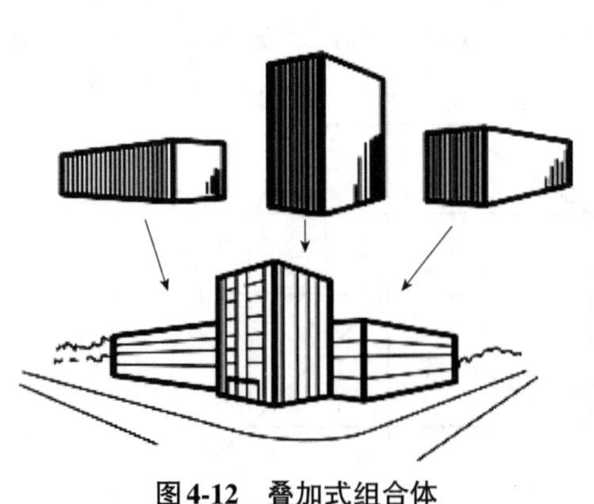

图 4-12　叠加式组合体

（1）建筑形体间的组合方式

1）叠加式组合体：是由若干个基本形体叠加而成的组合体，如图 4-12 所示。叠加式组合体可以看作由 3 个长方形组合而成。求其投影时可以由几个基本几何体的投影组合而成。

2）切割式组合体：是由一个大的基本形体经过若干次切割而成的组合体，如图 4-13 所示。切割式组合体可以看作由一个大的长方体切割掉两个较小实形体（两个长方体）组合而成。求其投影时，可先画基本几何体的三面投影图，然后根据切割位置，分别在几何体投影上切割。

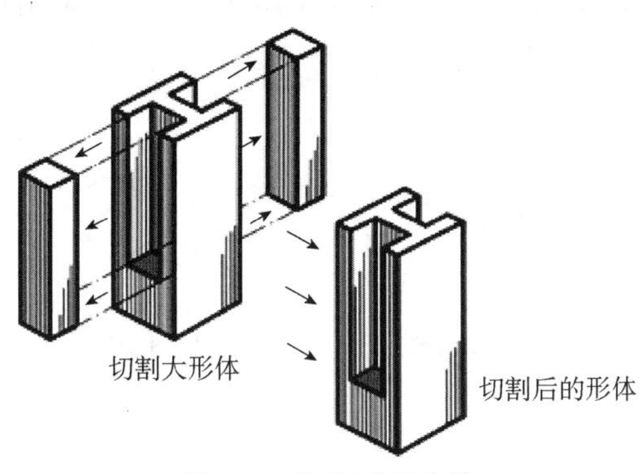

图4-13　切割式组合体

3）综合式组合体：是指既有叠加又有切割而成的组合体，如图4-14所示。综合式组合体可以看作由6个实形体组成，而6个实形体又可以看作由更小的实形体组成。

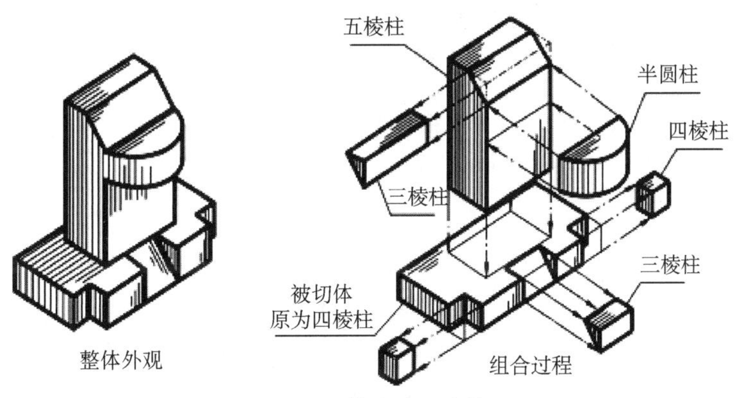

图4-14　综合式组合体

（2）组合体的表面连接

基本形体组合成组合体时，各基本形体表面间真实的相互关系即组合体的表面连接关系。形体经叠加、切割组合后，可形成3种表面连接关系：表面平齐（共面）、表面相切、表面相交，如图4-15所示。

表面平齐：当两形体邻接表面平齐时，邻接表面处无分界线。

表面相切：当两形体邻接表面相切时，由于相切是光滑过渡，所以一般不画出公切面在3个视图中的投影。

表面相交：两形体的邻接表面相交，邻接表面之间一定产生交线，而3个视图中一定会有交线的投影。

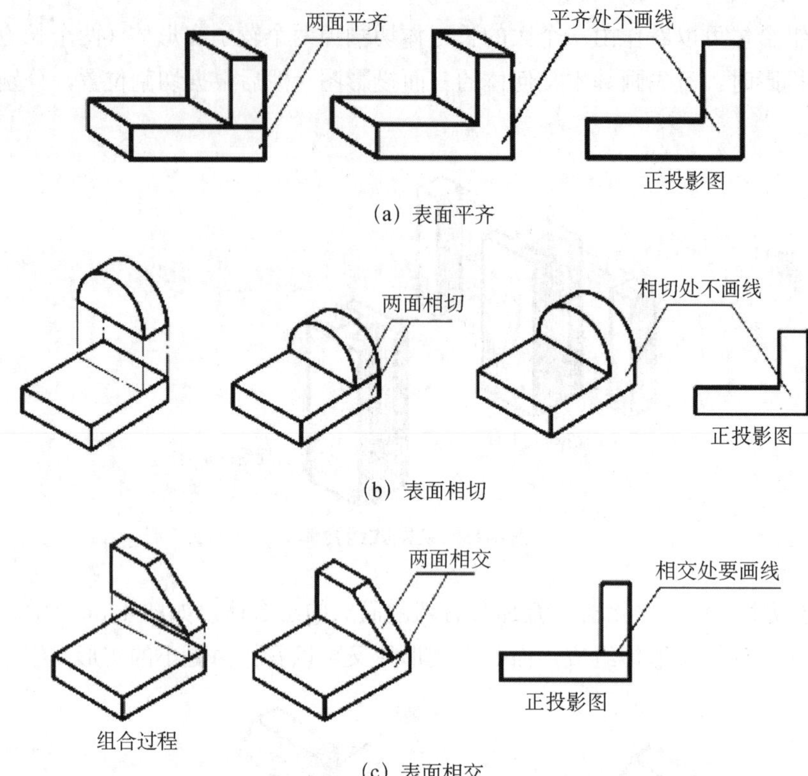

（a）表面平齐

（b）表面相切

（c）表面相交

图4-15　组合体的表面连接关系

2. 组合体的尺寸标注

（1）尺寸的种类

1）定形尺寸：用于确定组合体中各基本体自身大小的尺寸。

2）定位尺寸：用于确定组合体中各基本体之间相互位置的尺寸。

3）总体尺寸：确定组合体总长、总宽、总高的外包尺寸。

（2）组合体尺寸应做到的标注

1）组合体尺寸标注前需进行形体分析，弄清反映在投影图上的基本体，注意这些基本形体的尺寸标注要求，做到简洁合理。

2）各基本形体之间的定位尺寸一定要先选好定位基准，再进行标注。

3）由于组合体形状变化多，定形、定位和总体尺寸有时可以相互兼代。

4）组合体各项尺寸一般只标注一次尺寸。

（3）尺寸配置

组合体尺寸标注中应注意的问题：

1）尺寸一般应布置在图形外，以免影响图形清晰。

2）尺寸排列要注意大尺寸在外、小尺寸在内，并在不出现尺寸重复的前提下，使尺寸构成封闭的尺寸链。

3）反映某一形体的尺寸，最好集中标在反映这一基本形体特征轮廓的投影图上。

4）两投影图相关的尺寸，应尽量注在两图之间，以便对照识读。

5）尽量不在虚线图形上标注尺寸。

三、装配式混凝土建筑识图

（一）装配式建筑施工图的特点及编排次序

1. 特点

1）装配式建筑施工图中各图样，除水暖管道系统图是用斜投影法绘制之外，其余图样均采用正投影法绘制。

2）由于房屋的形体较大而图纸的幅面有限，所以装配式建筑施工图均采用缩小的比例绘制。

3）装配式建筑是由多种预制构件、现浇构件、配件和材料建造的。国家标准规定，在装配式工程图中，采用各种图例、符号来表示预制构件、现浇构件、配料和材料，以简化和规划装配式建筑施工图。

4）装配式建筑中许多预制构件和配件已经有标准的定型设计，并配有标准设计图集，如《预制混凝土剪力墙外墙板》（15G365—1）和《桁架钢筋混凝土叠合板（60 mm 厚底板）》（15G366—1）等可供参考。为节省设计和制图工作量，凡是有标准定型设计的构件和配件，应尽可能选用标准的构件和配件，采用之处只需在图纸相应位置标注出标准设计图集的名称编号、页数即可。这样可以提高设计效率，提高装配式建筑预制率，实现构配件的工厂化，降低建筑成本。

2. 编排次序

为便于看图、易于查找，装配式混凝土结构房屋建筑施工图一般按以下顺序进行编排：图纸目录→施工总说明→装配式结构专项说明→建筑施工图→结构施工图→给排水施工图→采暖通风施工图→电气施工图。

各类别图纸均将基本图编排在前，详图在后；先施工部分的图纸在前，后施工部分的图纸在后；重要的图纸在前，次要的图纸在后。以某专业为主的工程，应突出该专业的图纸。

1）图纸目录与书本目录的作用类似，方便我们查找所需图纸的具体位置。图纸目录中包含了整套建筑施工图中各图纸的名称、内容、图号等。

2）施工总说明是将图纸中不便用图纸表达的部分内容转化为文字，一般位于建筑施工图的最前面，在图纸目录之后。施工总说明包含工程名称及用途、建设单位、坐落地点、工程规模及面积、房屋层数及高度、设计结构形式、有效使用年限、安全等级、工程所在地设防烈度、设计的目标效果、场地标高等，并按建筑、结构、水、电、设备等专业做进一步的说明。对于较简单的房屋，图纸目录和施工总说明也可放在“建筑施工图”中“总平面图”内。

3）装配式结构专项说明是装配式建筑施工图所特有的，旨在重点说明与装配式结构密切相关的部分，包括所选用的标准设计图集、材料要求、预制构件深化设计、预制构件的生产和检验、预制构件的运输与堆放、现场施工等，且应与结构设计总说明相协调。

（二）装配式建筑常用图例

本书所讲解的装配式建筑识图方法以装配整体式混凝土结构为例，暂不包括装配式钢结构及木结构。与传统现浇混凝土结构相比，装配整体式混凝土结构与大量预制构件、现浇构件、后浇段相互连接形成整体，虽然都为钢筋混凝土材料，但构件节点、施工方案均有较大差异，故在装配整体式混凝土结构中常采用不同图例加以区别，见表 4-5。

表 4-5 装配整体式混凝土结构常用图例

名称	图例	名称	图例
预制钢筋混凝土（包括内墙、内叶墙、外叶墙）		保温层	
后浇段、边缘构件		无机保温材料	
现浇钢筋混凝土构件		夹心保温外墙	
轻质墙体		预制外墙模板	
		砌体	

（三）常见构件的编号及含义

1. 预制混凝土剪力墙

预制混凝土剪力墙编号由墙板代号和序号组成。标准设计图集《装配式混凝土结构表示方法及示例（剪力墙结构）》（15G107—1）中剪力墙编号见表 4-6。

表 4-6 标准设计图集 15G107—1 中剪力墙编号

构件类型		代号	序号
预制墙体	预制外墙	YWQ	××
	预制内墙	YNQ	××

例如，代号“YWQ1”表示预制外墙，序号为 1。代号“YNQ5a”表示该预制混凝土内墙板与已编号的 YNQ5 除线盒位置外，其他参数均相同，为方便起见，将该预制内墙板序号编为 5a。

2. 预制混凝土外墙板

预制混凝土剪力墙外墙由内叶墙板、保温层和外叶墙板组成。标准设计图集中的内叶墙板共有 5 种形式，标准设计图集 15G107—1 中内叶墙板编号见表 4-7，内叶墙板编号识读示例见表 4-8。

表 4-7　标准设计图集 15G107—1 中内叶墙板编号

预制内叶墙板类型	示意图	编号
无洞口外墙		WQ-×× ×× 无洞口外墙；标志宽度；层高
一个窗洞、高窗台外墙		WQC1-×× ××-×× ×× 一窗洞外墙（高窗台）；标志宽度；层高；窗宽；窗高
一个窗洞、矮窗台外墙		WQCA-×× ××-×× ×× 一窗洞外墙（矮窗台）；标志宽度；层高；窗宽；窗高
两个窗洞外墙	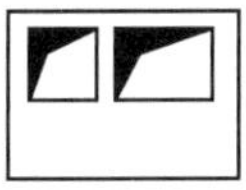	WQC2-×× ××-×× ××-×× ×× 两窗洞外墙；标志宽度；层高；左窗宽；左窗高；右窗宽；右窗高
一个门洞外墙	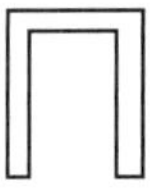	WQM-×× ××-×× ×× 一门洞外墙；标志宽度；层高；门宽；门高

表 4-8　标准设计图集 15G107—1 中内叶墙板编号识读示例　　单位：mm

预制墙板类型	示意图	墙板编号	标志宽度	层高	门/窗宽	门/窗高	门/窗宽	门/窗高
无洞口外墙		WQ-1828	1 800	2 800	—	—	—	—
带一窗洞高窗台		WQC1-3028-1514	3 000	2 800	1 500	1 400	—	—
带一窗洞矮窗台		WQCA-3028-1518	3 000	2 800	1 500	1 800	—	—
带两窗洞外墙	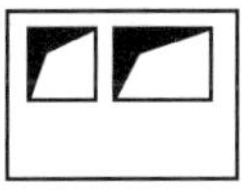	WQC2-4828-0614-1514	4 800	2 800	600	1 400	1 500	1 400
带一门洞外墙	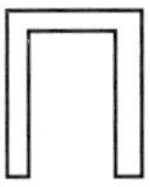	WQM-3628-1823	3 600	2 800	1 800	2 300	—	—

3. 预制混凝土剪力墙内墙板

标准设计图集 15G107—1 中的预制混凝土内墙板共有 4 种形式。标准设计图集 15G107—1 中内墙板编号见表 4-9，内墙板编号识读示例见表 4-10。

表 4-9 标准设计图集 15G107—1 中内墙板编号

预制内墙板类型	示意图	编号
无洞口内墙		NQ-×× ×× 无洞口内墙 标志宽度 层高
固定门垛内墙		NQM1-×× ××-×× ×× 一门洞内墙（固定门垛） 标志宽度 层高 门宽 门高
中间门洞内墙	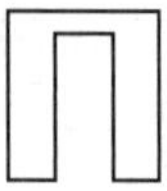	NQM2-×× ××-×× ×× 一门洞内墙（中间门洞） 标志宽度 层高 门宽 门高
刀把内墙	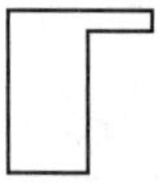	NQM3 -×× ××-×× ×× 一门洞内墙（刀把内墙） 标志宽度 层高 门宽 门高

表 4-10 标准设计图集 15G107—1 中内墙板编号识读示例 单位：mm

预制墙板类型	示意图	墙板编号	标志宽度	层高	门宽	门高
无洞口内墙		NQ-2128	2 100	2 800	—	—
固定门垛内墙	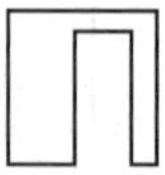	NQM1-3028-0921	3 000	2 800	900	2 100
中间门洞内墙	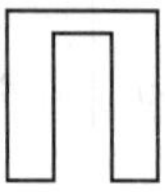	NQM2-3029-1022	3 000	2 900	1 000	2 200
刀把内墙		NQM3-3329-1022	3 300	2 900	1 000	2 200

4. 后浇段

后浇段编号由后浇段类型代号和序号组成。标准设计图集 15G107—1 中后浇段编号见表 4-11。

表 4-11　标准设计图集 15G107—1 中后浇段编号

后浇段类型	代号	序号
约束边缘构件后浇段	YHJ	××
构造边缘构件后浇段	GHJ	××
非边缘构件后浇段	AHJ	××

例如，代号“YHJ1”表示约束边缘构件后浇段，编号为 1；代号“GHJ5”表示构造边缘构件后浇段，编号为 5；代号“AHJ3”表示非边缘构件后浇段，编号为 3。

5. 预制混凝土叠合梁

预制叠合梁编号由代号和序号组成。标准设计图集 15G107—1 中预制叠合梁编号见表 4-12。

表 4-12　标准设计图集 15G107—1 中预制叠合梁编号

名称	代号	序号
预制叠合梁	DL	××
预制叠合连梁	DLL	××

例如，代号“DL1”表示预制叠合梁，编号为 1；代号“DLL3”表示预制叠合连梁，编号为 3。

6. 预制外墙模板

预制外墙模板编号由类型代号和序号组成。标准设计图集 15G107—1 中预制外墙模板编号见表 4-13。

表 4-13　标准设计图集 15G107—1 中预制外墙模板编号

名称	代号	序号
预制外墙模板	JM	××

例如，代号“JM1”表示预制外墙模板，序号为 1。

7. 桁架钢筋混凝土叠合板（60 mm 厚底板）

叠合板可分为单向叠合板和双向叠合板。标准设计图集 15G366—1 中叠合板底板编号规则见表 4-14。

表 4-14　标准设计图集 15G366—1 中叠合板底板编号规则

类型	编号
单向板	DBD××-××××-× 桁架钢筋混凝土叠合板用底板（单向板） 预制底板厚度，以cm计 后浇叠合层厚度，以cm计 底板跨度方向钢筋代号：1-4 标志宽度，以dm计 标志跨度，以dm计
双向板	DBS×-××-××××-××-δ 桁架钢筋混凝土叠合板用底板（双向板） 叠合板类别（1为边板，2为中板） 预制底板厚度，以cm计 后浇叠合层厚度，以cm计 调整宽度 底板跨度及宽度方向钢筋代号（表5） 标志宽度，以dm计 标志跨度，以dm计

例如，代号“DBD67-3620-2”表示单向板，预制底板厚度为 60 mm，后浇叠合层厚度为 70 mm，预制底板的标志跨度为 3 600 mm，预制底板的标志宽度为 2 000 mm，底板跨度方向配筋为Φ8@150；代号“DBS1-67-3620-31”表示双向板，叠合板类别为边板，预制底板厚度为 60 mm，后浇叠合层厚度为 70 mm，预制底板的标志跨度为 3 600 mm，预制底板的标志宽度为 2 000 mm，底板跨度方向配筋为Φ10@200，底板宽度方向配筋为Φ8@200。

单向板及双向板编号中包含有底板配筋代号，通过识读代号即可了解叠合底板配筋情况，单向板钢筋代号见表 4-15，双向板钢筋代号组合见表 4-16。

表 4-15　单向板钢筋代号

	1	2	3	4
受力钢筋规格及间距	Φ8@200	Φ8@150	Φ10@200	Φ10@150
分布钢筋规格及间距	Φ6@200	Φ6@200	Φ6@200	Φ6@200

表 4-16　双向板钢筋代号组合

板底宽度方向配筋	板底跨度方向配筋			
	Φ8@200	Φ8@150	Φ10@200	Φ10@150
Φ8@200	11	21	31	41
Φ8@150	—	22	32	42
Φ8@100	—	—	—	43

注：表中 11、21、22、31、32、41、42、43 表示板底跨度方向配筋和板底宽度方向配筋的组合代号。

8. 预制钢筋混凝土板式楼梯

根据《预制钢筋混凝土板式楼梯》（15G367—1）有关规定，预制钢筋混凝土板式楼梯的规格代号由楼梯类型+建筑层高+楼梯间净宽 3 部分组成，其中楼梯类型用汉语拼音的首写字母表示，标准设计图集 15G367—1 中预制钢筋混凝土板式楼梯编号见表 4-17。

表 4-17　标准设计图集 15G367—1 中预制钢筋混凝土板式楼梯编号

楼梯类型	规格代号
双跑楼梯	ST - ×× - ×× 楼梯类型 楼梯间净宽 层高
剪刀楼梯	JT - ×× - ×× 楼梯类型 楼梯间净宽 层高

例如，代号“ST-028-25”表示双跑楼梯，建筑层高 2.8 m、楼梯间净宽 2.5 m 所对应的预制混凝土板式双跑楼梯梯段板；代号“JT-28-25”表示剪刀楼梯，建筑层高 2.8 m、楼梯间净宽 2.5 m 所对应的预制混凝土板式剪刀楼梯梯段板。

（四）装配式建筑图纸识读基本方法及步骤

1. 结构施工图识读方法

整套施工图纸数量较多，每张图纸都包含大量与建筑相关的信息，若没有恰当的识读方法，则抓不住要点，分不清主次，即使了解识读所需的知识，也会收效甚微，无法完全了解图纸所表达的意思。

在识读装配式建筑图纸前，需对装配式建筑有一定的了解。装配式建筑与传统现浇混凝土结构无论是设计还是施工都有很大的区别，只有全面掌握了装配式结构的制作、运输、吊装、施工等知识后，才能更准确地识读装配式结构施工图。

建筑施工图按专业可分为建筑施工图、结构施工图、设备施工图。在实际应用中一定要注意，整套施工图是一个整体，不可将结构施工图单独识读。因为不管是建筑施工图、结构施工图还是设备施工图都是表达的同一幢建筑，只是选取的角度不同，建筑施工图是整套施工图纸的先导，结构施工图和设备施工图都是以建筑施工图为依据进行绘制的。在识读相应的结构施工图前需先阅读建筑施工图，对整体建筑平面布置、层数、功能等有大致印象，且在详细识读结构施工图时，可以配合相应的建筑施工图及设备施工图进行识读。如识读结构施工图中的梁板配筋图，可以配合建筑施工图中对应的平面图，以提高识读效率及效果。

在识读单张结构施工图时，首先需弄清这份图纸表达的主要内容，掌握图纸的特点，且联系上下图纸。在本图纸未表示的信息，譬如配筋、构件尺寸等，将会在其他图纸上予以体现。可根据看图经验顺口溜：从上往下看、从左向右看、由外向里看、由大到小看、由粗到细看、图样与说明对照看、建施与结施结合看、土建与安装结合看，这样看图才能获得较好的效果。

2. 识读步骤

（1）图纸核查与资料准备

1）拿到一套建筑施工图，需先把图纸目录看一遍。了解建筑的类型，是工业厂房还是民用建筑，建筑是单层、多层还是高层；图纸的数量，对这份图纸的建筑有初步的了解。

2）按照图纸目录检查各类图纸是否齐全，图纸编号与图名是否对应，且在装配式建筑中可能会大量采用标准设计图集中已有构件，需了解本套施工图采用了哪些标准设计图集，了解这些标准设计图集所属类别、编号及编制单位等，收集好被采用的标准设计图集，以便识读时可以随时查看。

我国编制的标准设计图集，按其编制的单位和适用范围可分为 3 类：经国家批准的标准设计图集，供全国范围内使用；经各省、自治区、直辖市等地方批准的通用标准设计图集，供本地区使用；各设计单位编制的设计图集，供本单位设计的工程使用。

全国通用的标准设计图集通常采用代号“G”或“结”表示结构标准构件类图集，用“J”或“建”表示建筑标准配件类图集。标准设计图集的查阅方法见表 4-18。

表 4-18　标准设计图集的查阅方法

步骤	查阅方法说明
1	根据施工图中注明的标准设计图集名称、编号及编制单位，查找相应的图集
2	阅读标准设计图集的总说明，了解编制该图集的设计依据、使用范围、施工要求及注意事项等
3	了解该图集编号和表示方法，一般标准设计图集都用代号表示，代号表明构件、配件的类别、规格及大小
4	根据图集目录及构件、配件代号在该图集内查找所需详图

（2）图纸识读

1）看图时先看设计总说明，了解建筑的概况、技术要求等。一般按目录的排列顺序逐张看图，先看建筑总平面图，了解建筑物的地理位置、高程、坐标、朝向，以及与建筑相关的其他情况。若是一名施工技术人员，在看建筑总平面图时，应同步思考施工时如何进行施工平面布置、预制构件放置位置、吊装机械的选用等问题。

2）看完建筑总平面图之后，则应先看建筑施工图中的建筑平面图，了解房屋的长度、宽度、轴线尺寸、开间大小、一般布局等。装配式建筑中常通过减少预制构件种类来提高预制构件制作效率及降低建筑成本，因此装配式建筑中会通过一系列标准化部品、模块的多样组合来满足不同空间的功能需求，如图 4-16 所示。

在识读装配式建筑平面图，特别是标准层平面图时应特别注意这部分通用模块、通用构件。且随着目前计算机技术的发展，近年来越来越多的施工图中开始配有三维模型图，与原来二维图纸相比，三维模型图的加入使图纸变得立体起来，特别是对于一些空间形体多变、节点复杂的图纸，使其更富有空间感及立体感，在阅读时更容易理解。某预制模块构件组合如图 4-17 所示。

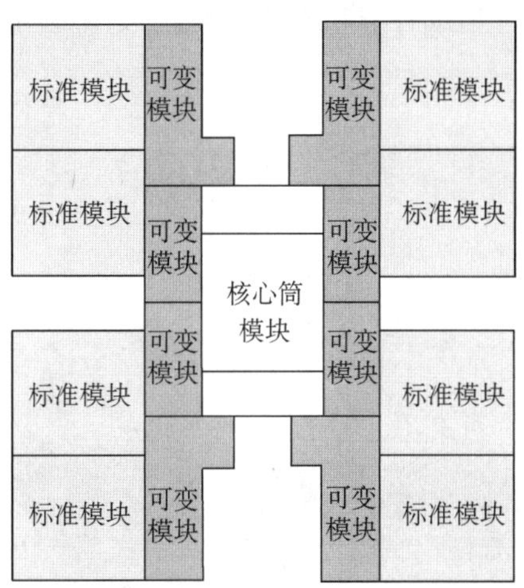

图4-16　装配式建筑套型平面组合

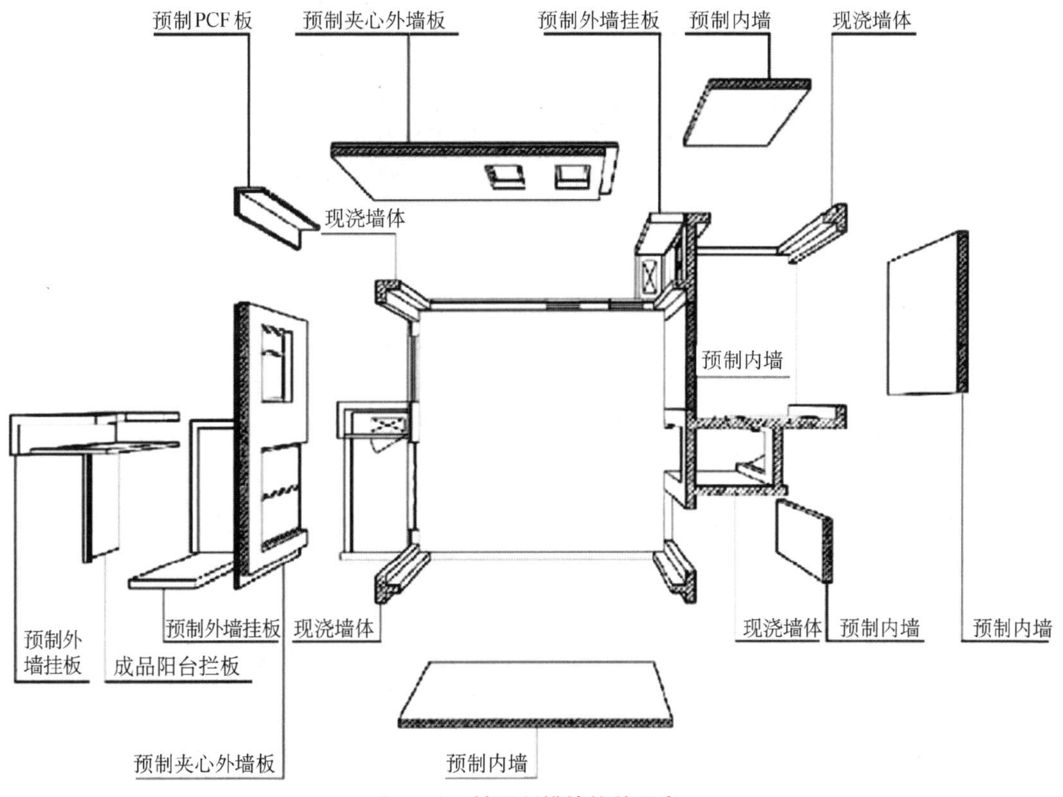

图4-17　某预制模块构件组合

3）在了解建筑平面布置的基本情况后，再看立面图和剖面图，对整栋建筑有一个初步总体印象，在脑海中逐渐形成该建筑的立体形象，能想象出它的规模和轮廓，如图4-18所示。这需要一定的空间想象能力，可以通过平时多读图，多接触实际建筑物，同时在工作中多实践来锻炼自己的能力，也可借助计算机软件尝试边读图边用计算机建立建筑模型来提高自己的能力。

图4-18 某建筑整体示意图

4）识读结构施工图之前，应先读结构设计总说明，了解工程概况、设计依据、主要材料要求、标准图或通用图的使用、构造要求及施工注意事项等。

5）阅读基础平面图详图。基础平面图应与建筑底层平面图结合起来看。装配式建筑所用基础与现浇混凝土结构相同，可采用现浇混凝土独立基础、条形基础等形式，也可以采用预制混凝土桩基础等。

6）阅读柱平面布置图，根据对应的建筑平面图校对柱的布置是否合理，柱网尺寸、柱断面尺寸与轴线的关系尺寸是否有误。与建筑施工图配合，需在识读时明确各柱的编号、数量和位置，根据各柱的编号，查阅图中的截面标注或柱表，明确柱的标高、截面尺寸、配筋情况。再根据抗震等级、设计要求和标准构造详图确定纵向钢筋和箍筋的构造要求，如纵向钢筋连接的方式、位置和搭接长度、弯折要求，箍筋加密区的范围等。

7）阅读梁平面布置图，了解各预制梁、现浇梁及叠合梁的编号、尺寸及位置，查阅图中截面标注或梁表，明确梁的标高、截面尺寸和配筋等情况。

8）阅读剪力墙平面布置图，了解各预制剪力墙身、现浇剪力墙身、剪力墙梁、后浇段的编号及平面位置，校核轴线编号及其间距尺寸，要求必须与建筑图、基础平面图保持一致。与建筑图配合，明确各段剪力墙的后浇段编号、数量及位置、墙身的编号和长度、洞口的定位尺寸。根据各段剪力墙身的编号，查阅剪力墙身表或图中标注，明确剪力墙身的厚度、标高和配筋情况。

9）识图时，若涉及采用标准图集，应详细阅读规定的标准图集。

（五）预制剪力墙施工图的识读

1. 概述

（1）剪力墙的作用

剪力墙结构是高层建筑中最常用的结构形式。建筑结构中会通过设置剪力墙来抵抗结构所承受的风荷载或地震作用引起的水平作用力，防止结构剪切破坏的发生。剪力墙又称为抗风墙、抗震墙或结构墙，一般为钢筋混凝土材料，如图 4-19 所示。

图4-19　剪力墙结构

（2）剪力墙构件的组成

装配式剪力墙墙体结构可视为由预制剪力墙身、后浇段、现浇剪力墙身、现浇剪力墙柱、现浇剪力墙梁等构件构成。

2. 预制剪力墙的平法识读

（1）预制剪力墙的平法表示方式

预制剪力墙在墙平面布置图中通常采用截面注写方式和列表注写方式进行表达，如图 4-20 所示。

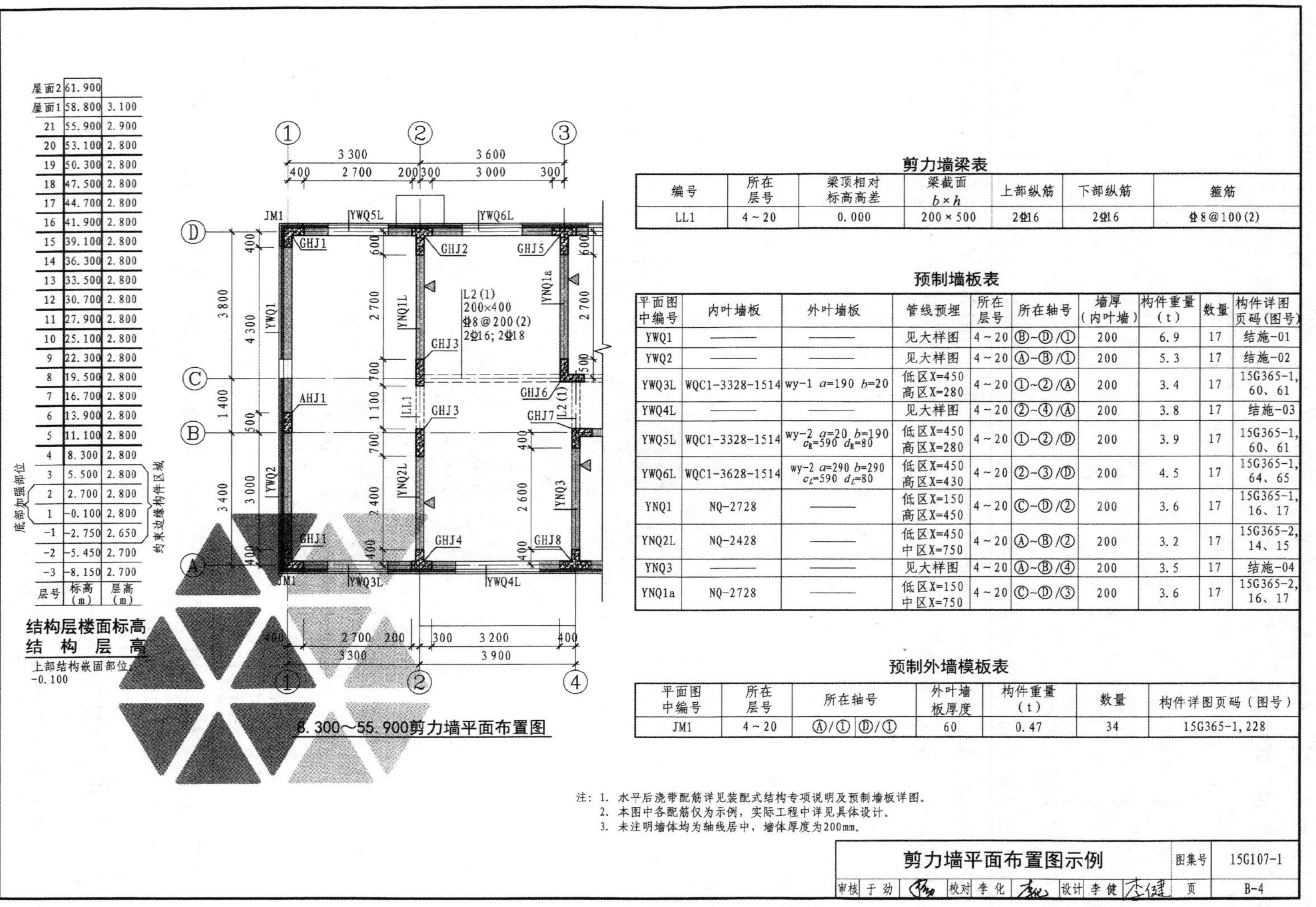

图 4-20　剪力墙平面布置图示例

截面注写方式，是在剪力墙平面布置图上，直接在墙柱、墙梁、墙身上注写截面尺寸和配筋具体数值，来标明该构件的平法施工图。

列表注写方式，是在剪力墙平面布置图上标注墙柱、墙梁、预制墙板的定位和编号，并在“墙柱表”“墙梁表”“预制墙板表”中对应剪力墙平面布置图上的编号，具体标识各构件的几何尺寸及配筋的具体数值。

（2）预制剪力墙的识读要点

1）预制剪力墙平面布置图的识读。

通过剪力墙平面布置图可以识读出以下内容：

①图名。

②结构层层高，需结合对应结构层高表识读。

③轴网，轴网由横纵相交的定位轴线组成，用来确定建筑结构中墙体、柱子等构件的位置及尺寸。

④预制剪力墙的相关信息，预制剪力墙的编号、预制墙板表、预制墙板的图集索引。

读预制剪力墙的编号时应明确装配方向（外墙板以内侧为装配方向，不需特殊标注，内墙板用▲表示装配方向），再结合预制墙板表中对应编号的预制剪力墙，识读出各编号预制墙板的具体信息。

2）预制剪力墙墙板表的识读。

通过识读墙板表，应明确管线预埋的位置；不同编号预制墙板的所在轴线；预制剪力墙板的墙厚、重量、数量等信息。

3）预制剪力墙墙梁表的识读。

通过识读表 4-19，应明确对应编号剪力墙梁的截面尺寸；箍筋配置情况；上、下部钢筋的配置情况。识读时还应特别注意墙梁相对标高高差，若高差为 0.000 m，则表明墙梁与墙身无高度差，属于预制墙梁中的暗梁。

表 4-19　剪力墙梁表

编号	所在层号	梁顶相对标高高差	梁截面 $b \times h$	上部纵筋	下部纵筋	箍筋
LL1	4～20	0.000	200×500	2 ⏀ 16	2 ⏀ 16	⏀ 8@100（2）

3. 预制剪力墙施工图的识读

在此根据标准设计图集 15G365 的要求，以预制外墙板为例对预制实心墙体施工图如图 4-21 所示的识读做介绍。标准设计图集 15G365 共有 2 册，标准设计图集 15G365—1 内容为预制剪力墙外墙板，标准设计图集 15G365—2 内容为预制剪力墙内墙板。内墙板与外墙板构造基本类似，外墙板在内墙板构造上设置了保温层，也称为三明治墙板，是一种可以实现围护与保温一体化的保温墙体，墙体由内外叶钢筋混凝土板、中间保温层和连接件组成如图 4-22 所示。

图 4-21　预制实心内墙模型

图 4-22　预制夹心保温外墙模型

内墙板和外墙板的施工图均由模板图和配筋图组成，图集中又将外墙板按墙体有、无门窗空洞分为 5 类。

（1）无洞口预制外墙板施工图识读

通过图 4-23 和图 4-24 应识读出以下内容：

1）图名，根据图名可以判断出该墙体属于哪类（有、无洞口的）外墙。

2）内叶墙/外叶墙尺寸，通过识读主视图可以清晰地看到组成该墙体的内叶墙和外叶墙，应注意内叶墙在前、外叶墙在后，且内、外叶墙尺寸不相同。

3）内叶墙/外叶墙厚度，除主视图外，各模板图均附有各墙体俯视图、仰视图、右视图，通过识读俯视图可以清晰地看到该预制墙体构造。

4）预埋线盒位置，通过识读主视图获得信息。

5）墙体连接方式，通过识读主视图获得信息。

6）支撑预埋螺母位置，通过识读主视图获得信息。

7）吊点位置，通过识读俯视图获得信息。

8）钢筋的配置情况，通过识读钢筋图中的配筋表和配筋图获得信息。

（2）有洞口预制外墙板施工图识读

通过图 4-25 和图 4-26 应识读出以下内容：

1）图名，根据图名可以判断出该墙体属于哪类（有、无洞口的）外墙。

2）预制外墙尺寸，通过图名和模板图获得信息。

3）预制外墙适用范围，通过识读文字说明可以获得信息，图中尺寸用于建筑面层为 50 mm 的墙板，括号内尺寸用于建筑面层为 100 mm 的墙板。识读模板图时应仔细阅读文字说明。

4）预埋配件情况，通过识读模板图中的预埋配件明细表并配合模板图获得相关信息。

5）套筒灌浆情况，通过识读灌浆分区示意图和主视图获得相关信息。

6）钢筋配置情况，通过识读配筋图、配筋表获得相关信息。

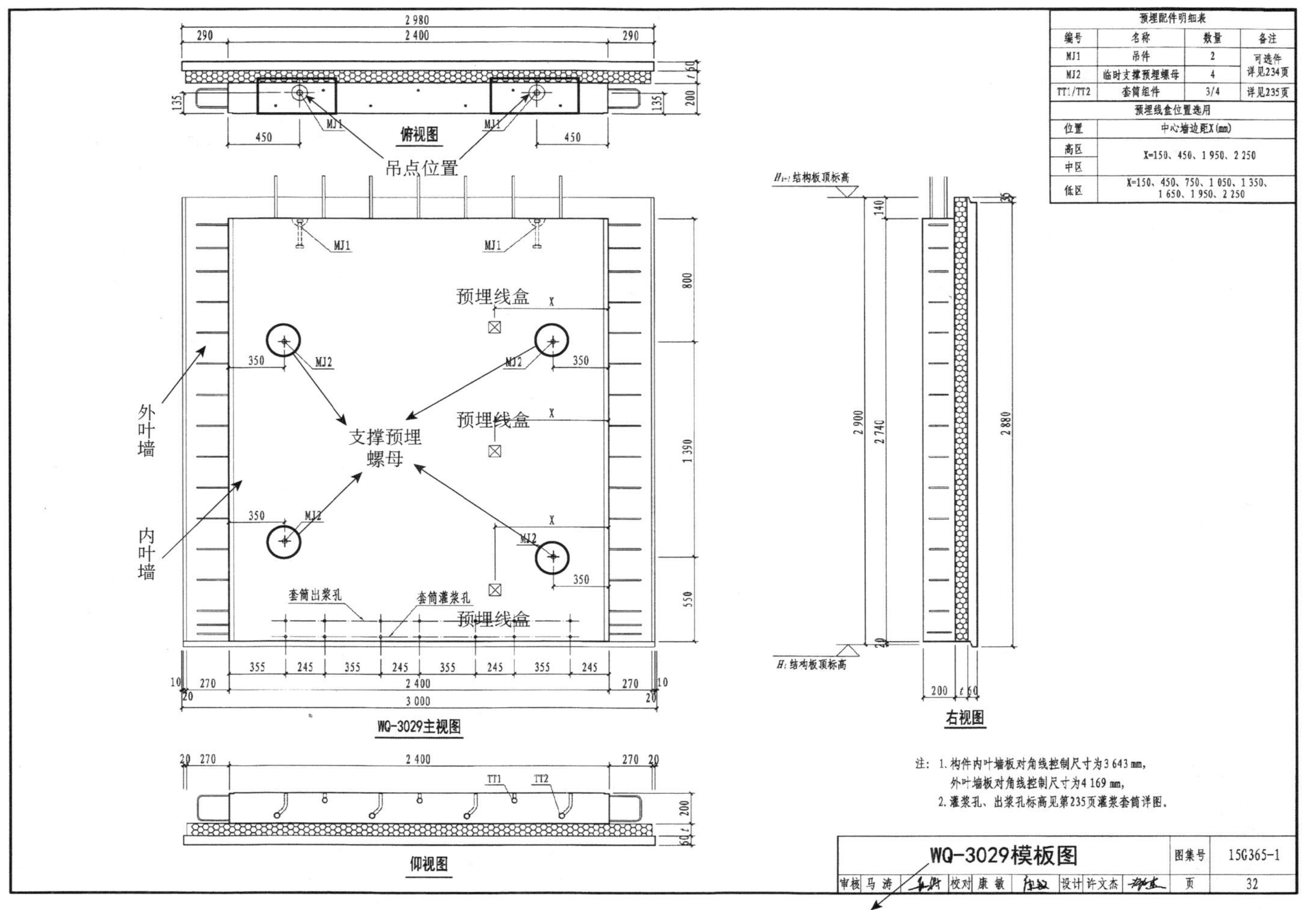

图 4-23　无洞口预制外墙板模板图

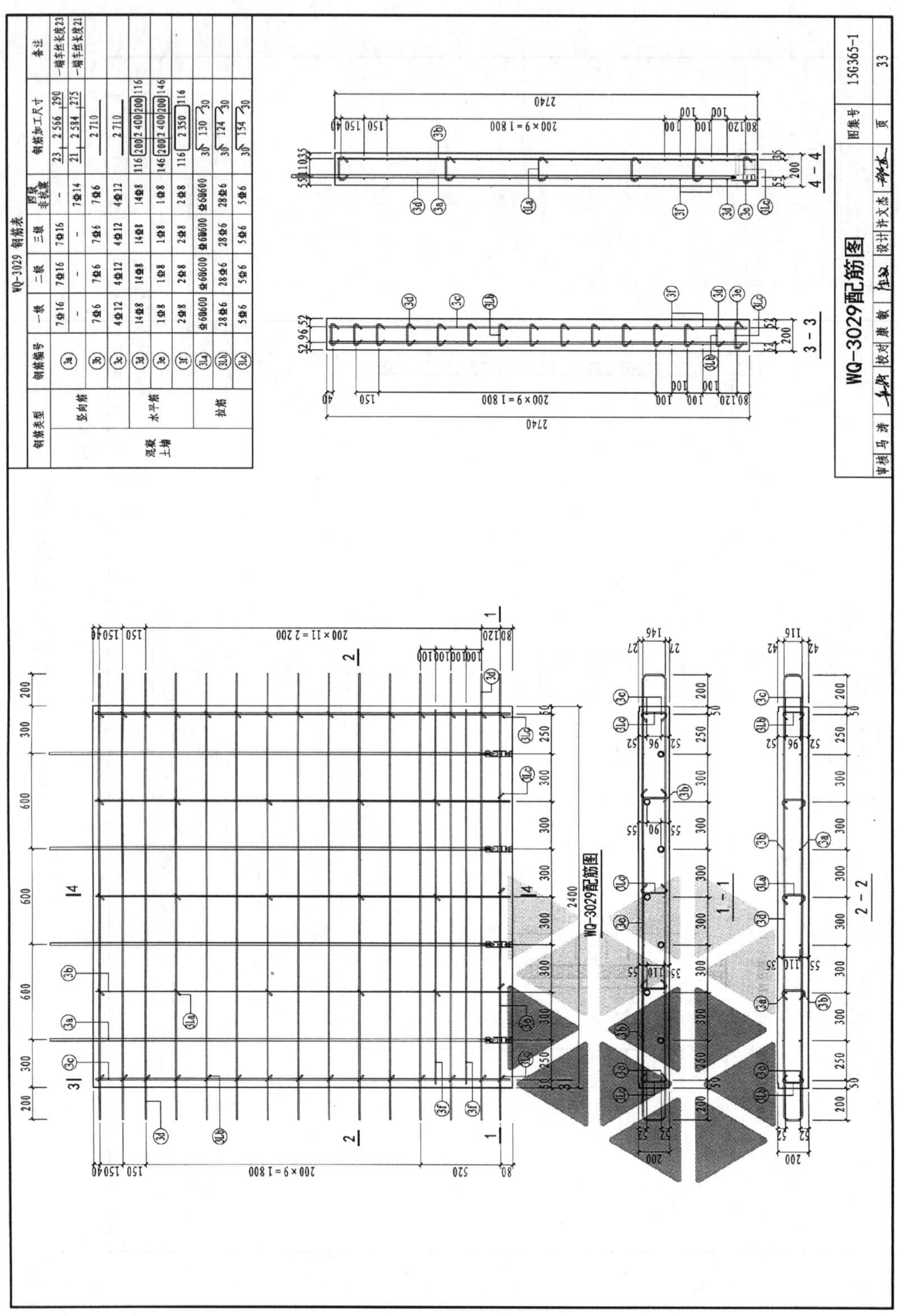

图 4-24　无洞口预制外墙板配筋图示例

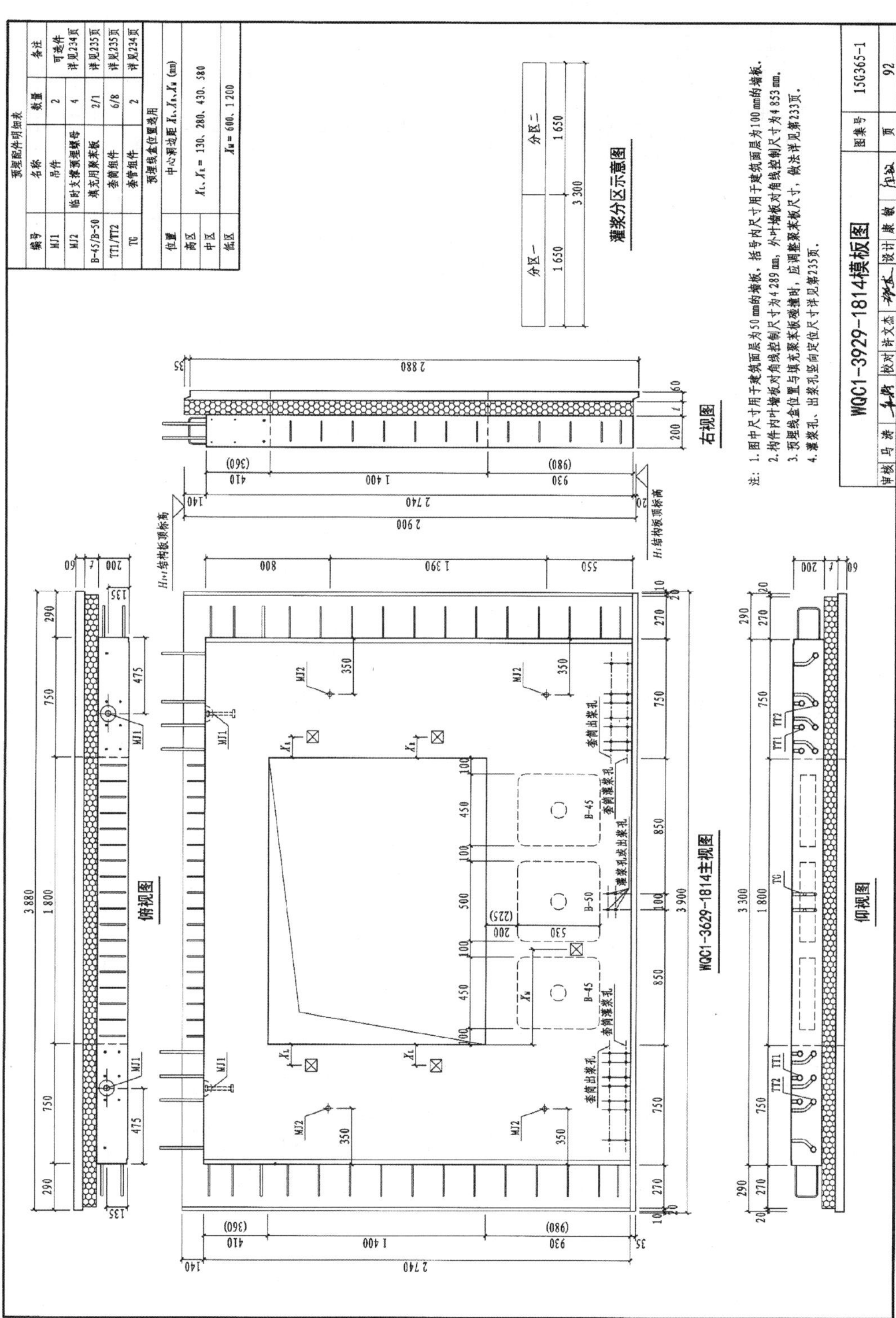

图 4-25　有洞口预制外墙板模板图示例

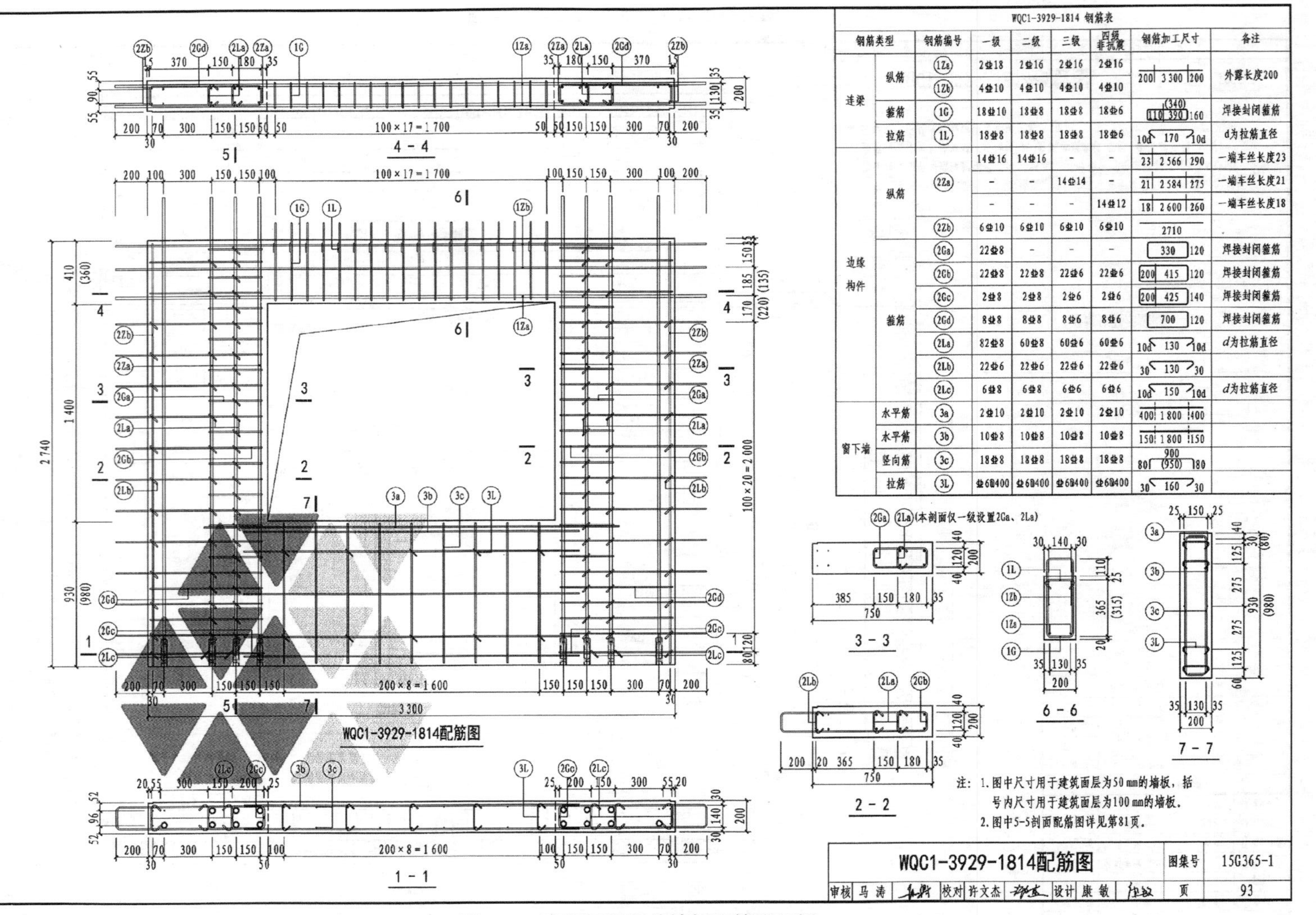

WQC1-3929-1814 钢筋表

钢筋类型		钢筋编号	一级	二级	三级	四级非抗震	钢筋加工尺寸	备注
连梁	纵筋	1Za	2Φ18	2Φ16	2Φ16	2Φ16	200 3 300 200	外露长度200
		1Zb	4Φ10	4Φ10	4Φ10	4Φ10		
	箍筋	1G	18Φ10	18Φ8	18Φ8	18Φ6	(340) 110 390 160	焊接封闭箍筋
	拉筋	1L	18Φ8	18Φ8	18Φ8	18Φ6	10d 170 10d	d为拉筋直径
边缘构件	纵筋	2Za	14Φ16	14Φ16	-	-	23 2 566 290	一端车丝长度23
			-	-	14Φ14	-	21 2 584 275	一端车丝长度21
			-	-	-	14Φ12	18 2 600 260	一端车丝长度18
		2Zb	6Φ10	6Φ10	6Φ10	6Φ10	2710	
	箍筋	2Ga	22Φ8	-	-	-	330 120	焊接封闭箍筋
		2Gb	22Φ8	22Φ8	22Φ6	22Φ6	200 415 120	焊接封闭箍筋
		2Gc	2Φ8	2Φ8	2Φ6	2Φ6	200 425 140	焊接封闭箍筋
		2Gd	8Φ8	8Φ8	8Φ6	8Φ6	700 120	焊接封闭箍筋
		2La	82Φ8	60Φ8	60Φ6	60Φ6	10d 130 10d	d为拉筋直径
		2Lb	22Φ6	22Φ6	22Φ6	22Φ6	30 130 30	
		2Lc	6Φ8	6Φ8	6Φ6	6Φ6	10d 150 10d	d为拉筋直径
窗下墙	水平筋	3a	2Φ10	2Φ10	2Φ10	2Φ10	400 1 800 400	
	水平筋	3b	10Φ8	10Φ8	10Φ8	10Φ8	150 1 800 150	
	竖向筋	3c	18Φ8	18Φ8	18Φ8	18Φ8	900 80 (950) 80	
	拉筋	3L	Φ6@400	Φ6@400	Φ6@400	Φ6@400	30 160 30	

图 4-26　有洞口预制外墙板配筋图示例

（六）桁架钢筋混凝土叠合板施工图的识读

1. 概述

（1）叠合板的定义

预制楼板是建筑最主要的预制水平结构构件，按照施工方式和结构性能的不同，可分为钢筋桁架模板、叠合楼板（简称叠合板）、双 T 板等。叠合板由于整体性能较好，被广泛地用于装配式建筑中，并有配套标准设计图集《桁架钢筋混凝土叠合板（60 mm 厚底板）》（15G366—1）。

叠合板是一种模板、结构混合的楼板形式，属于半预制构件。预制部分既是楼板的组成成分，又是现浇混凝土层的天然模板。在工地安装到位后要进行二次浇筑，从而成为整体实心楼板。二次浇筑完成的混凝土楼板厚度不应小于 60 mm，实际厚度取决于跨度与荷载。伸出预制混凝土层的钢筋桁架和粗糙的混凝土表面保证了叠合板预制部分与现浇部分能有效结合成整体。

（2）叠合板的分类

在建筑结构中，按受力特点和支承情况将板分为单向板和双向板。单向板是指在荷载作用下，只在一个方向或主要在一个方向弯曲的板，如图 4-27（a）所示。而在荷载作用下，在两个方向都发生弯曲变形，且不能忽略任一方向弯曲的板则为双向板，如图 4-27（b）所示。根据《混凝土结构设计规范（2015 年版）》（GB 50010—2010）的规定，对于两边支承的板，为单向板。对四边支承的板，当$l_2/l_1 \leqslant 2$时，为双向板；当$2 < l_2/l_1 < 3$时，可视为双向板，也可视为沿短边方向受力的单向板；当$l_2/l_1 \geqslant 3$时，视为沿短边方向受力的单向板。

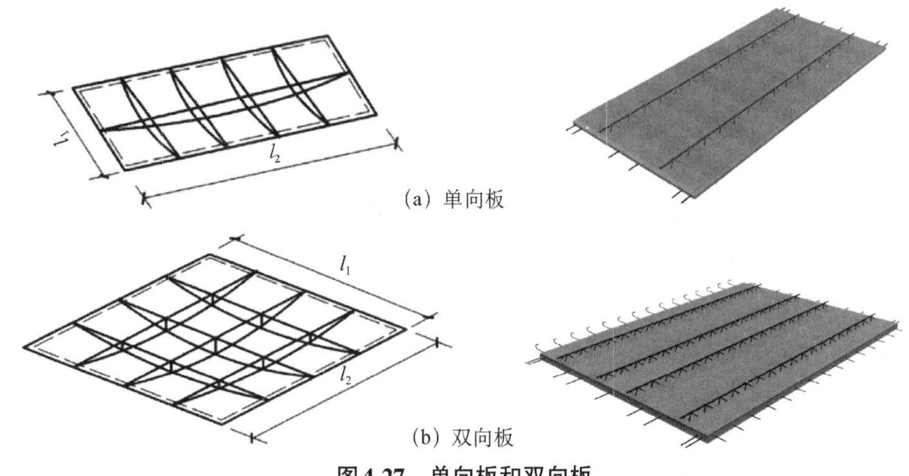

（a）单向板

（b）双向板

图 4-27　单向板和双向板

（3）标准设计图集《桁架钢筋混凝土叠合板（60 mm 厚底板）》（15G366—1）知识体系

标准设计图集《桁架钢筋混凝土叠合板（60 mm 厚底板）》（15G366—1）中混凝土叠合板底板厚度均为 60 mm，后浇混凝土叠合层厚度为 70 mm、80 mm、90 mm 三种，图集知识体系见表 4-20。

表 4-20　标准设计图集 15G366—1 知识体系

桁架钢筋混凝土叠合板		15G366—1
编制说明		P3～P6
底板类型	双向板	P7～P56
	单向板	P57～P66
吊点	双向板	P67～P75
	单向板	P76～P80
详图		P81～P83

2. 桁架钢筋混凝土叠合板施工图的识读

叠合板（图集中也称“叠合楼盖”）施工图主要包括预制底板平面布置图、现浇层配筋图、水平后浇带或圈梁布置图。通过图 4-28 可以识读以下内容：

1）图名，通常标注在相应图纸下方或图纸标题栏内。

2）平面图适用范围，需结合结构层高表识读。

3）叠合板构件编号，通过编号可识读出构件为单向板还是双向板。

4）预制底板表，结合底板平面布置图，识读叠合板预制底板表，明确各叠合预制底板在底板平面布置图所在的位置，明确各叠合预制板所应用的楼层、构件重量、数量。

5）现浇层平面配筋情况，通过现浇层平面配筋图识读。

6）水平后浇带情况，配合水平后浇带表识读水平后浇带平面布置图，明确各水平后浇带的编号、位置、配筋情况。

3. 预制叠合底板施工图的识读

（1）双向板施工图的识读

预制叠合双向板底板施工图包含模板图和配筋图，标准设计图集 15G366—1 中所包含预制底板模板图及配筋图均按照板宽进行绘制，如图 4-29 所示，即标志宽度为 1 200 mm 双向板底板边板模板及配筋图，长度方向可为 3 000 mm、3 600 mm、3 900 mm、4 200 mm、4 500 mm、4 800 mm、5 100 mm、5 400 mm、5 700 mm 及 6 000 mm。根据实际底板宽度、长度及现浇层厚度在左侧底板参数表及底板配筋表中查找对应信息。

通过模板图可识读以下内容：

1）结合底板参数表识读板模板图及对应剖面图，明确底板的类型、尺寸、桁架数量、桁架位置、混凝土体积、底板自重等信息，以方便后续编制施工组织方案等。

2）明确叠合底板需要进行粗糙面处理的位置。

通过配筋图可识读以下内容：

1）结合底板配筋表，识读叠合双向板底板配筋图，明确纵向受力钢筋、水平分布钢筋、钢筋桁架位置和尺寸。

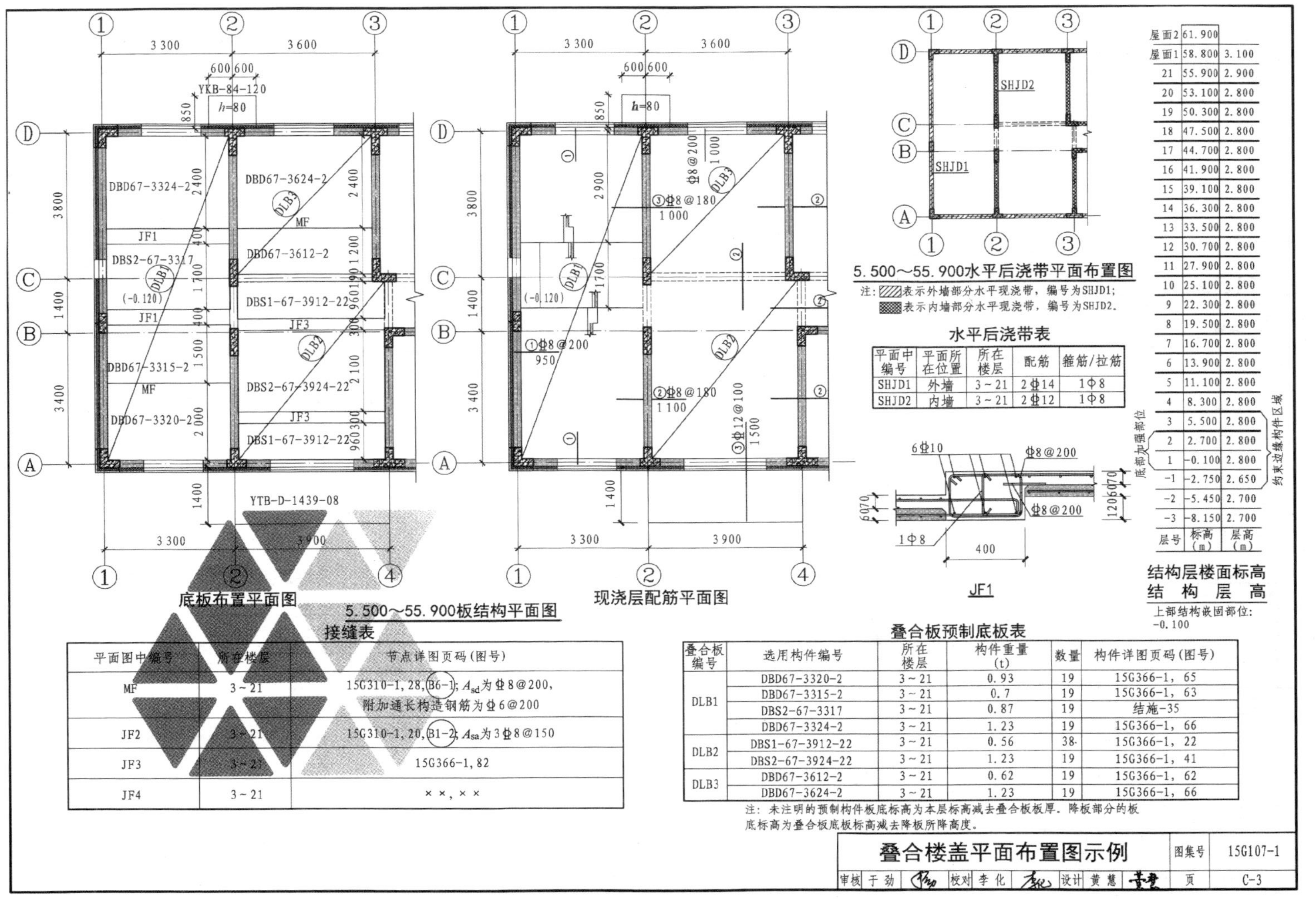

接缝表

平面图中编号	所在楼层	节点详图页码（图号）
MF	3~21	15G310-1, 28, (B6-1); A_{sd}为⌀8@200，附加通长构造钢筋为⌀6@200
JF2	3~21	15G310-1, 20, (B1-2); A_{sa}为3⌀8@150
JF3	3~21	15G366-1, 82
JF4	3~21	××，××

水平后浇带表

平面中编号	平面所在位置	所在楼层	配筋	箍筋/拉筋
SHJD1	外墙	3~21	2⌀14	1⌀8
SHJD2	内墙	3~21	2⌀12	1⌀8

叠合板预制底板表

叠合板编号	选用构件编号	所在楼层	构件重量（t）	数量	构件详图页码（图号）
DLB1	DBD67-3320-2	3~21	0.93	19	15G366-1, 65
	DBD67-3315-2	3~21	0.7	19	15G366-1, 63
	DBS2-67-3317	3~21	0.87	19	结施-35
	DBD67-3324-2	3~21	1.23	19	15G366-1, 66
DLB2	DBS1-67-3912-22	3~21	0.56	38	15G366-1, 22
	DBS2-67-3924-22	3~21	1.23	19	15G366-1, 41
DLB3	DBD67-3612-2	3~21	0.62	19	15G366-1, 62
	DBD67-3624-2	3~21	1.23	19	15G366-1, 66

注：未注明的预制构件板底标高为本层标高减去叠合板板厚。降板部分的板底标高为叠合板底板标高减去降板所降高度。

结构层楼面标高、结构层高

层号	标高（m）	层高（m）
屋面2	61.900	
屋面1	58.800	3.100
21	55.900	2.900
20	53.100	2.800
19	50.300	2.800
18	47.500	2.800
17	44.700	2.800
16	41.900	2.800
15	39.100	2.800
14	36.300	2.800
13	33.500	2.800
12	30.700	2.800
11	27.900	2.800
10	25.100	2.800
9	22.300	2.800
8	19.500	2.800
7	16.700	2.800
6	13.900	2.800
5	11.100	2.800
4	8.300	2.800
3	5.500	2.800
2	2.700	2.800
1	-0.100	2.800
-1	-2.750	2.650
-2	-5.450	2.700
-3	-8.150	2.700

图4-28　叠合板（叠合楼盖）平面布置图示例

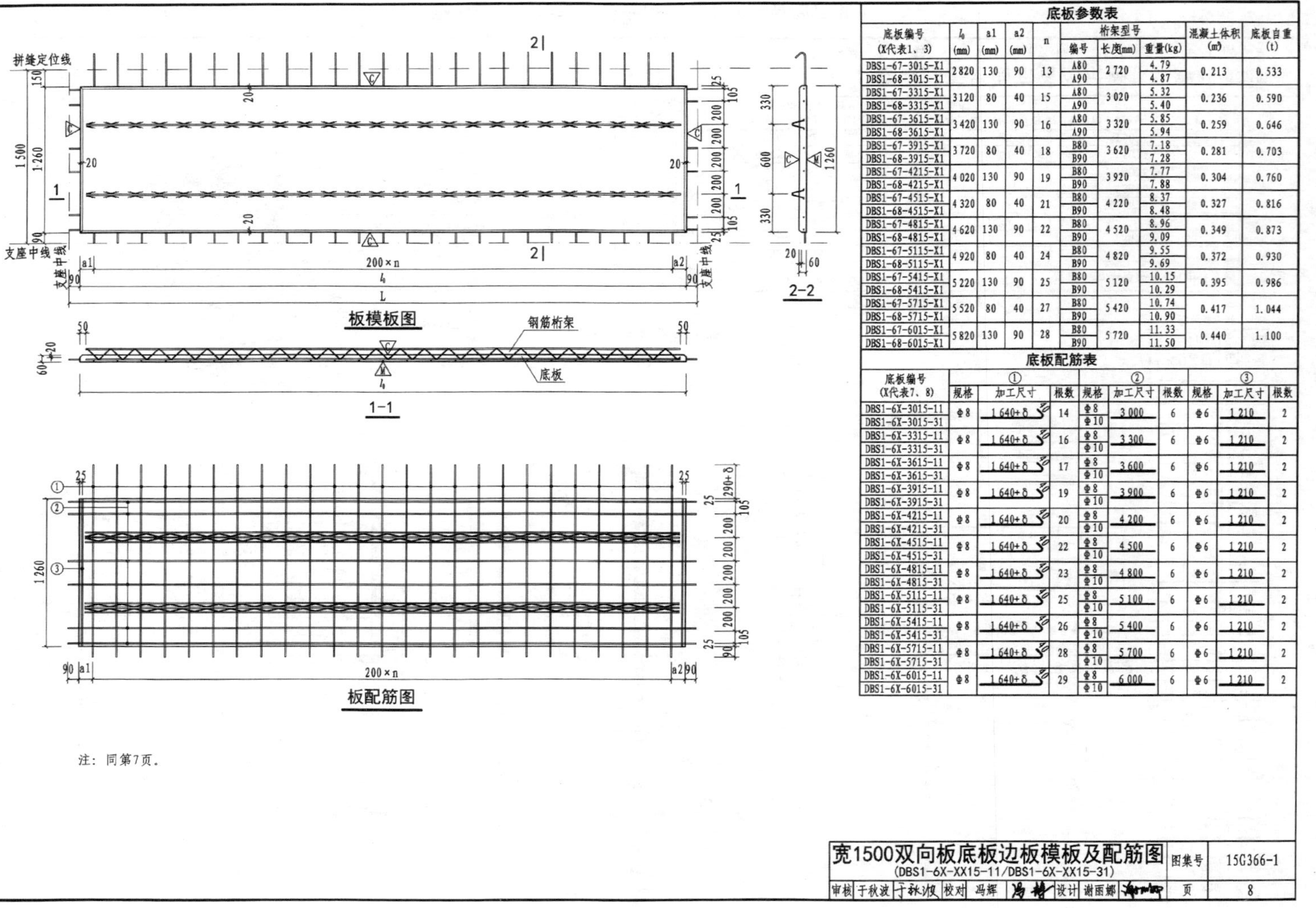

底板参数表

底板编号(X代表1、3)	l_0 (mm)	a1 (mm)	a2 (mm)	n	桁架型号 编号	桁架型号 长度(mm)	桁架型号 重量(kg)	混凝土体积 (m³)	底板自重 (t)
DBS1-67-3015-X1 DBS1-68-3015-X1	2 820	130	90	13	A80 A90	2 720	4.79 4.87	0.213	0.533
DBS1-67-3315-X1 DBS1-68-3315-X1	3120	80	40	15	A80 A90	3 020	5.32 5.40	0.236	0.590
DBS1-67-3615-X1 DBS1-68-3615-X1	3 420	130	90	16	A80 A90	3 320	5.85 5.94	0.259	0.646
DBS1-67-3915-X1 DBS1-68-3915-X1	3 720	80	40	18	B80 B90	3 620	7.18 7.28	0.281	0.703
DBS1-67-4215-X1 DBS1-68-4215-X1	4 020	130	90	19	B80 B90	3 920	7.77 7.88	0.304	0.760
DBS1-67-4515-X1 DBS1-68-4515-X1	4 320	80	40	21	B80 B90	4 220	8.37 8.48	0.327	0.816
DBS1-67-4815-X1 DBS1-68-4815-X1	4 620	130	90	22	B80 B90	4 520	8.96 9.09	0.349	0.873
DBS1-67-5115-X1 DBS1-68-5115-X1	4 920	80	40	24	B80 B90	4 820	9.55 9.69	0.372	0.930
DBS1-67-5415-X1 DBS1-68-5415-X1	5 220	130	90	25	B80 B90	5 120	10.15 10.29	0.395	0.986
DBS1-67-5715-X1 DBS1-68-5715-X1	5 520	80	40	27	B80 B90	5 420	10.74 10.90	0.417	1.044
DBS1-67-6015-X1 DBS1-68-6015-X1	5 820	130	90	28	B80 B90	5 720	11.33 11.50	0.440	1.100

底板配筋表

底板编号(X代表7、8)	① 规格	① 加工尺寸	① 根数	② 规格	② 加工尺寸	② 根数	③ 规格	③ 加工尺寸	③ 根数
DBS1-6X-3015-11 DBS1-6X-3015-31	Φ8	1 640+δ	14	Φ8 Φ10	3 000	6	Φ6	1 210	2
DBS1-6X-3315-11 DBS1-6X-3315-31	Φ8	1 640+δ	16	Φ8 Φ10	3 300	6	Φ6	1 210	2
DBS1-6X-3615-11 DBS1-6X-3615-31	Φ8	1 640+δ	17	Φ8 Φ10	3 600	6	Φ6	1 210	2
DBS1-6X-3915-11 DBS1-6X-3915-31	Φ8	1 640+δ	19	Φ8 Φ10	3 900	6	Φ6	1 210	2
DBS1-6X-4215-11 DBS1-6X-4215-31	Φ8	1 640+δ	20	Φ8 Φ10	4 200	6	Φ6	1 210	2
DBS1-6X-4515-11 DBS1-6X-4515-31	Φ8	1 640+δ	22	Φ8 Φ10	4 500	6	Φ6	1 210	2
DBS1-6X-4815-11 DBS1-6X-4815-31	Φ8	1 640+δ	23	Φ8 Φ10	4 800	6	Φ6	1 210	2
DBS1-6X-5115-11 DBS1-6X-5115-31	Φ8	1 640+δ	25	Φ8 Φ10	5 100	6	Φ6	1 210	2
DBS1-6X-5415-11 DBS1-6X-5415-31	Φ8	1 640+δ	26	Φ8 Φ10	5 400	6	Φ6	1 210	2
DBS1-6X-5715-11 DBS1-6X-5715-31	Φ8	1 640+δ	28	Φ8 Φ10	5 700	6	Φ6	1 210	2
DBS1-6X-6015-11 DBS1-6X-6015-31	Φ8	1 640+δ	29	Φ8 Φ10	6 000	6	Φ6	1 210	2

宽1500双向板底板边板模板及配筋图 (DBS1-6X-XX15-11/DBS1-6X-XX15-31)　图集号 15G366-1

审核 于秋波　校对 冯辉　设计 谢雨娜　页 8

图4-29　预制叠合板双向板板底图示例

2）开洞位置的确认，开洞位置应避开桁架钢筋的位置，当无法避开时，应请设计人员另行设计。

（2）单向板施工图的识读

预制叠合单向板底板模板图和配筋图与双向板底板较为类似，识读方法一致。但因单向板为双边支撑，仅在纵向受力变形，故单向板仅在两短边方向延伸出钢筋，两长边方向不再延伸钢筋，除长边不再有延伸钢筋以外，单向板底板截面与双向边截面也略有不同，图 4-30（a）、（b）分别为单向板断面图和双向板断面图。从图中可见双向板底板底部为 90°设计，并无剖口，而单向板底板两底角带有一边长为 10 mm 的剖口，识读单向板施工图时应加以注意。

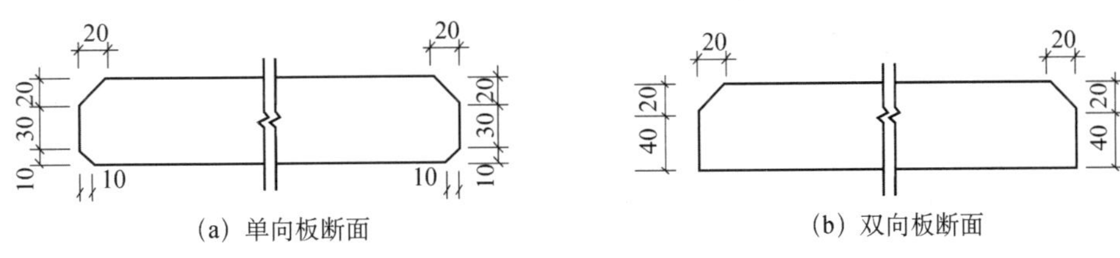

（a）单向板断面　　（b）双向板断面

图 4-30　预制板底断面

（七）预制阳台施工图的识读

1. 概述

（1）预制阳台的布置形式

阳台是住宅建筑设计的重要组成部分，阳台的结构设计，既要满足强度和稳定的要求，又要满足建筑设计的需要。

预制阳台分叠合阳台（半预制）和全预制阳台。预制阳台可以节省工地制模和昂贵的支撑。阳台板一般在预制场制作，在叠合板体系中，可以将预制阳台和叠合楼板以及叠合墙板一次性浇筑成一个整体，或运输到现场安装。预制阳台板较适合用于由多幢住宅组成的住宅小区，在阳台板数量较多的情况下，更能显示出其优越性。

预制阳台板的受力情况同挑梁式阳台板相同，即由悬挑横梁承担阳台的全部荷载，结构安全可靠；另一个显著优点是预制阳台板吊装就位后，板底设立柱支顶即可，没有很大的现场混凝土浇灌的工作量，因而极大地加快了施工速度。

（2）预制阳台板的技术要求

根据《预制钢筋混凝土阳台板、空调板及女儿墙》（15G368—1），对预制钢筋混凝土阳台板、空调板选用原则提出以下技术要求：

1）预制钢筋混凝土阳台板、空调板，宜选用 15G368—1 的做法。选用标准图集，可简化设计过程，便于形成规模化生产，降低工程成本。

2）同一建筑单体，预制阳台板、预制空调板规格均不宜超过两种。限制预制阳台板和预制空调板规格数量，有利于预制构件的规模化生产，降低构件成本。

3）预制阳台板长度，宜采用 2 M（即 200 mm）的整数倍数。

4）预制阳台板宽度，宜采用 3 M（即 300 mm）的整数倍数。

5）预制阳台板封边高度，宜采用 4 M（即 400 mm）的整数倍数。实际工程中，如需要较高的阳台栏板，可另做阳台栏板构件。

2. 预制阳台板的识读

预制阳台板常见的有叠合板式阳台板和全预制阳台板。本节主要对叠合板式阳台板构造详图和全预制阳台板构造详图的施工图识读进行介绍。

（1）叠合板式阳台构件

叠合板式阳台指由预制混凝土阳台板和后浇混凝土阳台板叠加合成的、以两阶段成型的整体受力的结构构件。由于阳台部分构件为预制件，减少了工地现场浇筑混凝土的工作量，可以有效提高施工效率。

叠合板式阳台施工图主要分为底板模板图、底板配筋图、底板钢筋图和节点详图，其示例如图 4-31、图 4-32、图 4-33、图 4-34 所示，可从中识读的内容有：

1）图名。

2）通过识读底板模板图，可知阳台在建筑中所处的位置及所在房间开间；阳台的宽度和长度方向的尺寸；阳台排水预留孔、吊点等构造的水平位置及尺寸；叠合板现浇层厚度、预制板厚度、现浇板与预制板的叠合处理及有关尺寸；外叶墙及保温层厚度、阳台板封边厚度。

3）通过识读底板配筋图，可知预制阳台板钢筋（包含加强筋）的编号、规格、数量、形状、尺寸等信息；预制阳台板钢筋（包含加强筋）的排布信息；各节点钢筋的排布信息。

4）通过识读钢筋表，可知预制阳台板钢筋（包含加强筋）的编号、名称、规格、数量、形状、尺寸、重量等信息。

5）通过识读节点详图，可知阳台板与主体结构安装信息；叠合板式阳台与主体结构节点连接信息；封边桁架钢筋信息；阳台板封边预埋件信息；阳台栏杆预埋件信息；滴水线、预埋吊环信息等。

（2）全预制阳台构件

全预制阳台表面的平整度可以做得和模具的表面一样平或者做出凹陷的效果，地面坡度和排水口也在工厂预制完成，可以节省工地制模和昂贵的支撑，更能极大地提高施工效率。

全预制板式阳台施工图主要分为底板模板图、底板配筋图、底板钢筋表和节点详图。

全预制板式阳台施工图的识读与叠合板式阳台板的识读一致。

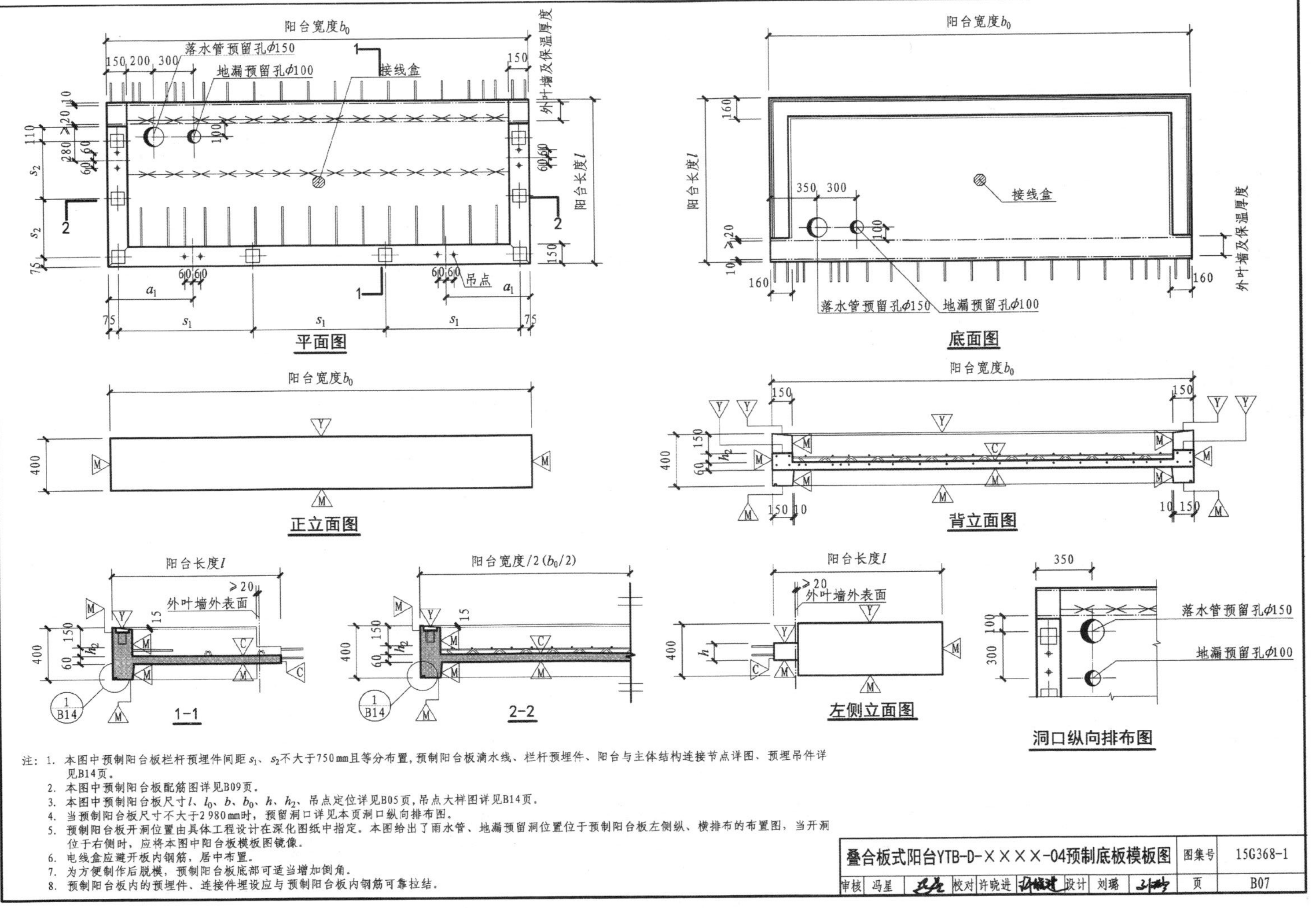

图4-31　底板模板图示例

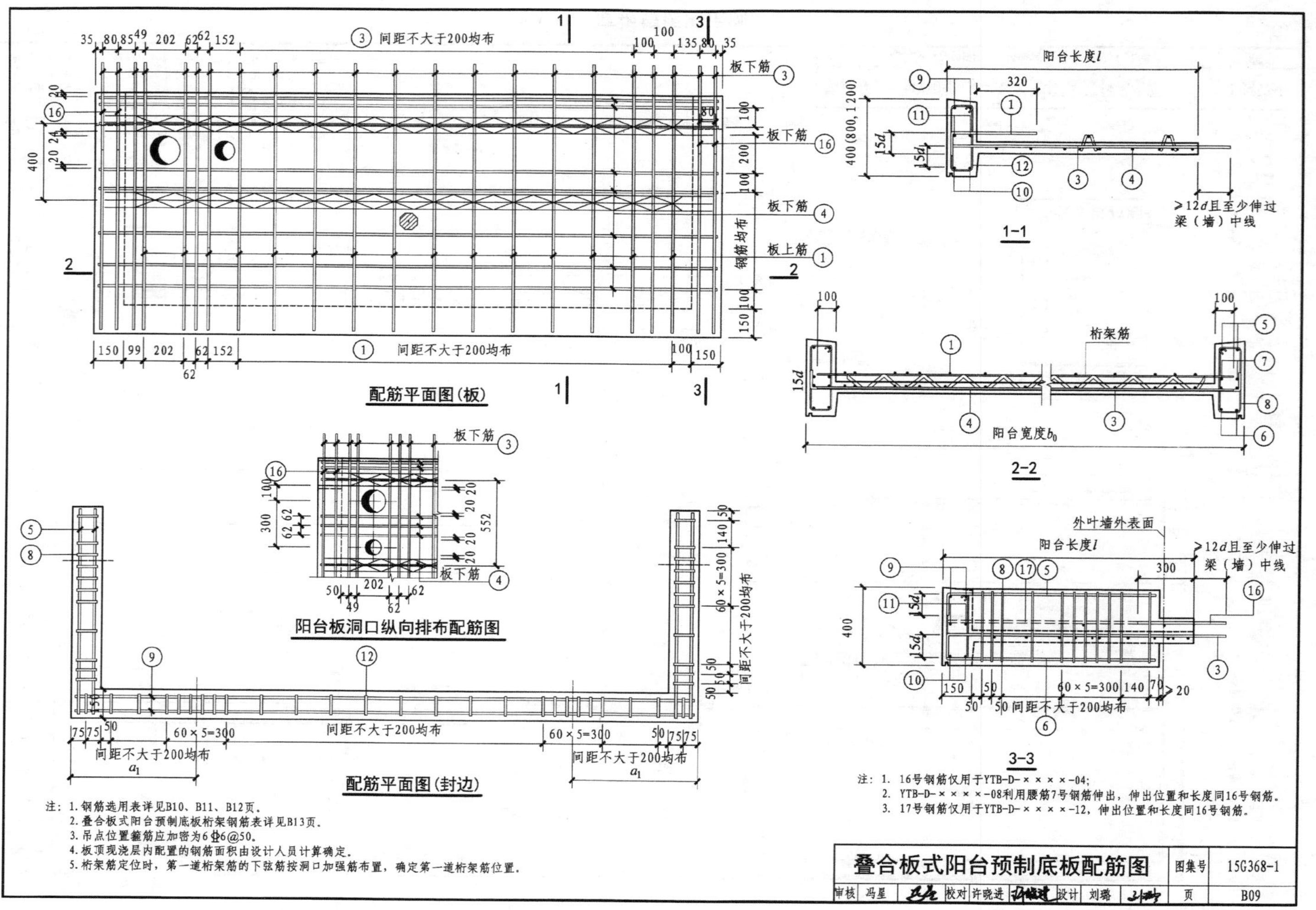

图 4-32 底板配筋图示例

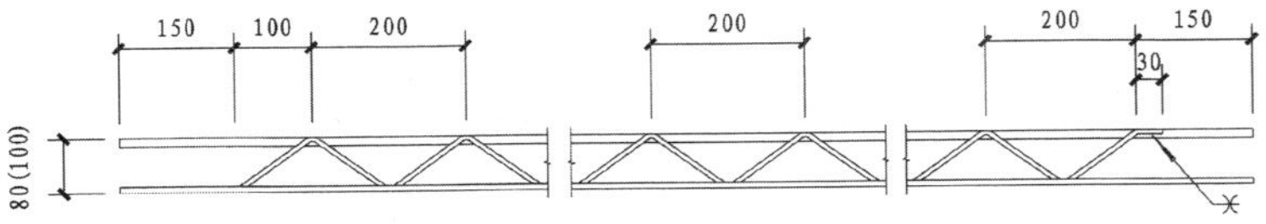

150　100　200　200　200　150　30

80(100)

钢筋桁架纵剖面图

注：80 mm的桁架钢筋对应130 mm叠合板厚；100 mm的桁架钢筋对应150 mm叠合板厚。

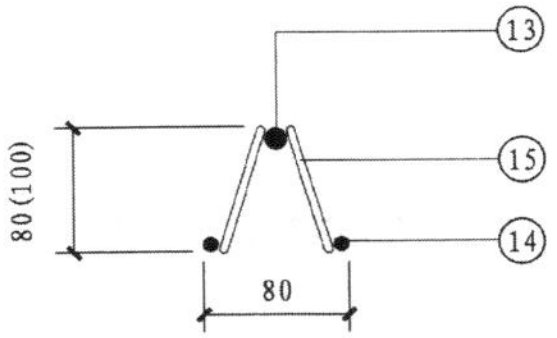

(13)　(15)　(14)

80(100)　80

钢筋桁架横剖面图

叠合板式阳台预制底板桁架钢筋表

构件编号	上弦钢筋(13)				下弦钢筋(14)				腹杆钢筋(15)				钢筋总重量(kg)
	规格	长度(mm)	根数	重量(kg)	规格	长度(mm)	根数	重量(kg)	规格	长度(mm)	根数	重量(kg)	
YTB-D-1024-××	Φ10	2 280	2	2.81	Φ8	2 280	4	3.60	Φ6	2 454	4	2.18	8.59
YTB-D-1027-××	Φ10	2 580	2	3.18	Φ8	2 580	4	4.07	Φ6	2 832	4	2.51	9.77
YTB-D-1030-××	Φ10	2 880	2	3.55	Φ8	2 880	4	4.55	Φ6	3 210	4	2.85	10.95
YTB-D-1033-××	Φ10	3 180	2	3.92	Φ8	3 180	4	5.02	Φ6	3 588	4	3.19	12.13
YTB-D-1036-××	Φ10	3 480	2	4.29	Φ8	3 480	4	5.49	Φ6	3 966	4	3.52	13.30
YTB-D-1039-××	Φ12	3 780	2	6.71	Φ8	3 780	4	5.97	Φ6	4 344	4	3.86	16.53
YTB-D-1042-××	Φ12	4 080	2	7.24	Φ8	4 080	4	6.44	Φ6	4 722	4	4.19	17.88
YTB-D-1045-××	Φ12	4 380	2	7.78	Φ8	4 380	4	6.91	Φ6	5 100	4	4.53	19.22
YTB-D-1224-××	Φ10	2 280	2	2.81	Φ8	2 280	4	3.60	Φ6	2 454	4	2.18	8.59
YTB-D-1227-××	Φ10	2 580	2	3.18	Φ8	2 580	4	4.07	Φ6	2 832	4	2.51	9.77
YTB-D-1230-××	Φ10	2 880	2	3.55	Φ8	2 880	4	4.55	Φ6	3 210	4	2.85	10.95
YTB-D-1233-××	Φ10	3 180	2	3.92	Φ8	3 180	4	5.02	Φ6	3 588	4	3.19	12.13
YTB-D-1236-××	Φ10	3 480	2	4.29	Φ8	3 480	4	5.49	Φ6	3 966	4	3.52	13.30
YTB-D-1239-××	Φ12	3 780	2	6.71	Φ8	3 780	4	5.97	Φ6	4 344	4	3.86	16.53
YTB-D-1242-××	Φ12	4 080	2	7.24	Φ8	4 080	4	6.44	Φ6	4 722	4	4.19	17.88
YTB-D-1245-××	Φ12	4 380	2	7.78	Φ8	4 380	4	6.91	Φ6	5 100	4	4.53	19.22
YTB-D-1424-××	Φ10	2 280	2	2.81	Φ8	2 280	4	3.60	Φ6	2 682	4	2.38	8.79
YTB-D-1427-××	Φ10	2 580	2	3.18	Φ8	2 580	4	4.07	Φ6	3 096	4	2.75	10.00
YTB-D-1430-××	Φ10	2 880	2	3.55	Φ8	2 880	4	4.55	Φ6	3 510	4	3.12	11.21
YTB-D-1433-××	Φ10	3 180	2	3.92	Φ8	3 180	4	5.02	Φ6	3 924	4	3.48	12.42
YTB-D-1436-××	Φ10	3 480	2	4.29	Φ8	3 480	4	5.49	Φ6	4 338	4	3.85	13.63
YTB-D-1439-××	Φ12	3 780	2	6.71	Φ8	3 780	4	5.97	Φ6	4 752	4	4.22	16.90
YTB-D-1442-××	Φ12	4 080	2	7.24	Φ8	4 080	4	6.44	Φ6	5 166	4	4.59	18.27
YTB-D-1445-××	Φ12	4 380	2	7.78	Φ8	4 380	4	6.91	Φ6	5 580	4	4.95	19.64

叠合板式阳台预制底板桁架钢筋表						图集号	15G368-1
审核 冯星		校对 许晓进		设计 刘璐		页	B13

图4-33　底板钢筋图示例

剪力墙暗柱
剪力墙暗柱
叠合板式阳台
阳台宽度b_0
阳台计算长度l_0
阳台板与主体结构安装平面图
注：图中所示板边附加加强钢筋，一般用于采用夹心保温剪力墙外墙板的情况。
内埋式吊杆
Φ6锚筋
与封边内箍筋绑扎为一体
预埋钢环
预留槽，吊环割除后，以水泥砂浆填实
内埋式吊杆
预埋吊环
阳台板吊装预埋件详图
桁架钢筋
现浇层
封边
预制底板
封边位置桁架钢筋详图
①滴水线
叠合板式阳台封边
阳台结构标高
主体结构标高
上部纵向受力钢筋（见注1）
与①号筋搭接300mm
外叶墙板
保温材料
内叶墙板
叠合板阳台现浇层
叠合板阳台预制层
1-1
（叠合板式阳台与主体结构连接节点详图）
阳台栏杆埋件详图
注：1. 叠合板式阳台现浇层内配置的钢筋面积由设计人员计算确定。（钢筋排布方式如本页平面图中所示）。
2. 预制阳台板长度方向封边尺寸=阳台长度l-10mm-保温层厚度-外叶墙板厚度-20mm，做法详见本页连接示意图。
3. 预制阳台封边与主体结构预留缝防水、密封处理详见建筑做法。
4. 栏杆安装完毕后，预埋件处预留槽应以水泥砂浆抹平。
叠合板式阳台节点详图
图集号 15G368-1
审核 冯星 校对 闵立 设计 李志豪
页 B14

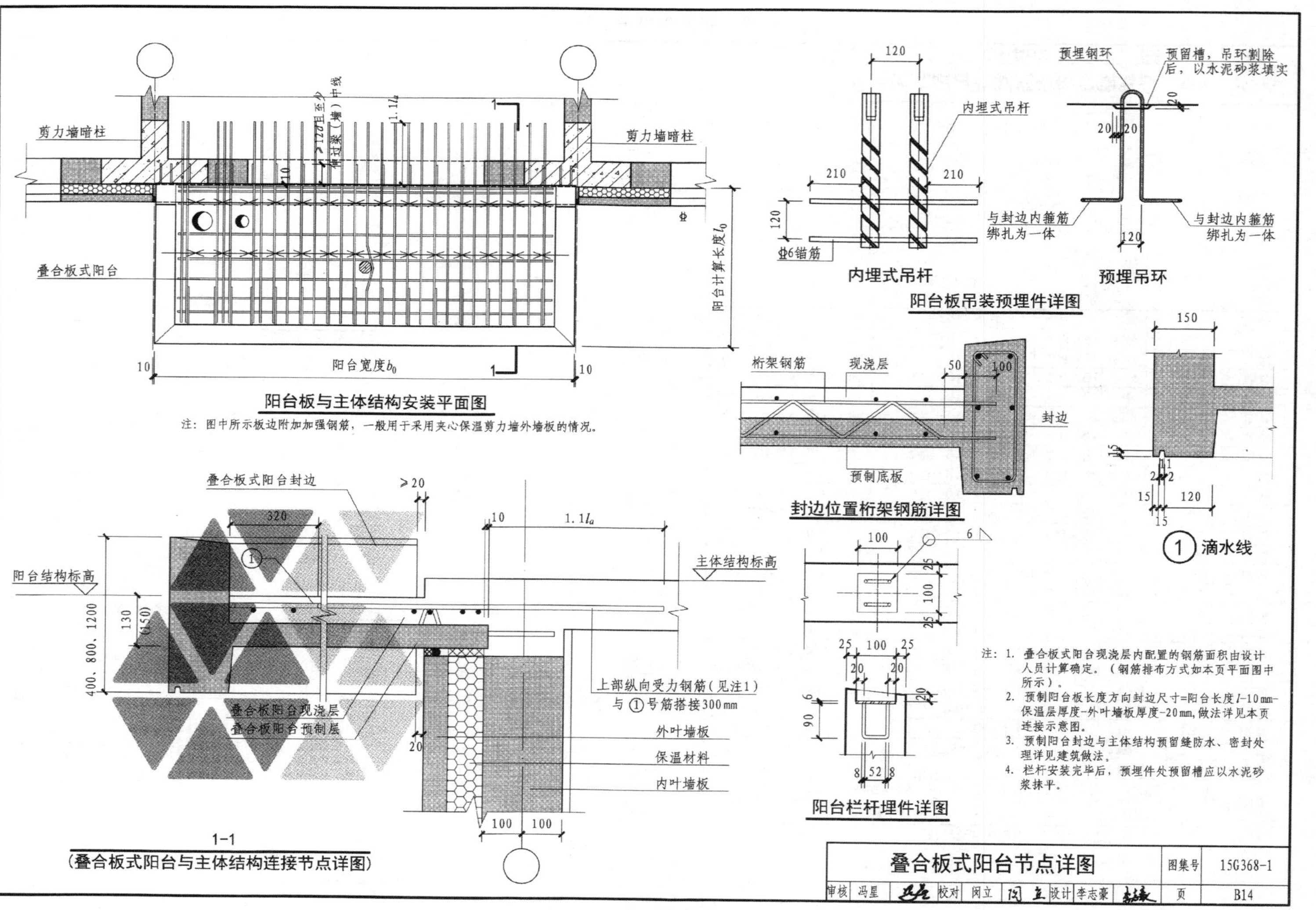

图4-34　节点详图示例

（八）预制楼梯施工图的识读

楼梯是楼层间的主要交通设施，也是建筑主要构件之一。钢筋混凝土楼梯是目前建筑物运用最为广泛的一种楼梯。钢筋混凝土楼梯按照施工方法的不同，可分为现浇式钢筋混凝土楼梯和预制装配式钢筋混凝土楼梯。钢筋混凝土楼梯通常由楼梯段（简称梯段）、平台、栏杆（板）和扶手组成，在建筑设计和施工中通常用楼梯详图的形式进行表达。

1. 预制楼梯的特点和分类

预制装配式钢筋混凝土楼梯是将楼梯的组成构件在工厂或工地现场预制，然后在施工现场拼装而成的一种楼梯。这种楼梯施工进度快，节省模板，现场湿作业少，施工不受季节限制，有利于提高施工质量。但预制装配式钢筋混凝土楼梯的整体性、抗震性能以及设计灵活性差，故应用受到一定限制。

预制装配式钢筋混凝土楼梯根据生产、运输、吊装和建筑体系的不同，有许多不同的构造形式。根据组成楼梯的构件尺寸及装配的程度，大致可分为小型构件装配式和中型、大型构件装配式两大类，如图 4-35 所示。

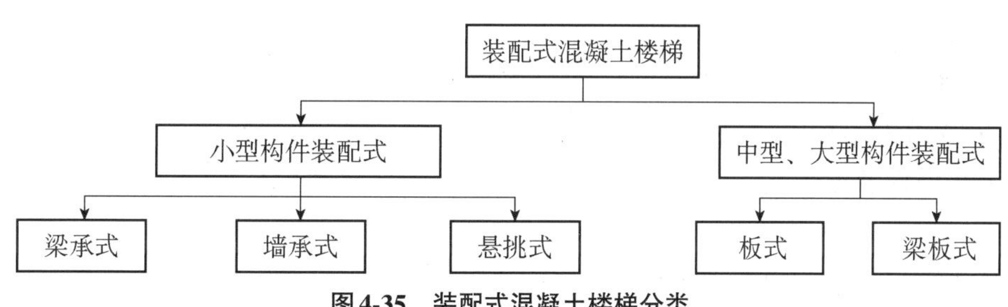

图 4-35　装配式混凝土楼梯分类

（1）小型构件装配式钢筋混凝土楼梯

小型构件装配式钢筋混凝土楼梯一般将楼梯的踏步和支承结构分开预制。预制踏步的断面形式多为一字形、L 形和三角形。根据梯段的构造和预制踏步的支承方式不同，小型构件装配式楼梯可分为墙承式楼梯、梁承式楼梯和悬挑式楼梯。

墙承式楼梯：这种楼梯是把预制踏步搁置在两面墙上，而省去梯段上的斜梁的一种楼梯构造形式。

梁承式楼梯：这种楼梯是指梯段由平台梁支承的楼梯构造方式。

悬挑式楼梯：这种楼梯是指预制钢筋混凝土踏步板一端嵌固于楼梯间侧墙上，另一端临空悬挑的楼梯形式。

（2）中型、大型构件装配式楼梯

中型构件装配式钢筋混凝土楼梯：这种楼梯是将楼梯分成梯段板、平台板、平台梁三类构件预制拼装而成。梯段按结构形式不同，有板式梯段和梁板式梯段。

大型构件装配式钢筋混凝土楼梯：这种楼梯是将梯段板和平台板预制成一个构件，梯段板可以连接一面平台，也可以连接两面平台。按结构形式不同，大型构件装配式钢筋混凝土楼梯分为板式楼梯和梁板式楼梯两种。

2. 预制钢筋混凝土楼梯施工图的识读

预制钢筋混凝土楼梯施工图主要有安装图、模板图、配筋图和节点详图，预制钢筋混凝土楼梯的安装图、模板图和配筋图所表达的重点各不相同，但都是从平面布置图、剖面图和节点详图 3 个角度表达。本节选用标准设计图集 15G367—1 中的 ST 28-24 为识读范例。

（1）安装图的识读

由图 4-36 可知，预制钢筋混凝土板式楼梯安装图由平面布置图和 1-1 剖面图组成，表达的主要内容如下：

1）梯段板的平面位置、竖向位置和梯段编号。

2）楼梯间尺寸、标高，梯段板（包括踏步信息）尺寸及梯板厚度。

3）梯段板与梯梁连接节点索引。

4）相关注意事项。

（2）模板图的识读

由图 4-37 可知，预制钢筋混凝土板式楼梯模板图由平面图、底面图（梯板仰视）、1-1 剖视图（横剖）、2-2 剖视图（横剖）、3-3 剖视图（纵剖）组成，表达的主要内容如下：

1）预制梯段板的平面、立面、剖面图及详细尺寸。

2）预埋件定位及索引号。

3）预留孔洞尺寸和定位。

4）相关注意事项。

（3）配筋图的识读

由图 4-38 可知，预制钢筋混凝土板式楼梯配筋图包括平面图、底面图（梯板仰视）、1-1 剖视图（横剖）、2-2 剖视图（横剖）、3-3 剖视图（横剖）和钢筋表，表达的主要内容如下：

1）预制梯段板钢筋（包含加强筋）的编号、名称、规格、数量、形状、尺寸、重量等信息。

2）预制梯段板钢筋（包含加强筋）的排布信息。

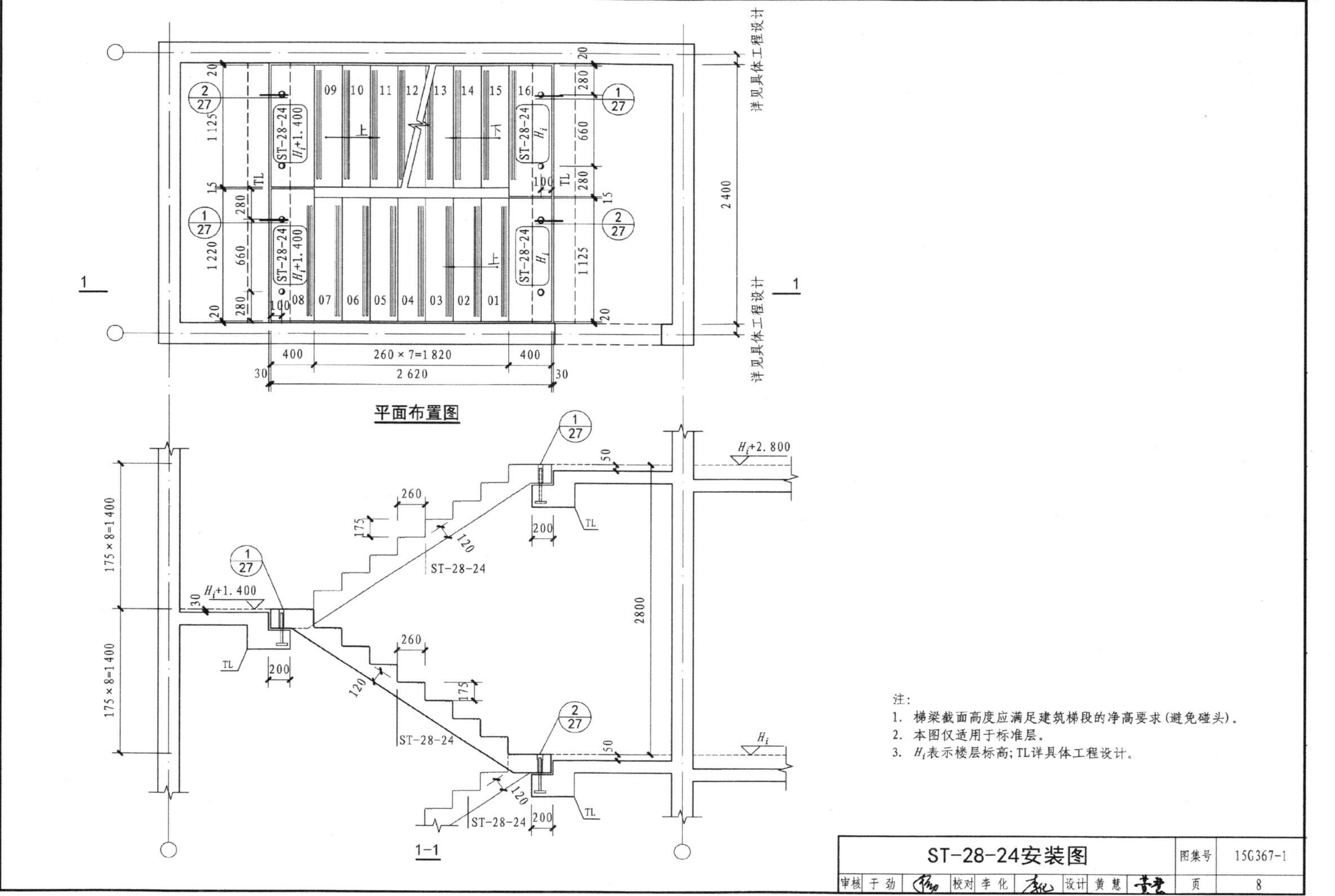

图4-36　预制混凝土板式楼梯安装图示例

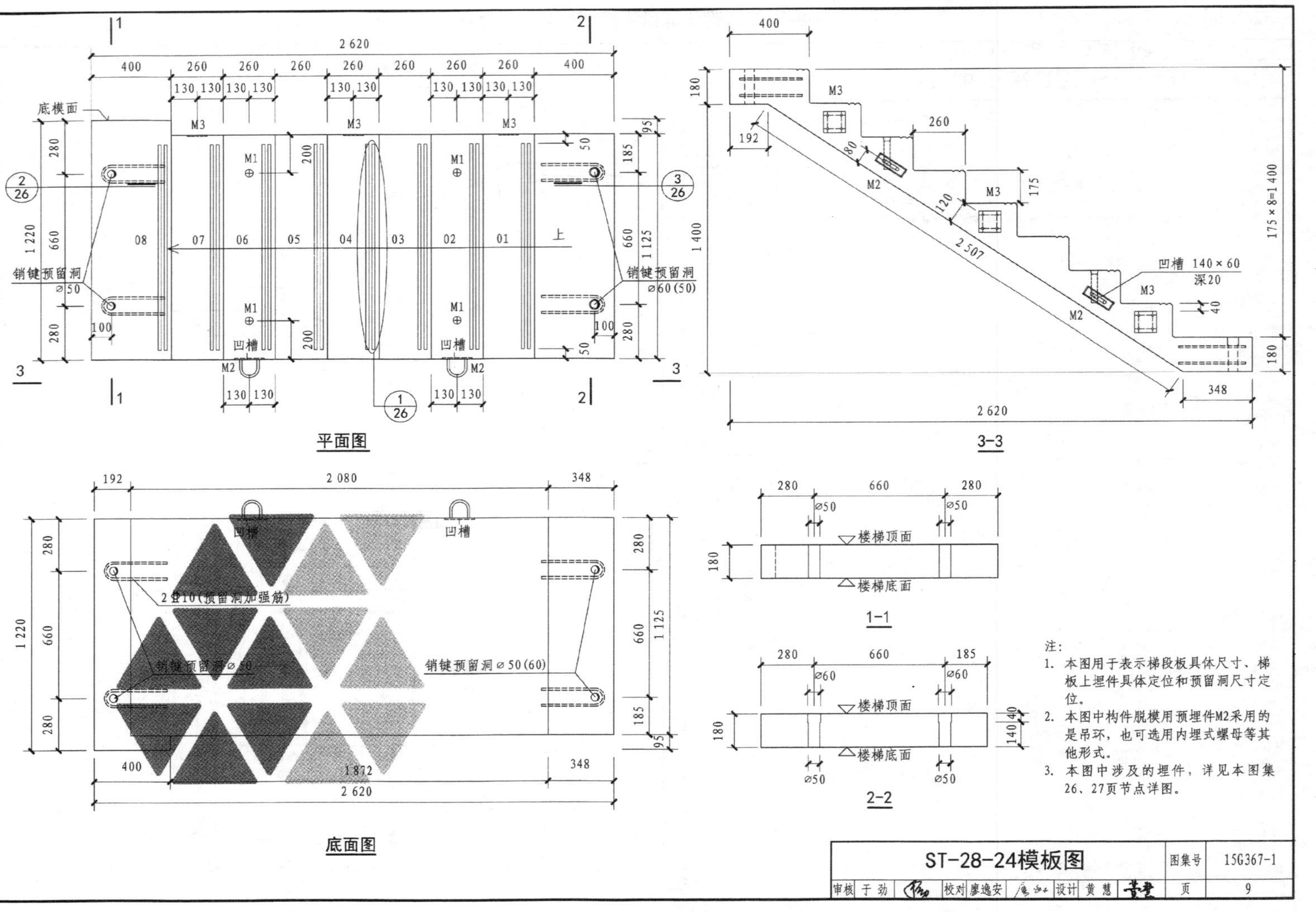

图 4-37　预制混凝土板式楼梯模板图示例

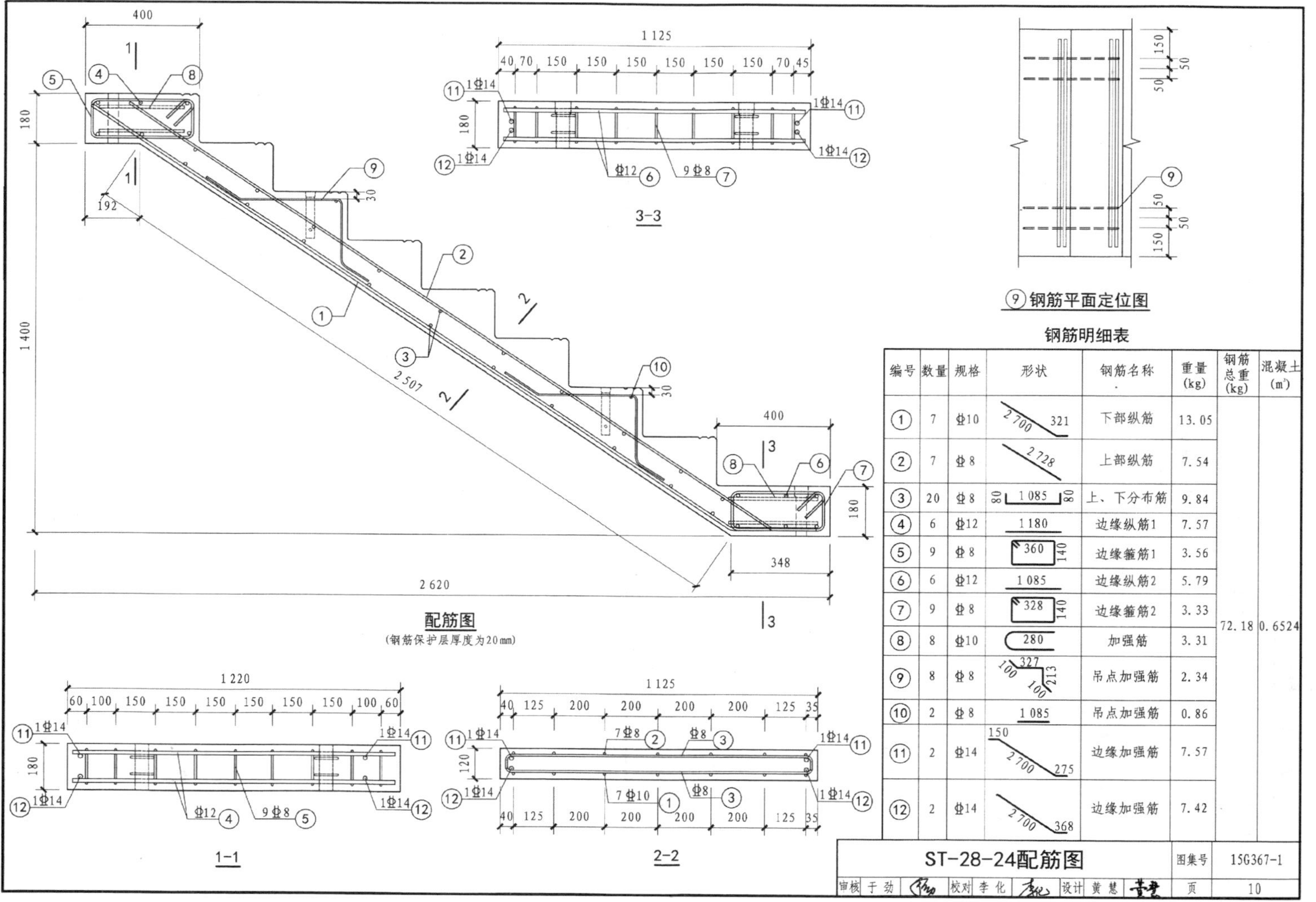

钢筋明细表

编号	数量	规格	形状	钢筋名称	重量(kg)	钢筋总重(kg)	混凝土(m³)
①	7	Φ10	2 700 321	下部纵筋	13.05	72.18	0.6524
②	7	Φ8	2 728	上部纵筋	7.54		
③	20	Φ8	80 1 085 80	上、下分布筋	9.84		
④	6	Φ12	1 180	边缘纵筋1	7.57		
⑤	9	Φ8	360 140	边缘箍筋1	3.56		
⑥	6	Φ12	1 085	边缘纵筋2	5.79		
⑦	9	Φ8	328 140	边缘箍筋2	3.33		
⑧	8	Φ10	280	加强筋	3.31		
⑨	8	Φ8	100 327 213 100	吊点加强筋	2.34		
⑩	2	Φ8	1 085	吊点加强筋	0.86		
⑪	2	Φ14	150 2 700 275	边缘加强筋	7.57		
⑫	2	Φ14	2 700 368	边缘加强筋	7.42		

图4-38　预制混凝土板式楼梯配筋图示例

（九）钢筋加工配料图中钢筋的表示方法

（1）普通钢筋的一般表示方法

普通钢筋的一般表示方法见表 4-21。

表 4-21　普通钢筋

序号	名称	图例	说明
1	钢筋横断面	•	—
2	无弯钩的钢筋端部		表示长、短钢筋投影重叠时，短钢筋的端部用 45° 斜划线表示
3	带半圆形弯钩的钢筋端部		—
4	带直钩的钢筋端部		—
5	带丝扣的钢筋端部		—
6	无弯钩的钢筋搭接		—
7	带半圆弯钩的钢筋搭接		—
8	带直钩的钢筋搭接		—
9	花篮螺丝钢筋接头	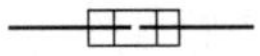	—
10	机械连接的钢筋接头		用文字说明机械连接的方式或冷挤压或锥螺纹等

（2）预应力钢筋的表示方法

预应力钢筋的表示方法见表 4-22。

表 4-22　预应力钢筋

序号	名称	图例
1	预应力钢筋或钢绞线	
2	后张法预应力钢筋断面 无黏结预应力钢筋断面	
3	预应力钢筋断面	+
4	张拉端锚具	
5	固定端锚具	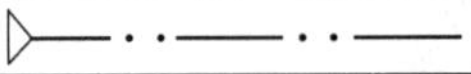
6	锚具的端视图	
7	可动连接件	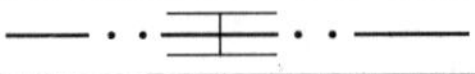
8	固定连接件	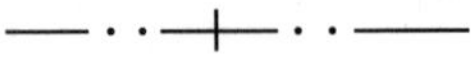

（3）钢筋网片的表示方法

钢筋网片的表示方法见表 4-23。

表 4-23　钢筋网片

序号	名称	图例
1	一片钢筋网平面图	 W—1
2	一行相同的钢筋网平面图	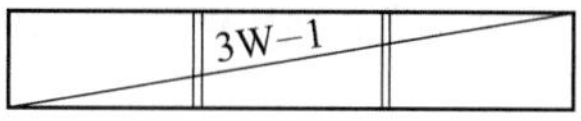 3W—1

注：用文字注明焊接网或绑扎网片。

（4）钢筋焊接接头的表示方法

钢筋焊接接头的表示方法见表 4-24。

表 4-24　钢筋的焊接接头

序号	名称	接头型式	标注方法
1	单面焊接的钢筋接头	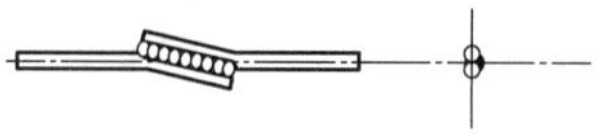	
2	双面焊接的钢筋接头		
3	用帮条单面焊接的钢筋接头		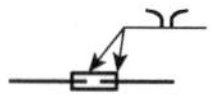
4	用帮条双面焊接的钢筋接头		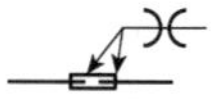
5	接触对焊的钢筋接头（闪光焊、压力焊）		
6	坡口平焊的钢筋接头	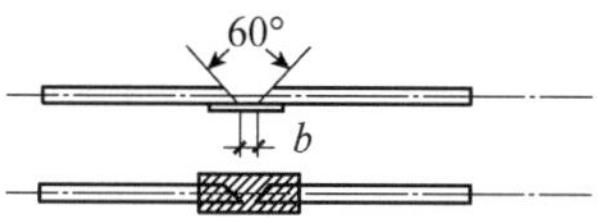 60° b	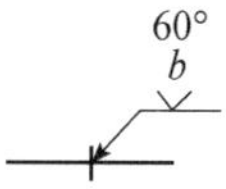 60° b
7	坡口立焊的钢筋接头	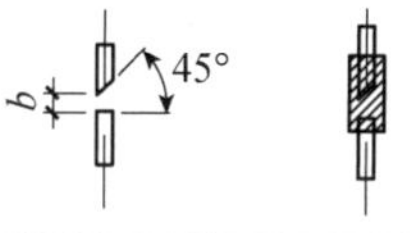 b 45°	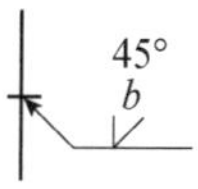 45° b
8	用角钢或扁钢做连接板焊接的钢筋接头	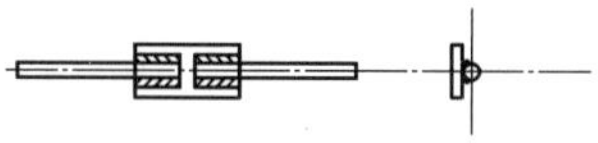	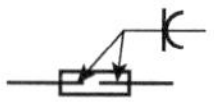
9	钢筋或螺（锚）栓与钢板穿孔塞焊的接头		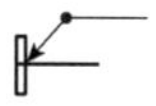

（5）钢筋的画法

钢筋的画法见表 4-25。

表 4-25　钢筋的画法

序号	说明	图例
1	在结构楼板中配置双层钢筋时，底层钢筋的弯钩应向上或向左，顶层钢筋的弯钩则向下或向右	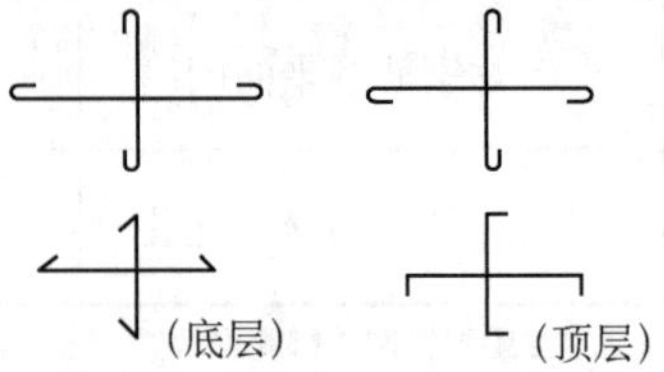 （底层）（顶层）
2	钢筋在混凝土墙体配双层钢筋时，在配筋立面图中，远面钢筋的弯钩应向上或向左，而近面钢筋的弯钩则向下或向右（JM 近面，YM 远面）	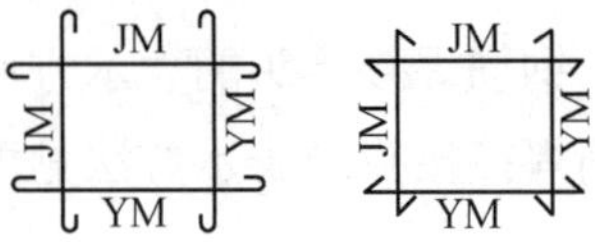 JM YM JM YM　JM YM JM YM
3	若在断面图中不能清楚表达钢筋的布置，应在断面图外增加钢筋大样图（如：钢筋混凝土墙、楼梯等）	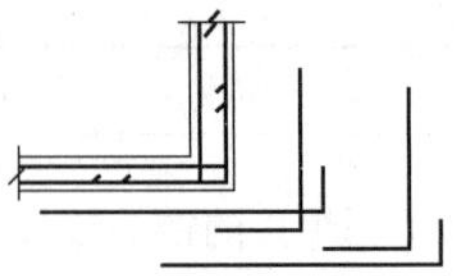
4	图中所表示的箍筋、环筋等若布置复杂时，可加画钢筋大样及说明	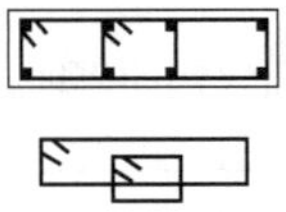
5	每组相同的钢筋、箍筋或环筋，可用一根粗实线表示，同时用一根两端带斜短划线的横穿细线表示其钢筋及起止范围	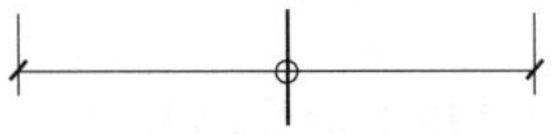

第二节　钢筋生产材料

一、钢筋

钢筋混凝土采用的钢筋是指钢筋混凝土配筋用的直条状或盘条状钢材，交货状态为直条和盘圆两种。

（一）钢筋种类划分

钢筋是指钢筋混凝土用和预应力钢筋混凝土用钢材，其横截面为圆形，又或者是带有圆角的方形。包括光圆钢筋、带肋钢筋、扭转钢筋等。

钢筋种类划分通常按生产工艺、轧制外形、力学性能、直径大小以及在结构中的用途进行分类，钢筋的分类见表 4-26。

表 4-26　钢筋的分类

序号	分类方式	类别	适用范围
1	生产工艺	热轧、冷轧、冷拉、热处理钢筋	Ⅰ级钢筋(Q300 钢钢筋)均轧制为光面圆形截面，供应形式有盘圆，直径≤10mm，长度为 6～12m
2	轧制外形	光圆钢筋	适用于分布筋、构造筋、箍筋等，更适合做吊钩、吊环等可能承受动力的连接件
		带肋钢筋	带肋钢筋有 HRB400、HRB500 等级，适合做承重构件的纵向受力筋，而不适合做吊钩、吊环等可能承受动力的连接件
		钢线分低碳钢丝和碳素钢丝及钢绞线	低松弛预应力钢绞线常用于桥梁、建筑、水利、能源及岩土工程等，无黏结预应力钢绞线常用于楼板、地基工程等
3	力学性能	Ⅰ级钢筋（300/420 级）	箍筋、砌体结构、低层框架结构
		Ⅱ级钢筋（335/455 级）	箍筋、砌体结构、框架结构
		Ⅲ级钢筋（400/540 级）	箍筋、砌体结构、框架结构、框剪结构和其他有抗震要求的结构
		Ⅳ级钢筋（500/630 级）	箍筋、砌体结构、框架结构、框剪结构和其他有抗震要求的结构
4	直径大小	钢丝（直径为 3～5mm）	钢筋绑扎、固定钢筋位置
		细钢筋（直径为 6～10mm）	箍筋、板钢筋
		普通钢筋（直径为 14～22mm）	板钢筋，常见结构梁、柱、剪力墙钢筋
		粗钢筋（直径＞22mm）	具有一定受力要求、尺寸截面较大、较复杂结构
5	结构用途	受压钢筋	承受拉、压应力的钢筋
		箍筋	承受一部分斜拉应力，并固定受力筋的位置，多用于梁和柱
		架立钢筋	固定梁内钢箍的位置，构成梁内的钢筋骨架
		分布钢筋	用于屋面板、楼板内，与板的受力筋垂直布置，将承受的重量均匀地传给受力筋，并固定受力筋的位置，以及抵抗热胀冷缩引起的温度变形
		其他	因构件构造要求或施工安装需要而配置的构造筋。如腰筋、预埋锚固筋、预应力筋、环等

（二）钢筋进场检验

（1）钢筋进场检验首先要检查钢筋的标牌号及质量证明书；其次要做外观检查。

（2）从每批钢筋中抽取 5%，检查其表面不得有裂纹、创伤和叠层，钢筋表面的凸块不得超过横肋的高度，缺陷的深度和高度不得大于所在部位的偏差值允许。

（3）力学性能试验，每批若＜60 t 则从中抽取 2 根，每根截取两段，分别做拉伸和冷弯试验。在截取试件时应截去钢筋两端 100～500 mm。当每批重量＞60 t，还需再取相应的钢筋。

（4）若一项试验结果不符合要求，则从同一批次中另取双倍数量的试样做各项试验。如仍有一个试样不合格则该批次钢筋为不合格，热轧钢筋在加工过程中发生脆断、焊接性能不良或机械性能明显不正常等现象，应进行化学成分分析和其他专项检验。

（三）装配式混凝土结构对钢筋的要求

（1）装配式混凝土结构采用的钢筋和预应力钢筋的各项计算指标应符合现行国家标准《混凝土结构设计规范 2015 年版》（GB 50010）的规定。

（2）装配式混凝土结构采用钢筋的各项计算指标应符合现行国家标准《钢结构设计标准》（GB 50017）的规定；当装配式混凝土结构构件处于外露情况和低温环境时，所使用的钢筋性能应符合耐大气腐蚀和避免低温冷脆的要求。

（3）有抗震设防要求的装配式混凝土结构的梁、柱、墙以及支撑中的受力钢筋应根据结构设计对钢筋的强度、延性和连接方式及施工适应性等要求，需选用下列牌号的钢筋：

1）纵向受力普通钢筋宜采用 HRB400、HRB500、HRBF400、HRBF500，也可采用 HRB335、HRBF335 钢筋。

2）预应力筋宜采用预应力钢丝、钢绞线和预应力螺纹钢筋。

3）箍筋宜采用 HPB300、HRB335、HRB400、HRB500 钢筋。

（4）按一级、二级、三级抗震等级设计的框架和斜撑构件，其纵向受力普通钢筋应符合下列要求：

1）钢筋的抗拉强度实测值与屈服强度实测值的比值应≥1.25。

2）钢筋的屈服强度实测值与屈服强度标准值的比值应≤1.30。

3）钢筋最大拉力下的总延长率应≥9%。

（5）当预制构件中采用钢筋焊接网片配筋时，应符合国家现行标准《钢筋焊接网混凝土结构技术规程》（JGJ 114）及《冷拔低碳钢丝应用技术规程》（JGJ 19）的规定。

（6）预制构件吊环应采用未经冷加工的 HPB300 钢筋制作。预制构件吊装用内埋式螺母或内埋式吊杆及配套的吊具，根据相应的产品标准和应用技术规定选用。

二、钢材

（一）钢材种类划分

钢材是钢锭、钢坯等通过压力加工制成的一定形状、尺寸和性能的材料。大部分钢材加工都是通过压力加工，使被加工的钢（坯、锭等）产生塑性变形。常见生产工艺主要有冶炼转炉炼钢法、平炉炼钢法、电炉炼钢法等。根据脱氧程度可以产生沸腾钢、镇定钢、半镇定钢。钢材根据不同形式分类，见表 4-27。

表 4-27　钢材的分类

序号	分类方式	类别	特征
1	钢材品质	普通钢	含磷量≤0.045%，含硫量≤0.050%
		优质钢	含磷量≤0.035%，含硫量≤0.035%
		高级优质钢	含磷量≤0.035%，含磷量≤0.030%
2	化学成分	碳素钢	低碳钢（含碳量≤0.25%），中碳钢（0.25≤含碳量≤0.60%），高碳钢（含碳量≥0.60%）
		合金钢	低合金钢（合金元素总含量<5%），中合金钢（5%≤合金元素总含量≤10%），高合金钢（合金元素总含量>10%）
3	用途	工程用钢	普通碳素结构钢、低合金结构钢、钢筋钢
		渗碳钢	渗氮钢、表面淬火用钢、易切结构钢、冷塑性成形用钢（冷冲压用钢、冷镦用钢）
		碳素工具钢	合金工具钢、高速工具钢
		特殊性能钢	不锈耐酸钢、耐热钢（抗氧化钢、热强钢、气阀钢、电热合金钢、耐磨钢、低温用钢、电工用钢）
		其他用途	桥梁用钢、船舶用钢、锅炉用钢、压力容器用钢、农机用钢
4	成品材	建材	螺纹钢、线材、盘螺、圆钢
		管材	无缝管、焊管
		板材	冷轧、热轧板/卷、中厚板、彩涂板（镀锌板、彩涂板、镀锡板、镀铝锌钢板）、硅钢、带钢
		型材	工字钢、型钢、槽钢、H 型钢、方钢、扁钢、球扁钢

（二）装配式混凝土结构钢材要求

（1）钢材一般采用普通碳素钢。其中最常用的 Q235 级低碳钢，其屈服点为 235 MPa，抗拉强度为 375～500 MPa，Q345 级低合金高强度钢，其塑性、焊接性良好，屈服强度为 345 MPa。

（2）预制构件吊装用内埋式螺杆或吊杆及配套的吊具，均应符合现行国家标准的规定。

（3）预埋件锚板用钢材应采用 Q235 级、Q345 级钢，钢材等级不应低于 Q235B；钢材应符合现行国家标准《碳素结构钢》（GB/T 700）的规定。预埋件的锚筋应采用未经冷加工的热轧钢筋制作。

（4）装配整体式混凝土结构中，应积极推广使用高强度钢，高强度钢材一般用于制作承受动力荷载的金属结构件。

第三节　钢筋生产工具设备

钢筋加工的主要工序一般包括：调直、除锈、下料截断、连接、弯曲成型，成型钢筋运输到构件生产厂家，由厂家按需配送到构件加工线，由生产线上的工人安装到位。

钢筋加工和运输配送需要的工具设备比较多，为了保证质量和提高生产效率，应尽量采用自动化设备。

一、钢筋加工设备

成型钢筋加工设备主要是指单件成型钢筋加工设备。钢筋加工常用设备及功能要求见表 4-28。

表 4-28 钢筋加工常用设备及功能要求

序号	设备类别	设备名称	功能要求	设备图
1	自动	钢筋调直切断机	具备自动调直、定尺、切断和计数等数控功能	
2	自动	钢筋数控弯箍机	具备自动调直、定尺、弯曲、切断和计数功能	
3	自动	钢筋切断生产线	具备自动喂料、定尺、切断和集料功能	
4	自动	钢筋弯曲设备	具备弯曲角度、位置自动控制功能	

续表

序号	设备类别	设备名称	功能要求	设备图
5	自动	钢筋螺纹自动化加工生产线	具备自动喂料、螺纹自动加工、自动集料等功能	
6	自动	钢筋笼滚焊机	具备自动绕筋、自动焊接、轴向旋转和移动等功能	
7	自动	钢筋桁架焊接机	具备自动喂料、调直弯折成型、定位、组合焊接、组合成型钢筋定尺切断等功能	
8	自动	钢筋网成型机	具备纵筋自动喂料、横筋自动落料、自动成排焊接、网片自动切断等功能	
9	手动	钢筋弯弧机	具备钢筋弯弧功能	

续表

序号	设备类别	设备名称	功能要求	设备图
10	手动	钢筋弯箍机	具备钢筋弯箍功能	
11	手动	钢筋弯曲机	具备钢筋弯曲功能	
12	手动	钢筋切断机	具备钢筋切断功能	
13	手动	钢筋套丝机	具备钢筋套丝功能	

二、钢筋调直切断机

钢筋调直切断机主要用于盘卷钢筋的调直和剪裁，这种设备种类规格较多，自动化程度差异较大，应根据实际情况选择适用的规格型号设备。常用的一般是全自动钢筋调直切断机，如图 4-39 所示。

图4-39　全自动钢筋调直切断机

（一）分类

（1）调直切断机按调直方式分为转毂式、平行辊式和复合式。

1）转毂式钢筋调直切断机。是通过安装在转毂内的调直模（辊）绕设定轴线高速旋转将钢筋调直的钢筋调直切断机。

2）平行辊式钢筋调直切断机。是通过在钢筋两侧布置多组调直辊将钢筋调直的钢筋调直切断机。

3）复合式钢筋调直切断机。调直机采用转毂式和平行辊式两种方式将钢筋调直的钢筋调直切断机。

（2）调直切断机按切断方式分为固定式切断方式和随动式切断方式。

1）固定式切断。是指在切断瞬间，钢筋处于停止运动状态的切断方式。

2）随动式切断。是指在切断瞬间，钢筋能与切刀保持同步运动的切断方式。

（二）主要零部件及要求

调直切断机由牵引机、调直机、切断机、定长装置、承料架、操纵机、切断刀具、电气系统等主要零部件组成。

（1）牵引机

1）牵引轮之间的压力及中心距离相对钢筋的径向应可调节。

2）牵引轮材料表面硬度应＞58HRC。

（2）调直机

1）调直机需满足对调直后钢筋直线度和表面质量的要求。

2）调直模、调直轮（或调直辊）硬度应＞58HRC。

（3）切断机

1）切断机除具有自动切断功能外，还应有手控切断功能。

2）切断刀具的定位应牢固可靠，调整、更换方便。

3）飞轮应作静平衡试验进行校正，校正后的飞轮不平衡力矩应小于允许范围内的不平衡力矩。

（4）定长装置

定长装置应定位准确、可靠、调整方便。

（5）承料架

1）承料架应满足钢筋调直切断后直线度的要求。

2）承料架应分段制造，各段长度宜为 2 000～6 000 mm。

（6）操纵机

操纵机应灵活、可靠，手动操作力≤80N，脚踏操作力≤120N，脚踏板应有足够的尺寸，并应有防滑措施。

（7）切断刀具

1）刀具材料硬度应≥58HRC。

2）刀具不得有裂纹，刀具刃口表面不得有崩刃和麻坑等缺陷。

3）定刀孔直径应大于被切断钢筋最大直径，其间隙为：

①热轧、冷轧钢筋为 1.5～2 mm。

②冷拔钢筋为 1～1.5 mm。

（8）电气系统

1）电控箱应置于独立的操作柜中或置于机架内。

2）电控箱置于机架内时，电气元件应有防振措施，电控箱内接线板拆卸应方便，箱门应有密封措施。

（三）主参数和基本参数

调直切断机的主参数是它所能加工钢筋的直径范围，基本参数包括调直速度和最小切断长度。主参数和基本参数见表 4-29 的规定。

表 4-29　主参数和基本参数的规定

名称		单位	数值				
主参数	钢筋公称直径	mm	1.6～4	3～8	6～12	10～16	14～20
基本参数	调直速度	m/min	≥25	≥35	≥70	≥50	≥40
	最小切断长度	mm	200		1 200		

（四）型号

调直切断机的型号由名称代号、企业产品名称代号、分类代号、主参数代号和产品更新变型代号组成。其型号说明如下：

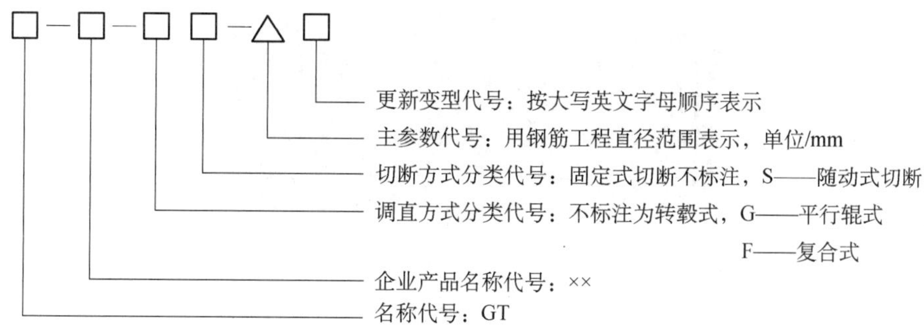

例如：

（1）转毂式调直、固定式切断，调直切断钢筋公称直径为6～12 mm的调直切断机，标记为：钢筋调直切断机 GT-××-（6～12）。

（2）平行辊式调直、随动式切断，调直切断钢筋工程直径为3～8 mm的调直切断机的第一代变型产品，标记为：钢筋调直切断机 GT-××-GS-（3～8A）。

（五）整机性能

（1）可靠性试验时间≥200 h，其平均无故障工作时间应＞150 h，可靠度≥90%。

（2）钢筋调直切断后的直线度误差≤3 mm/m，长度误差应符合表4-30的规定。

（3）调直切断机经调试正常后，不应出现无效剪切现象。

（4）调直后钢筋表面只允许有轻微擦伤。对于平行辊式调直切断机调直前后钢筋的质量损耗≤0.5%，对于转毂式和复合式调直切断机调直前后钢筋的质量损耗≤1.2%。

（5）调直速度应符合使用说明书的规定。

表4-30　钢筋调直切断后长度允许误差

调直速度/（m/min）	长度误差/mm
≤50	≤2
＞50，≤90	≤4
＞90，≤120	≤8
＞120	≤10

三、钢筋数控弯箍机

钢筋弯箍机是指具有调直、弯曲、切断功能，通过自动程序控制可实现连续生产钢筋混凝土用箍筋的设备。

钢筋数控弯箍机，如图4-40所示。主要用于箍筋的自动化生产，能完成调直、进料、弯制、剪断等作业。可加工直径为4～16 mm范围内任意形状和尺寸的箍筋，加工箍筋自动化程度较高。

图4-40　钢筋数控弯箍机

钢筋数控弯箍机是自动化生产线加工箍筋的主要设备，部分产能较大的非自动化生产线工厂也多采用该设备。

（一）主参数及基本参数

（1）主参数

弯箍机以能够弯曲 400 MPa 级的热轧钢筋的最大直径为主参数。其主参数系列为 8、12、16。

（2）基本参数

弯箍机的基本参数包括调直速度、弯曲速度和最小箍筋边长，它们应符合表 4-31 的规定。

表 4-31　钢筋数控弯箍机基本参数

主参数	8	12	16
调直速度/（m/min）	≥100	≥100	≥70
弯曲速度/（°/s）	≥1 000	≥1 000	≥800
最小箍筋边长/mm	≤90	≤150	≤300

（二）型号

弯箍机型号由名称代号、企业产品名称代号、主参数代号和产品更新变型代号组成。弯箍机型号表示如下：

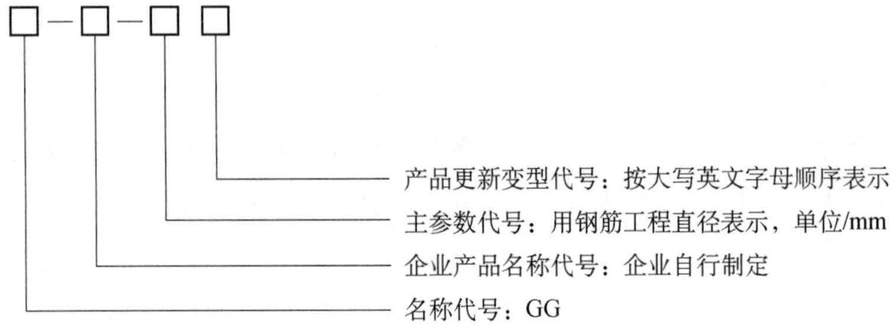

例如：

（1）加工 400 MPa 级钢筋最大弯箍直径为 12 mm 的弯箍机，标记为：钢筋弯箍机 GG-××-12。

（2）加工 400 MPa 级钢筋最大弯箍直径为 16 mm 的弯箍机，其第二次改型产品标记为：钢筋弯箍机 GG-××-16B。

（三）钢筋数控弯箍机整机性能要求

（1）空载运转应灵活，无异常响声及冲击声。

（2）钢筋送进速度和弯曲速度应无级可调。

（3）控制系统中应设置长度补偿功能和角度补偿功能。

（4）弯曲形状、最大可加工钢筋直径、可同时加工钢筋根数应符合使用说明书的要求。

（5）钢筋最大弯曲角度应≥180°。

（6）步进重复进度误差应≤3 mm。

（7）弯曲重复进度误差应≤2°。

（8）箍筋的侧向开口度应≤钢筋直径的 4 倍。

（9）可靠性考核时间为 200 h，平均无故障工作时间≥100 h，可靠度≥85%。

四、钢筋弯曲设备

大直径钢筋数控弯曲机（图 4-41）最大能加工弯曲直径为 32 mm 的高强度螺纹钢，如梁、柱等的主筋。钢筋弯曲作业采用钢筋数控弯曲机时，钢筋筛分、入料、弯制等全过程无须人工干预，可做到自动化作业，加工能力是传统加工设备的 10 倍以上。

图 4-41　大直径钢筋数控弯曲机

（一）分类

钢筋弯曲机根据钢筋弯曲方向分为卧式弯曲机和立式弯曲机。

（1）卧式钢筋弯曲机

钢筋成型时沿水平方向弯曲的弯曲机。

（2）立式钢筋弯曲机

钢筋成型时沿竖直方向弯曲的弯曲机。

（二）主参数

弯曲机以能够弯曲 400 MPa 级带肋钢筋的最大直径为主参数，其主参数系列为 20、25、32、40、50。

（三）型号

弯曲机型号由名称代号、企业产品名称代号、分类代号、主参数代号和产品更新变型代号组成。弯曲机型号表示如下：

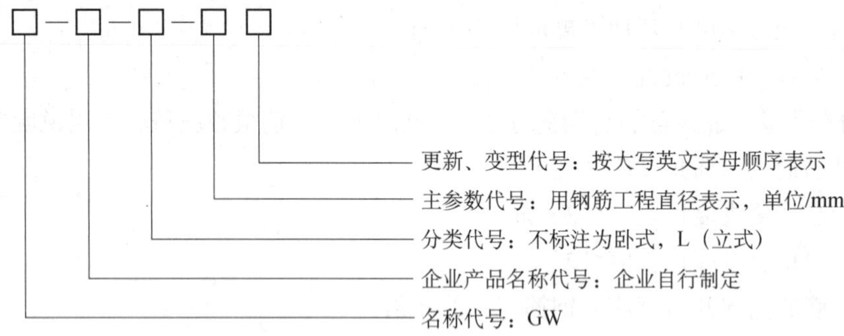

例如：

（1）卧式、企业产品名称代号为××，最大弯曲钢筋直径为 40 mm 的弯曲机，标记为：钢筋弯曲机 GW−××−40。

（2）立式、企业产品名称代号为××，最大弯曲钢筋直径为 50 mm 的弯曲机的第一代变型产品，标记为：钢筋弯曲机 GW−××−L−50A。

（四）整机性能要求

（1）弯曲机空载运转应灵活，无异常响声及冲击声。

（2）单次弯曲钢筋根数应符合使用说明书的规定。

（3）在额定负载工作时，应运转平稳、回位准确，且无异常响声及冲击声。

（4）有弯曲自动定位功能的弯曲机，重复弯曲进度误差应≤2°。

（5）弯曲速度应符合设计要求，允许偏差为±3%，且满足表 4-32 的规定。

（6）弯曲机的可靠性考核时间为 200 h 或弯曲 6 000 次，平均无故障工作时间≥100 h，可靠性应≥90%。

表 4-32 钢筋弯曲机弯曲速度表

主参数	20	25	32	40	≥50
机械传动弯曲速度/（r/min）	≥15	≥9	≥9	≥5	≥2.5
液压传动弯曲速度/（r/min）	≥12	≥9	≥9	≥5	≥2.5

五、钢筋螺纹自动化加工生产线

钢筋螺纹自动化加工生产线主要由储料系统、喂料系统、输送系统、剥肋装置、缩颈装置、滚丝装置和控制系统组成，如图 4-42 所示。其工作全过程可扫描见图 4-47 中的二维码查看。

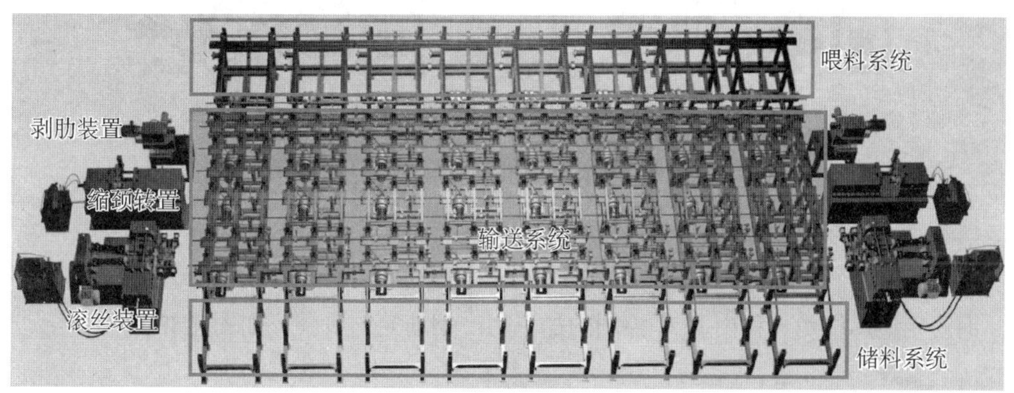

图 4-42　钢筋螺纹自动化加工生产线

剥肋装置　铣削钢筋断面、去除钢筋的纵肋和横肋、对钢筋进行倒角，如图 4-43 所示。

缩颈装置　对钢筋进行缩颈处理，如图 4-44 所示。

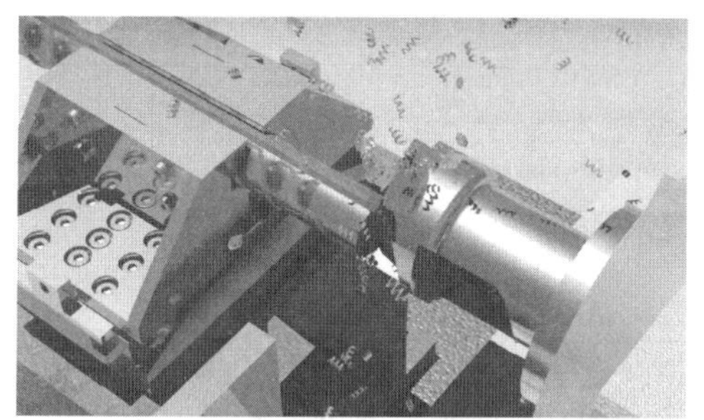

图 4-43　剥肋装置

图 4-44　缩颈装置

滚丝装置　对钢筋进行滚压螺纹处理，如图 4-45 所示。

输送系统　实现钢筋送料和各个工位间的转换，如图 4-46 所示。

图 4-45　滚丝装置

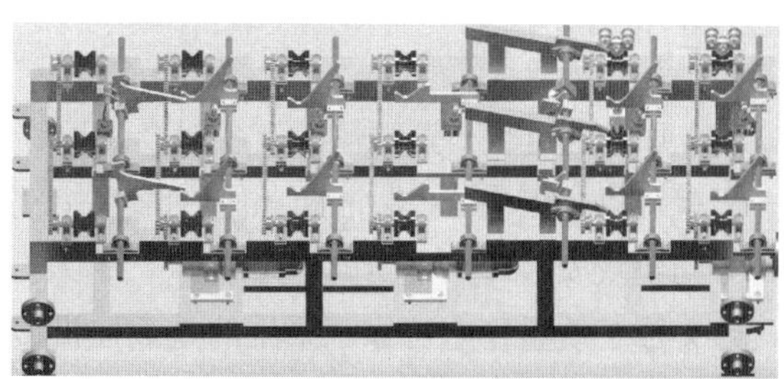

图 4-46　输送系统

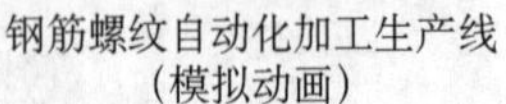
钢筋螺纹自动化加工生产线（模拟动画）

钢筋螺纹自动化加工生产线（现场视频）

图4-47　钢筋螺纹自动化加工生产线工作二维码

六、钢筋笼滚焊机

钢筋笼滚焊机是一种由PLC控制的加工生产钢筋笼的设备，如图4-48所示。

图4-48　钢筋笼滚焊机

（一）工作原理

根据施工要求，钢筋笼的主筋通过人工穿过固定旋转盘的相应模板圆孔至移动旋转盘的相应孔中进行固定，把盘筋（绕筋）端头先焊接在一根主筋上，然后通过固定旋转盘及移动旋转盘转动把绕筋缠绕在主筋上（移动盘是一边旋转一边后移），同时进行焊接，从而形成产品钢筋笼。

（二）设备特点

（1）加工速度快。正常情况下备料及滚焊等环节5个人一个班，分二个班作业，10个人一天就可以加工出20多个12 m长的成品钢筋笼（备料、滚焊、加强筋安装、探测管安装、导向垫块安装等），工作效率高。

（2）加工质量稳定可靠。采用的是数控机械化作业，主筋、缠绕筋的间距均匀，钢筋笼直径一致，产品质量达到规范要求。

（3）箍筋拉紧不需搭接，较之手工作业可节省材料1.5%，降低了施工成本。

（4）主筋分布均匀，便于钢筋笼搭接，节省了吊装时间。

（5）机械化加工钢筋笼，在质量控制方面得到了保障。

（三）设备参数

钢筋笼滚焊机由于生产厂家不同，其设备代号也不尽相同。见表4-33，给出了常用钢筋笼管焊机的型号及各项参数。

表4-33　钢筋笼滚焊机参数表

设备型号	FH1500				FH2000				FH2500			
适用桩径/mm	400—1 500				500—2 000				600—2 500			
钢筋笼标准长度/m（具他长度可定制）	12	18	22	27	12	18	22	27	12	18	22	27
钢筋笼重量/kg	4 500				6 000				8 000			
主筋直径/mm	Φ12—Φ40				Φ12—Φ40				Φ12—Φ40			
盘筋直径/mm	Φ6—Φ16				Φ6—Φ16				Φ6—Φ16			
盘筋间距/mm	50—400				50—400				50—400			
焊接方式	二氧化碳保护焊				二氧化碳保护焊				二氧化碳保护焊			
液压站参数/Mp	8				8				8			
电源参数	380V 50Hz				380V 50Hz				380V 50Hz			
功率/kW	最大功率 13 生产功率 10				最大功率 23 生产功率 18				最大功率 29 生产功率 23			

七、钢筋桁架焊接机

（一）加工范围及选型原则

自动化桁架筋加工设备（图4-49）用于桁架筋的自动化成形，可加工的钢筋范围为：弦筋为5～12 mm，左右弦筋为4～8 mm；可加工桁架筋的高度为70～350 mm。

图4-49　自动化桁架筋加工设备

自动化桁架筋加工设备是加工预制叠合楼板、钢结构楼承板的桁架筋的专用设备，进料、布筋、焊接、切断无须人工干预，自动化程度较高，选择该设备时应主要考虑可焊接钢筋的最大规格及可焊接桁架筋的最大高度。

（二）自动化桁架筋加工设备的组成

钢筋桁架焊接生产线主要分为6个部分（图4-50），分别是（1）放料架；（2）校直机构；（3）主机；（4）卸料架；（5）液压系统；（6）电气系统。

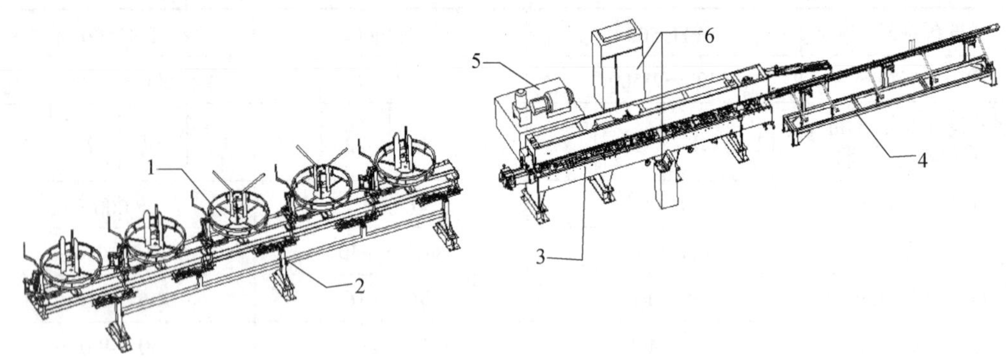

图4-50　自动化桁架筋加工设备

（1）放料架

放料架（图4-51）包括底座、放料盘、刹车机构、导向机构、缺料检测和拉力检测等。底座和转盘之间装有轴承，使转盘工作时可灵活转动，刹车机构可调节转盘在没有出料时的灵活度，使停放的钢筋盘料不会自动散开；缺料检测和拉力检测用于在缺料或料被卡住时使机器停止工作并同时报警。

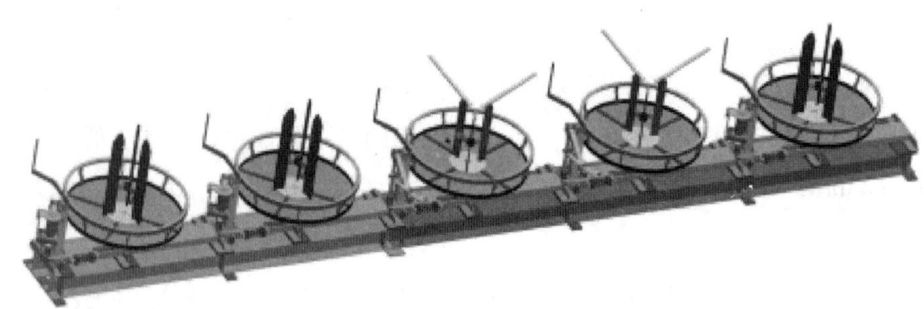
图4-51　放料架

（2）校直机构

校直机构（图4-52）包括底座、机架、校直轮和导向机构等。校直轮包括横向校直轮和竖向校直轮，其中的一半轮子安装在滑块上，调整轮子到合适的位置就能达到调直钢筋的目的。

图4-52　校直机构

（3）主机

主机为桁架自动焊机的主要功能部分，包含有涨紧部件、夹送料部件、波浪成形部件、上焊接部件、下焊接部件、限位部件、辅助送料部件、脚折弯部件、整形部件、剪刀部件、出料部件如图4-53所示。除出料部件外其他部件均采用液压油缸驱动。

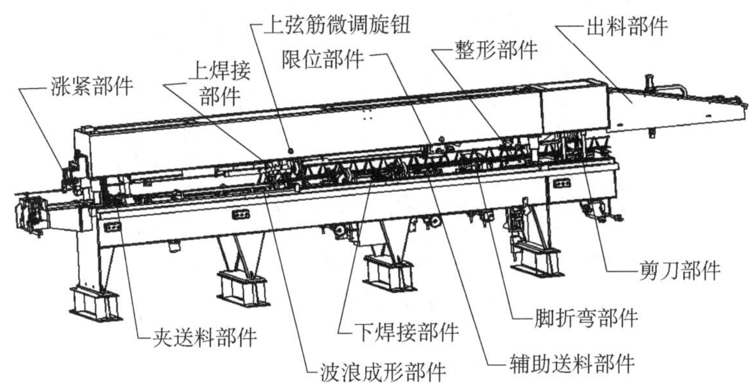

图4-53　自动化桁架筋加工设备主机各部件示意

（4）卸料架

卸料架包括机架、翻转机构和加长机架。机架可根据需要调节高度；翻转机构由气缸驱动。

（5）液压系统

液压系统包括液压站、液压阀、调节阀、蓄能器、油缸、油管、水冷系统。

（6）电气系统

电气系统包括高低压配电柜各一个，操作控制台一个，用于出料和卸料的气动回路等。

八、钢筋网成型机

全自动焊网机通过编程式、智能化的控制技术，一改目前的人工操作方式，可靠性高，将大幅提高钢筋焊网加工精度和生产效率，适合进行大规模标准网及品种繁杂数量少的工程用网的生产，适用于建筑（桥梁、隧道）用钢筋网的焊接。其具有占地小、产量大、成本低，操作简便，工艺合理，控制器智能化，免维护的特点。生产程序可由工作人员根据实际需要自行调整，完成各种规格钢筋网的焊接成型，应用前景广阔。

全自动焊网机电动机动力，采用同步控制技术，分控焊接与焊接时间均由数字编程系统控制，输入面板为触摸屏或按键屏两种，操作更加智能化、合理化，并且具有一次压紧，分次焊接的特点，焊接动力为电动，采用步进电机料斗，制动电机驱动小车送经，步进电机驱动小车拉网。经丝与纬丝均由调直切断机调直切断，竖丝人工摆放，横丝自动落丝。

全自动钢筋网焊接机（图 4-54）能完成钢筋调直、布筋、焊接、剪断、抓取入库等作业，可加工的钢筋直径范围为 6～12 mm。一般在全自动生产线中用于叠合楼板网片筋的焊接，选择该设备时应主要考虑焊接钢筋的规格及可焊接钢筋网的幅宽。

图 4-54　全自动钢筋网焊接机

九、常用钢筋加工手动设备

常用的钢筋加工手动设备主要有：钢筋弯弧机、钢筋弯箍机、钢筋弯曲机、钢筋切断机、钢筋套丝机等功能单一的设备。

（一）钢筋手动弯弧机

常用的钢筋弯弧机（图 4-55）能将直径为 6～32 mm 的钢筋弯曲成建设工程所需要的各种圆、圆弧、螺旋等形状，设备使用前应认真阅读使用说明书。

图 4-55　钢筋手动弯弧机

（二）钢筋手动弯曲机

钢筋弯曲机（图 4-56）主要结构是一个在垂直轴上旋转的水平工作圆盘，把钢筋置于圆盘上，支撑销轴固定在机床上，中心销轴和压弯销轴装载在工作圆盘上，圆盘回转时便将钢筋弯曲。弯曲圆盘上设置有中心轴孔和若干弯曲轴孔；工作台面的定位方杠上分别设置有若干定位轴孔。利用电机的正反转，对钢筋进行双向弯曲。设备使用前应认真阅读使用说明书。

（三）钢筋手动弯箍机

钢筋弯箍机（图 4-57）是弯曲机的一种延深，能很好地将钢筋加工成规定的角度或模型。主要适用于建筑冷轧带肋钢筋、冷轧光圆钢筋和热轧盘圆钢筋的弯钩和弯箍的成型。适用于建筑、桥梁、隧道、预制构件等工程的箍筋加工。设备使用前应认真阅读使用说明书。

图 4-56　钢筋手动弯曲机

图 4-57　钢筋手动弯箍机

（四）钢筋手动切断机

常用的钢筋切断机（图 4-58）一般为卧式钢筋切断机，其主要由电动机、传动系统、减速机构、曲轴机构、机体及切断刀等组成。适用于切断 6～40 mm 碳素钢筋。设备使用前应认真阅读使用说明书。

（五）钢筋手动套丝机

钢筋套丝机（图 4-59）常用于钢筋直螺纹接头的加工，也称钢筋直螺纹（剥肋）滚丝机，由机架夹紧机构、进给滑板、减速机及滚丝头，冷却系统和电器系统组成，能加工直径为 12～40 mm 的钢筋，主要用于建筑工程带肋钢筋的直螺纹丝头的加工。

图 4-58　钢筋手动切断机

图 4-59　钢筋手动套丝机

十、钢筋加工设备的维护保养

（1）制定钢筋设备的维护保养制度，钢筋设备必须由专人管理和操作。

（2）定期检查、补充和更换润滑机油，油品应符合机型要求，油杯、油壶要保持清洁、油表清晰明亮、油路保持畅通。

（3）定期检查电源线、各电器部件的完好情况，发现问题要及时检修或更换。

（4）定期检查刀片、调直块等易损件的磨损情况，并及时更换。

（5）定期检查各部位螺栓（钉）的紧固程度，发现问题及时整改。

（6）自动化生产设备要定期对终端控制等自动系统进行检测和保养。

（7）每天工作结束后，要对钢筋设备进行清洁，要保证表面无油污、无水渍，同时用清扫工具对设备和机架上的铁屑、钢末进行清理。

第四节　施工组织管理

一、钢筋加工及配送方案编制

加工配送企业供应的工程项目地理位置不同，送货到施工现场的时间段各异，运输道路的路况也千差万别，因此，对于习惯采用传统现场成型钢筋加工模式的施工单位对施工现场场外加工成型钢筋容易产生一定程度的顾虑。为有效缓解施工单位的顾虑，加工配送企业宜根据项目实际情况编制加工配送方案，方案内容应至少包括组织架构、人员结构、加工配送工作流程、加工配送进度计划、质量控制措施和运输保障措施。其质量控制措施中应明确原材料进厂复验批量的大小和检查数量以及检验的依据。

二、技术管理

（一）钢筋翻样管理

在施工现场常说的钢筋翻样是指施工技术人员按图纸计算工料时列出详细加工清单并画出加工简图。钢筋翻样在实际应用过程中分为两类：第一类是预算翻样，是指在设计与预算阶段对图纸进行钢筋翻样，以计算图纸中钢筋的含量，用于钢筋造价预算及招投标工作；第二类是施工翻样，是指在施工过程中，根据图纸详细列示钢筋混凝土结构中，钢筋构件的规格、形状、尺寸、数量、重量等内容，以形成钢筋构件下料单，方便钢筋工按料单进行钢筋构件制作和绑扎安装的有效依据。

（1）翻样前的准备

进行翻样前，应先阅读设计图总说明和预制构件图，明确下列内容：

1）确定工程抗震等级。

2）确定工程遵循的标准、规范、规程及标准图。

3）确定混凝土强度等级。

4）遵循设计优先的原则，确定结构说明中是否有详细的钢筋构造做法。

5）仔细阅读结构说明中连接节点、后浇带等部位的构造做法。

6）明确预制构件的尺寸、类型、形状，确定是否有留出筋。

（2）钢筋翻样管理

钢筋翻样有手工翻样和使用翻样软件翻样两种方法。

1）手工翻样

钢筋手工翻样虽然计算过程复杂，效率较低，但翻样精准、合理，可以做到最优化，所以采用较普遍，钢筋手工翻样流程如下：

①根据工程的抗震等级、设计及相关规范的要求，对预制构件配筋图各部位的钢筋进行合理的拆分，或对设计给出的配筋表进行分析，损耗小，且方便施工。

②选用相应品种、等级和规格的钢筋。

③确定钢筋长度。

2）翻样软件翻样

用翻样软件翻样可大大提高翻样的速度，但局部细节最好进行手工优化。不同的翻样软件操作也不尽相同。

（二）模具图设计管理

在预制构件制作中，钢筋与模具的关联度较高。因此，钢筋加工前的技术准备，必须考虑到模具的因素。

（1）布筋位置与内模、手孔模等是否会发生冲突。

1）如果有冲突，在可避让范围内的，可调整布筋位置，如图 4-60 所示。

2）如果在不可避让范围内时，应采用其他有效方案进行调整，如弯折钢筋等，此时，必须在钢筋翻样表上做出同步调整，如图 4-61 所示。

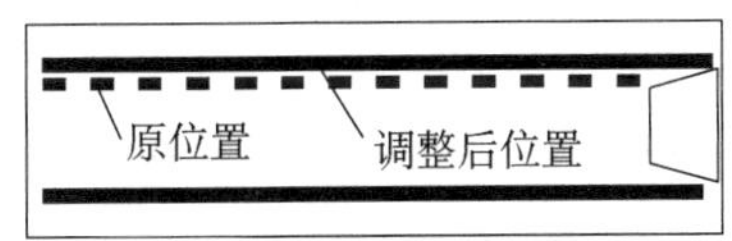

图 4-60　调整钢筋位置示意

图 4-61　弯折钢筋避让示意

（2）带窗、带阴角的模具，在窗角、阴角部位应配置加强筋。

（3）在模具变截面或装饰线条等应力集中部位，应考虑配置加强筋，如图 4-62 所示。

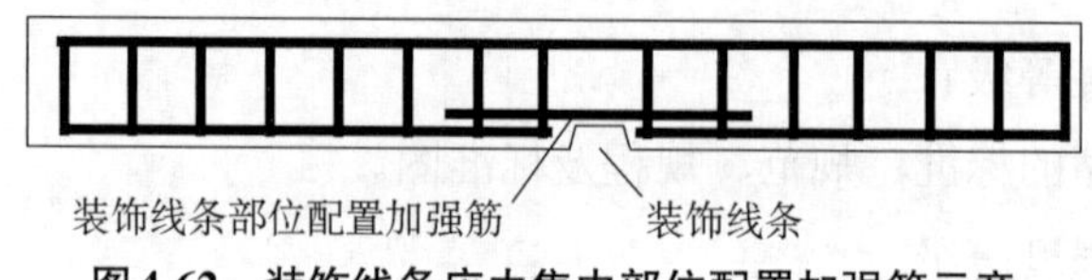

图4-62 装饰线条应力集中部位配置加强筋示意

三、质量管理

（一）钢筋进场管理

钢筋原材进厂后应进行复检。由同一牌号、同一炉罐号、同一尺寸且不超过 60 t 的钢筋组成一个检验批次，超过 60 t 后每增加 40 t（或不足 40 t 的余数），增加一个拉伸试样和一个弯曲试样；允许由同一牌号、同一冶炼方法、同一浇注方法的不同炉罐号组成混合批，各炉罐号含碳量之差应＜0.02%，含锰量之差应＜0.15%，混合批重量应＜60 t。

（二）钢筋连接管理

钢筋加工前应进行钢筋连接试验，钢筋连接试验是检验钢筋连接是否合格的重要手段，通过对不同连接形式的钢筋连接接头的抗拉性能、抗弯性能等进行检测来保证被连接钢筋的相关性能是否能够达到设计及相关规范的要求。常用的钢筋连接形式有焊接、机械连接及灌浆套筒连接等。对钢筋常用连接形式进行试验的试样数量见表 4-34，检验结果应合格。

表 4-34 钢筋常用连接形式进行试验的试样数量

连接形式	接头形式	检验批数量/个	试验项目所需的试样数量		备注
			拉伸试验	弯曲试验	
焊接	闪光对焊	≤300	3	3	异径连接不需要做弯曲试验
	电弧焊		3	—	—
机械连接	套筒挤压 直螺纹 锥螺纹	≤500	3	—	—
灌浆套筒连接	全灌浆 板灌浆	≤1 000	3	—	—

四、安全管理

（一）安全管理制度

（1）建立安全生产责任制，明确各个岗位人员的责任。

（2）制定每个作业岗位的操作规程。

（3）制定各种设备的安全操作规程。

（二）安全设施的管理

（1）钢筋加工要划分区域。

（2）伸出钢筋时要有醒目提示的标识。

（3）钢筋加工设备传动部分要设有防护罩或防护板等安全设施。

（4）机电设备须安装灵敏可靠的安全防护装置。

（三）设备的安全管理

（1）机械设备使用前要先目测其有无明显外观损伤，电源线及插头、开关等有无损伤。

（2）定期对设备进行保养。

（3）设备上零配件损坏要及时更换。

（4）操作人员在当天工作全部完成后应及时切断设备电源。

（5）在设备使用前，必须进行空车试运转，确认无异常后方可进行正式生产。

（6）在设备使用前，必须检查刀片、调直块等部件的完好程度和固定螺栓的紧固程度等。

（7）禁止加工（包括调直、切断、弯曲）超过规定规格的钢筋。

（8）不直的钢筋禁止在弯曲机上弯曲。

（四）安全生产要点

（1）必须进行深入细致且具体定量的安全培训。

（2）新工人或调换工种的工人经考核合格后方可上岗。

（3）电焊工等特殊工种必须持证上岗。

（4）必须设置安全设施和备齐必要的工具。

（5）生产人员必须佩戴安全帽、防砸鞋、皮质手套等。

（6）对设备和机架上的铁屑、钢末等严禁用手直接清理或用嘴吹，以免划伤皮肤或溅入眼中。

（7）钢筋骨架吊装运输时，要在指定的吊运区域和路线进行，吊钩下方禁止站人或行走。

（8）机械设备上不准放置工具和其他物件，避免因振动落入机体。

（9）维修、保养、更换、清洗机械设备时必须切断电源、悬挂警示牌或设专人看护。

（10）不得私自乱拉乱接电源线，接电源线作业应由专职电工负责。

（11）钢筋全自动设备必须按照开机顺序和关机顺序进行开、关机作业。

（12）钢筋设备区域，尤其是全自动设备区域应设置安全护栏，作业时严禁非操作人员进入。

（13）班组长每天作业前要对班组工人进行作业环境的安全检查。

五、成本管理

（一）钢筋料表制作

（1）翻样人员必须保证料表的准确无误，字迹工整。

（2）翻样人员发现图纸有疑问时，应及时向技术部门反映情况并及时解决。

（二）钢筋计划与进场

（1）应根据加工进度计划及料表，及时报送钢筋进场计划，钢筋计划单需明确进场时间，数量，质量及长度要求。

（2）物资采购部门应根据计划组织钢筋进场，钢筋原材进场时应验收钢筋型号、重量以及外观质量等情况是否符合要求，每车钢筋都应过磅抽查重量。

（3）钢筋进场后，应立即组织卸货，按规格分类堆码整齐。

（三）钢筋施工过程控制

（1）钢筋加工过程中，应严格按照图纸的要求施工，杜绝现场钢筋浪费的情况发生。

（2）加工场地有多余的钢筋时，应及时组织回收利用。

（3）建立文明生产管理制度。

（4）设置定置管理图，确定文明生产管理责任区。

（5）生产区域分人行道、车行道，标识应设置清楚。

（6）生产区域设备和材料要按指定的工位摆放，如图 4-63 所示。

（7）钢筋原材料要按照规格型号、尺寸、检验状态等分类存放、标识清晰，如图 4-64 所示。

图4-63　设备、材料的摆放

图4-64　分类存放

（8）半成品和成品要分类存放、标识要清晰，如图 4-65 和图 4-66 所示。

图4-65　钢筋半成品分类存放

图4-66　钢筋成品分类存放

（9）地面上的残渣要及时清理。

（10）加工剩余的钢筋残料要随时清理回收，尽可能二次利用，不可利用的应作为废品及时出售。

操作技能篇

第五章　钢筋配料

第一节　钢筋通用构造

一、混凝土结构的环境类别

影响混凝土结构耐久性最重要的因素就是环境，环境分类应确定其对混凝土结构耐久性的影响。混凝土结构环境类别的划分主要适用于混凝土结构在正常使用极限状态的验算和耐久性设计，环境类别的划分应符合表 5-1 的要求。

表 5-1　混凝土结构的环境类别

环境类别	条件
一	室内干燥环境 无侵蚀性进水浸没环境
二 a	室内潮湿环境 非严寒和非寒冷地区的露天环境 非严寒和非严寒地区与无侵蚀性的水或土壤直接接触的环境 严寒和寒冷地区在冰冻线以下与无侵蚀性的水或土壤直接接触的环境
二 b	干湿交替环境 水位频繁变动环境 严寒和寒冷地区的露天环境 严寒和寒冷地区在冰冻线以上与无侵蚀性的水或土壤直接接触的环境
三 a	严寒和寒冷地区冬季水位变动区环境 受除冰盐影响环境 海风环境
三 b	盐渍环境 受除冰盐作用环境 海岸环境
四	海水环境
五	受人为或自然的侵蚀性物质影响的环境

二、受力钢筋的混凝土保护层的厚度

（一）混凝土保护层的作用

混凝土保护层是指在结构构件中钢筋外边缘至构件表面范围用于保护钢筋的混凝土，简称保护层。混凝土保护层有以下作用：

（1）保证混凝土与钢筋共同工作，确保结构力性能混凝土与钢筋共同工作，是保证结构构件承载能力和结构性能的基本条件。

（2）保护钢筋不锈蚀，确保结构安全和耐久性。

（3）保护钢筋不应受高温（火灾）影响。高温能使结构急剧丧失承载力，保护层具有一定的厚度，可以使建筑物的结构在高温条件下或遇有火灾时，保护钢筋不受高温影响，不会因结构急剧丧失承载力而倒塌。

（二）混凝土保护层最小厚度的规定

当设计使用年限为50年的混凝土结构，其墙、板、梁、柱等构件混凝土保护层的最小厚度应符合表5-2的要求，且构件中受力钢筋的保护层厚度不应小于钢筋的公称直径。当在一类环境中，设计使用年限为100年的结构最外层钢筋的保护层厚度不应小于表5-2中数值的1.4倍；二、三类环境中，设计使用年限为100年的结构应采取专门的有效措施。

表5-2　混凝土保护层的最小厚度　　单位：mm

环境类别	板、墙		梁、柱	
	≤C25	≥C30	≤C25	≥C30
一	20	15	25	20
二 a	25	20	30	25
二 b	30	25	40	35
三 a	35	30	45	40
三 b	45	40	55	50

三、钢筋的锚固与连接

（一）钢筋弯钩和机械锚固的形式及技术要求

当纵向受拉普通钢筋末端采用弯钩或机械锚固措施时，弯钩和机械锚固的形式及技术要求应符合表5-3的规定。弯钩的形式有末端带90°弯钩、末端带135°弯钩，如图5-1（a）、图5-1（b）所示。机械锚固的形式有末端一侧贴焊锚筋、末端两侧贴焊锚筋、末端与钢板穿孔塞焊和末端带螺栓锚头，如图5-1（c）、（d）、（e）、（f）所示。

表 5-3　钢筋弯钩和机械锚固的形式和技术要求

锚固形式	技术要求
90° 弯钩	末端 90° 弯钩，弯钩内径 4 *d*，弯后直段长度 12 *d*
135° 弯钩	末端 135° 弯钩，弯钩内径 4 *d*，弯后直段长度 5 *d*
一侧贴焊锚筋	末端一侧贴焊长 5 *d* 同直径钢筋
两侧贴焊锚筋	末端两侧贴焊长 3 *d* 同直径钢筋
焊端锚板	末端与厚度 *d* 的锚板穿孔塞焊
螺栓锚头	末端旋入螺栓锚头

注：表中“*d*”为钢筋直径。

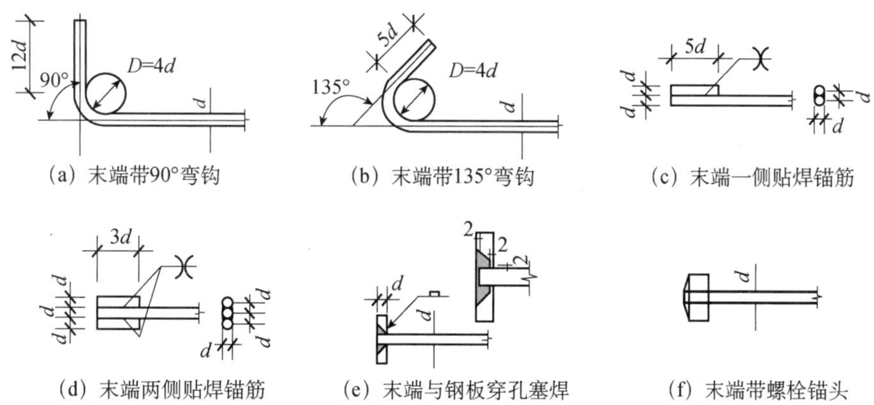

（a）末端带90°弯钩　（b）末端带135°弯钩　（c）末端一侧贴焊锚筋

（d）末端两侧贴焊锚筋　（e）末端与钢板穿孔塞焊　（f）末端带螺栓锚头

图 5-1　纵向钢筋弯钩与机械锚固形式示意

（二）钢筋的连接形式及技术要求

为了便于钢筋的运输、保管以及施工操作，钢筋是按一定长度（定尺长度）生产出厂的，例如 6 m、8 m、12 m 等，所以在实际施工时必须进行连接。现阶段构件内常用的钢筋连接形式有绑扎连接、机械连接和焊接连接。

（1）绑扎连接

纵向钢筋的绑扎搭接是纵向钢筋连接最常见的连接方式之一。搭接连接施工比较方便，但也有其适用范围和限制条件。现行国家标准《混凝土结构设计规范（2015 年版）》（GB 50010）中做出如下规定。

轴心受拉及小偏心受拉杆件的纵向受力钢筋不得采用绑扎搭接；其他构件中的钢筋采用绑扎搭接时，受拉钢筋直径应≤25 mm，受压钢筋直径应≤28 mm。

1）纵向受拉钢筋绑扎搭接接头的搭接长度

纵向受拉钢筋绑扎搭接接头的搭接长度，应根据位于同一连接区段内的钢筋搭接接头面积百分率以下列公式计算，且应≥300 mm。非抗震要求绑扎搭接长度计算公式详见式（5-1），抗震绑扎搭接长度计算公式详见式（5-2）。

$$l_l=\zeta_l l_a \tag{5-1}$$

$$l_{lE}=\zeta_l l_{aE} \tag{5-2}$$

式中：l_l——纵向受拉钢筋的搭接长度（mm）；

l_{lE}——纵向抗震受拉钢筋的搭接长度（mm）；

l_a——受拉钢筋的锚固长度（mm）；可查相关图集获得参数，如16G101系列图集；

l_{aE}——受拉钢筋的抗震锚固长度（mm）；可查相关图集获得参数，如16G101系列图集；

ζ_l——纵向受拉钢筋搭接长度修正系数，按表5-4中的参数取用。当纵向搭接钢筋接头面积百分率为表的中间值时，修正系数可按内插取值。

内插取值的计算示例如下：

假设纵向钢筋搭接接头面积的百分率为65%（即在50%～100%区域），求ζ_l等于多少？

直线内插法计算公式如下：

$$Y=Y1+(Y2-Y1)\div(X2-X1)\times(X-X1) \qquad (5\text{-}3)$$

式中：X：已知纵向钢筋搭接接头面积的百分率为65%；

X1：纵向钢筋搭接接头面积的百分率所在区间的下限值为50%；

X2：纵向钢筋搭接接头面积的百分率所在区间的上限值为100%；

Y：所要计算的纵向钢筋受拉钢筋搭接长度修正系数ζ_l；

Y1：纵向钢筋受拉钢筋搭接长度修正系数ζ_l的下限值$\zeta_l=1.4$；

Y2：纵向钢筋受拉钢筋搭接长度修正系数ζ_l的上限值$\zeta_l=1.6$；

则代入：Y=Y1+（Y2−Y1）÷（X2−X1）×（X−X1）=1.4+（1.6−1.4）÷（1−0.5）×（0.65−0.5）=1.46，即纵向钢筋搭接接头面积的百分率为65%时，内插ζ_l取值为1.46。

表5-4 纵向受拉钢筋搭接长度修正系数

纵向搭接钢筋接头面积的百分率/%	≤25	50	100
ζ_l	1.2	1.4	1.6

2）同一构件中相邻纵向受力钢筋的绑扎搭接接头宜互相错开；钢筋绑扎搭接接头连接区段的长度为1.3倍，凡搭接接头中点位于该连接区段长度内的搭接接头均属于同一连接区段（图5-2）。同一连接区段内纵向受力钢筋搭接接头面积百分率为该区段内有搭接接头的纵向受力钢筋与全部纵向受力钢筋截面面积的比值。当直径不同的钢筋搭接时，按直径较小的钢筋计算。

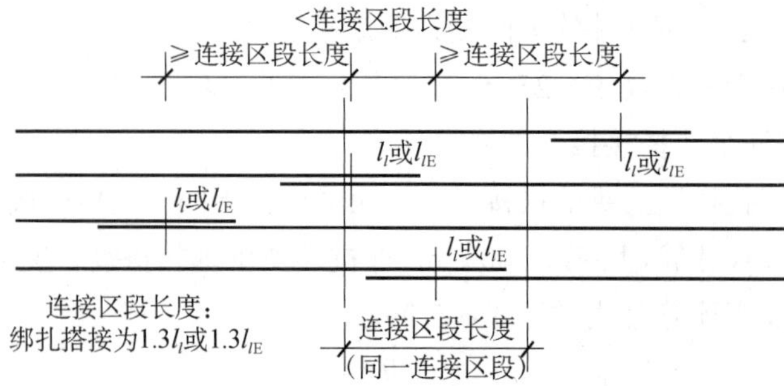

图5-2 同一连接区段内纵向受拉钢筋绑扎搭接接头示意

注：图中所示同一连接区段内的搭接接头钢筋为2根，当钢筋直径相同时，钢筋搭接接头面积的百分率为50%。

位于同一连接区段内的受拉钢筋搭接接头面积的百分率：对梁类、板类及墙类构件，应≤25%；对柱类构件，应≤50%。当工程中确有必要增大受拉钢筋搭接接头面积的百分率时，对梁类构件，应≤50%；对板、墙、柱及预制构件的拼接处，可根据实际情况放宽。

工程使用中还存在并筋的情况，即 2 根或以上的钢筋合并为 1 根钢筋。当并筋采用绑扎搭接连接时，应按每根单筋错开搭接的方式连接。接头面积的百分率应按同一连接区段内所有的单根钢筋计算。并筋中钢筋的搭接长度应按单筋分别计算。

3）纵向受压钢筋搭接长度

构件中的纵向受压钢筋当采用搭接连接时，其受压搭接长度不应小于纵向受拉钢筋搭接长度的 70%，且≥200 mm。

4）纵向受力钢筋搭接长度范围内应配置加密箍筋；在梁、柱类构件的纵向受力钢筋搭接长度范围内的构造钢筋应符合相关规定。当受压钢筋直径＞25 mm 时，尚应在搭接接头两个端面外 100 mm 的范围内各设置两道箍筋。

5）纵向钢筋的非接触搭接构造；纵向钢筋的非接触搭接连接，其实质是两根钢筋在其搭接范围混凝土内的分别锚固，以混凝土为介质，实现搭接钢筋应力的传递。采用非接触搭接方式，可实现混凝土对钢筋的完全握裹，能使混凝土对钢筋产生足够高的锚固效应，进而实现受拉钢筋的可靠锚固，完成可靠的钢筋搭接连接。

（2）机械连接

钢筋的机械连接是通过连贯于两根钢筋外的套筒来实现传力。套筒与钢筋之间力的过渡是通过机械的咬合力。其形式包括：钢筋横肋与套筒的咬合；在钢筋表面加工出螺纹与套筒的螺纹之间的传力；在钢筋与套筒之间贯注高强的胶凝材料，通过中间介质来实现应力传递。机械连接的主要形式有挤压套筒连接、锥螺纹套筒连接、镦粗直螺纹连接、滚轧直螺纹连接等。纵向受力钢筋的机械连接接头宜相互错开。钢筋机械连接区段的长度为 35 *d*（*d* 为连接钢筋的较小直径）。凡接头中点位于该连接区段长度内的机械连接接头均属于同一连接区段，如图 5-3 所示。

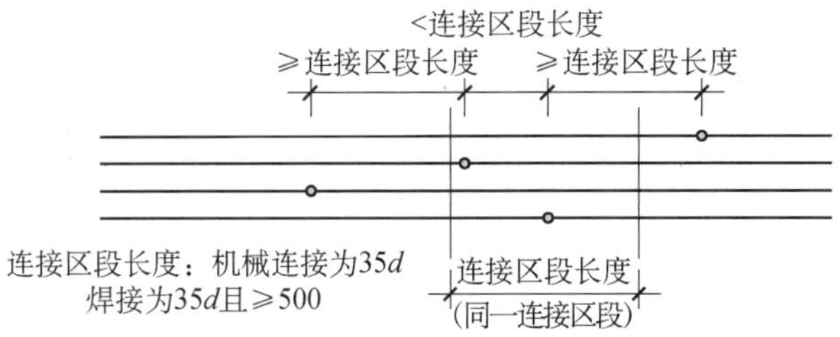

图 5-3　同一连接区段内纵向受拉钢筋机械连接、焊接接头示意

位于同一连接区段内的纵向受拉钢筋接头面积的百分率应≤50%；但对板、墙、柱及预制构件的拼接处，可根据实际情况放宽。纵向受压钢筋的接头百分率可不受限制。

机械连接套筒的保护层厚度宜满足有关钢筋最小保护层厚度的规定。机械连接套筒的横向净间距≥25 mm；套筒处箍筋的间距应满足构造要求。

直接承受动力荷载结构构件中的机械连接接头，除应满足设计要求的抗疲劳性能外，位于同一连接区段内的纵向受力钢筋接头面积的百分率≤50%。

（3）焊接连接

钢筋的焊接接头是利用电阻、电弧或者燃烧的气体加热钢筋端头使之熔化，并采用加压或添加熔融金属焊接材料，使之连成一体的连接方式。

钢筋焊接有多种方法，常用的焊接方法有闪光对焊、电阻点焊、电弧焊和电渣压力焊。

1）闪光对焊

闪光对焊又称镦粗头。它是将两根相同直径钢筋安放成对接形式，两根钢筋分别接通电流，通电后两根钢筋接触点产生高弧高热，使接触点金属融化，产生强烈的火花飞溅形成闪光，同时迅速施加顶端力使其融化的金属融合为一体，达到对接的目的。闪光对焊主要适用于直径为14～40 mm的钢筋焊接，常见于预应力构件中的预应力粗钢筋焊接。

2）电阻点焊

电阻点焊又称点焊。它是将两根钢筋安放成交叉叠接形式，压紧于两电极之间，利用电阻热融化两钢筋接触点，再施加压力使两钢筋融化的金属连接为一体，达到焊接的目的。电阻点焊主要用于直径为4～14 mm的小钢筋焊接，常见于钢筋网片的焊接。

3）电弧焊

钢筋电弧焊是利用通电后产生电弧热融化的电焊条，连接两根钢筋的焊接方式。钢筋电弧焊使用于各种钢筋的焊接。钢筋电弧焊包括帮条焊、搭接焊、溶槽帮条焊以及剖口焊等形式。

①帮条焊。帮条焊是在两根被连接钢筋的端部，另加两根短钢筋，将其焊接在被连接的钢筋上，使之达到连接的目的。短钢筋的直径与被连接钢筋直径相同，长度分别为：单面焊为5 *d*，双面焊为10 *d*。

②搭接焊。搭接焊又称错焊，是先将两根待连接的钢筋预弯，并使两根钢筋的中心线在同一直线上，再用电焊条焊接，使之达到连接的目的。预弯长度分别为：单面焊为10 *d*，双面焊为5 *d*。

③溶槽帮条焊。溶槽帮条焊，是在焊接时加角钢作垫板模。角钢的边长宜为40～60 mm，长度为80～100 mm。

④剖口焊。剖口焊是先将两根待连接的钢筋端部切口，再在剖口处垫一钢板，焊接剖口使两根钢筋连接。剖口焊包括平焊和立焊，平焊用于梁主筋的焊接，立焊用于柱子主筋的焊接。

4）电渣压力焊

电渣压力焊又称竖焊。它是将两根钢筋安放成竖向对接形式，利用焊接电流通过两根钢筋端面间隙，在焊剂的作用下形成电弧过程和电渣过程，产生电弧热和电阻热，熔化钢筋，加压使之达到钢筋连接的一种压焊方法。电渣压力焊主要用于直径为 14～40 mm 的柱子主筋的焊接，是目前较为常用的方法。

四、箍筋及拉筋弯钩构造

梁、柱、剪力墙中的箍筋和拉筋末端作弯钩处理时，弯钩的形式应符合设计要求，当设计无具体要求时，箍筋弯钩后的平直部分长度应符合以下规定：

（1）对于非抗震结构，应≥5 *d*（*d* 为箍筋的直径）；

（2）对于螺旋箍筋应≥10 *d*；

（3）对于有抗震、抗扭等要求的结构，应≥10 *d* 和 75 mm 当中的较大值。

通常，箍筋应做成封闭式，拉筋要求应紧靠纵向钢筋并同时钩住外封闭箍筋。梁、柱、剪力墙封闭箍筋及拉筋弯钩构造如图 5-4 所示。

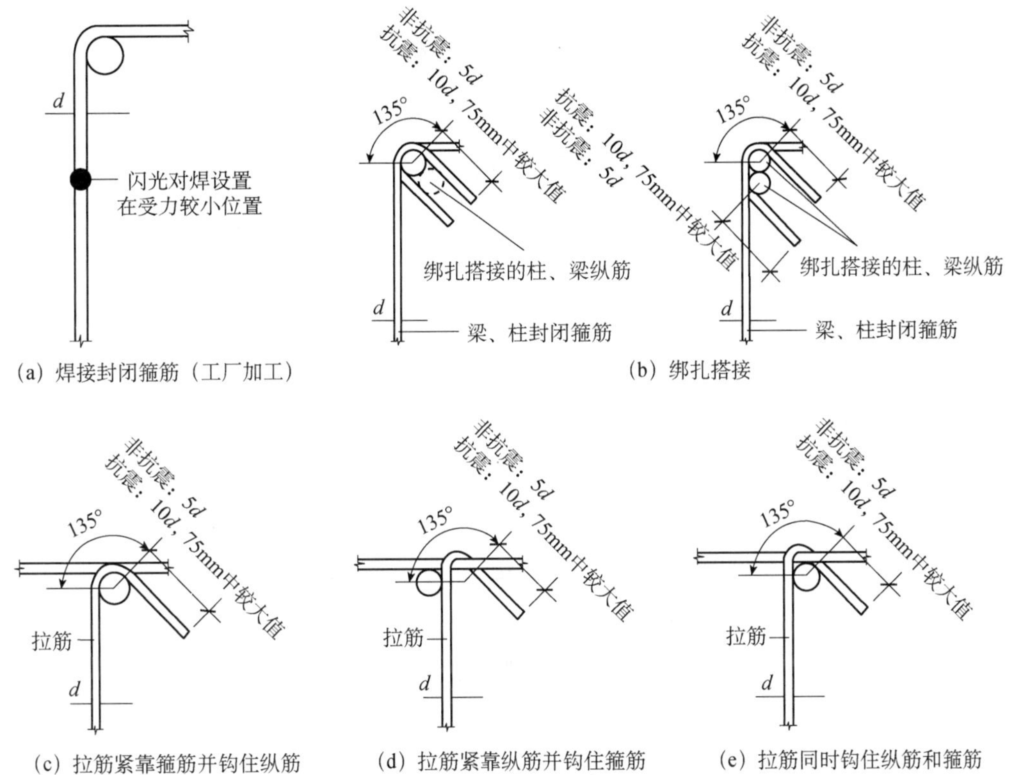

图 5-4　封闭箍筋及拉筋弯钩构造示意

注：非抗震设计时，当构件受扭或柱中全部纵向受力钢筋的配筋率＞3%时，箍筋及拉筋弯钩平直段长度应为 10 *d*。

第二节 钢筋配料基础知识

一、钢筋下料计算相关概念

（一）外皮尺寸

结构施工图中所标注的钢筋尺寸，是钢筋的外皮尺寸。外皮尺寸是指结构施工图中钢筋外边缘至结构外边缘之间的长度，是施工中测量钢筋长度的基本依据。它和钢筋的下料尺寸是不一样的。

钢筋材料明细见表 5-5，简图栏的钢筋长度为 L_1，如图 5-5 所示。L_1 是出于构造的需要标注的，所以钢筋材料明细表中所标注的尺寸是外皮尺寸。通常情况下，钢筋的边界线是从钢筋外皮到混凝土外表面的距离（保护层厚度）来考虑标注钢筋尺寸的。故这里所指的 L_1 是设计尺寸，不是钢筋加工下料的施工尺寸，如图 5-6 所示。

表 5-5 钢筋材料明细

钢筋编号	简图	规格	数量
①	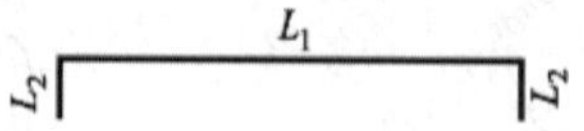 L_1；L_2；L_2	ϕ22	2

注：L_1——钢筋长度；L_2——弯钩长度。

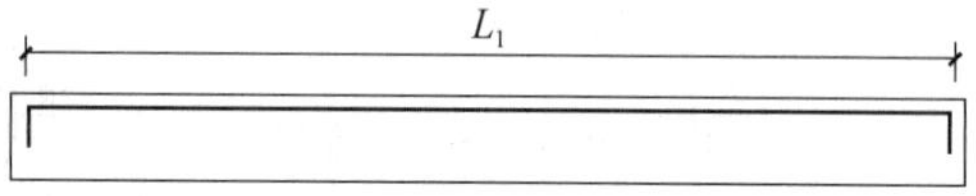

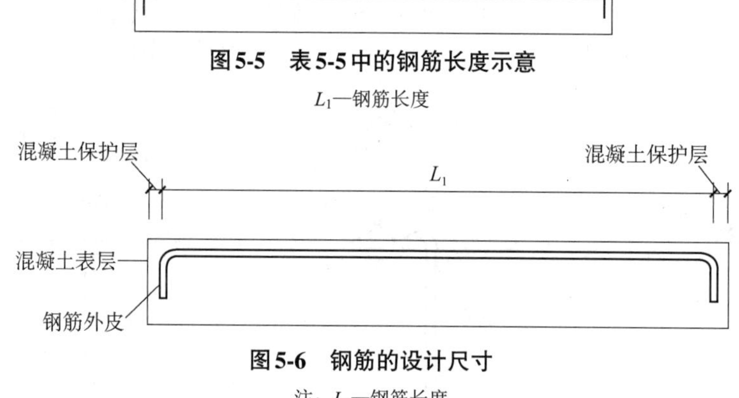

图 5-5 表 5-5 中的钢筋长度示意

L_1—钢筋长度

图 5-6 钢筋的设计尺寸

注：L_1—钢筋长度

（二）钢筋下料长度

钢筋加工前按直线下料，加工变形以后，钢筋外边缘（外皮）伸长，内边缘（内皮）缩短，但钢筋中心线的长度是不会改变的。

如图 5-7 所示，结构施工图上所示受力主筋的尺寸界限就是钢筋的外皮尺寸。钢筋加工下料的实际施工尺寸为 $ab+bc+cd$，其中 ab 为直线段，bc 为弧线，cd 为直线段。除此之外，箍筋的设计尺寸，通常采用的是内皮标注尺寸的方法，如图 5-8 所示。计算钢筋的下料长度，就是计算钢筋中心线的长度。

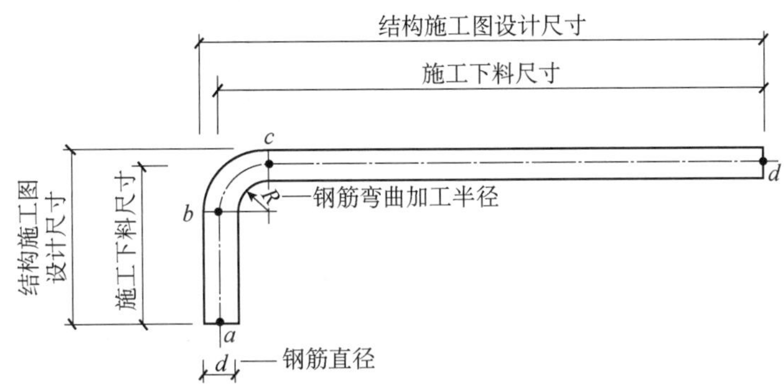

图 5-7　结构施工图上所示受力主筋的尺寸界限

d—钢筋直径；R—钢筋弯曲加工半径；ab—直线段；bc—弧线；cd—直线段

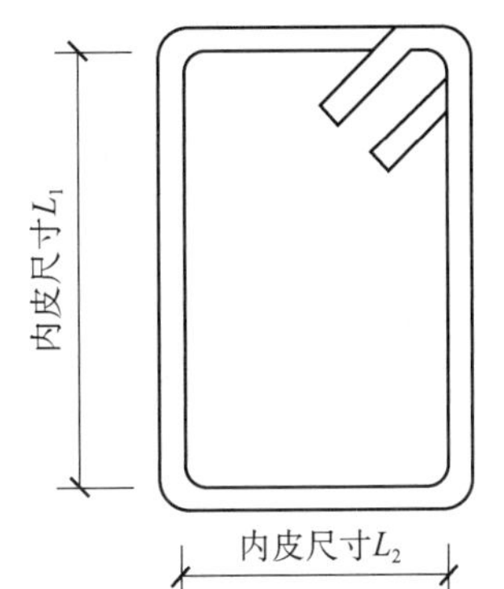

图 5-8　箍筋高度、宽度的内皮尺寸

L_1—箍筋高度；L_2—箍筋宽度

（三）钢筋弯曲调整值

钢筋弯曲调整值又称钢筋“弯曲延伸率”和“度量差值”。这主要是由于钢筋在弯曲过程中，外侧表面受到张拉而伸长，内侧表面受压缩而缩短，钢筋中心线长度基本保持不变。钢筋弯曲后，在弯曲点两侧外包尺寸与中心线之间有一个长度差值，通常称之为钢筋弯曲调整值，也叫度量差值。

差值 = 钢筋外皮尺寸之和 − 钢筋中心线的长度

对于标注内皮尺寸的钢筋，其差值随角度的不同，有可能是正，也有可能是负。差值分为外皮差值和内皮差值两种。

（1）外皮差值

图 5-9 所示是结构施工图上 90° 弯折处的钢筋，它是沿外皮 $xy+yz$ 测量尺寸的。而图 5-10 所示弯曲处的钢筋，则是沿钢筋的中和轴（钢筋被弯曲后，既不伸长也不缩短的钢筋

中心线）*ab* 弧线的弧长测量。因此，折线 *xy+yz* 的长度与弧线的弧长 *ab* 之间的差值，称为“外皮差值”。*xy+yz>ab*。外皮差值通常用于受力主筋的弯曲加工下料计算。

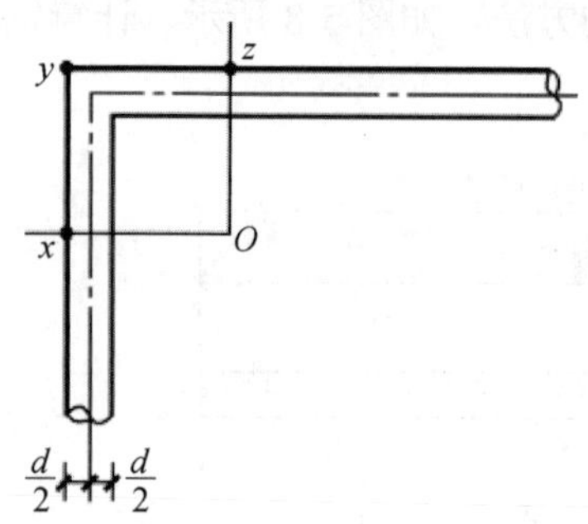

图 5-9　90° 弯折处钢筋（外皮测量）

d—钢筋直径；*xy*、*yz*—线段长度；*O*—圆心

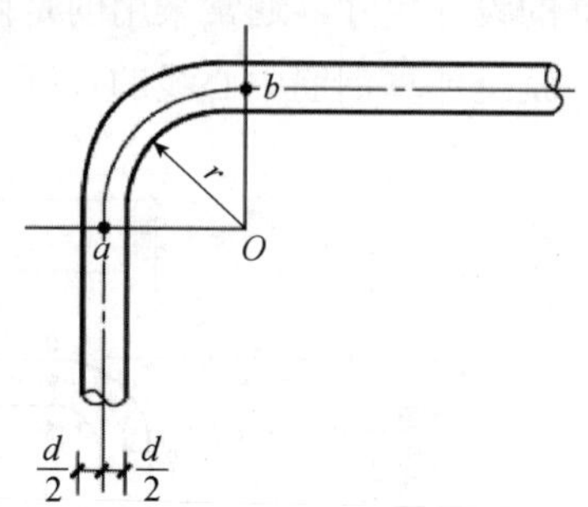

图 5-10　90° 弯曲处钢筋（中和轴测量）

d—钢筋直径；*r*—弯曲半径；*ab*—弧线；*O*—圆心

（2）内皮差值

图 5-11 所示是结构施工图上 90° 弯折处的钢筋，它是沿内皮 *xy+yz* 测量尺寸的。而图 5-12 所示弯曲处的钢筋，则是沿钢筋的中和轴弧线 *ab* 测量尺寸的。因此，折线 *xy+yz* 的长度与弧线的弧长 *ab* 之间的差值，称为“内皮差值”。*xy+yz>ab*，即 90° 内皮折线 *xy+yz* 仍然比弧线 *ab* 长。内皮差值通常用于箍筋弯曲加工下料的计算。

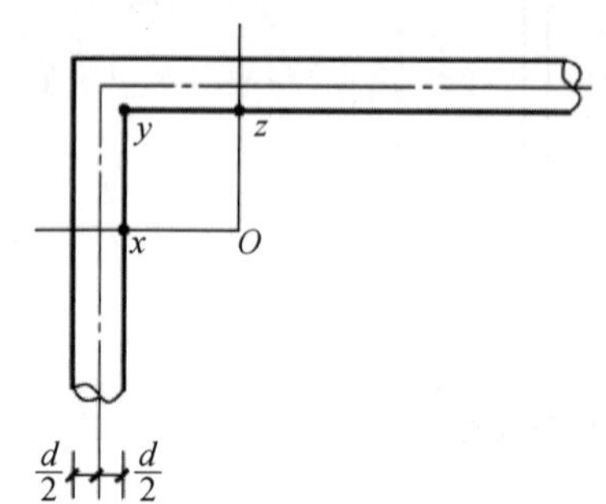

图 5-11　90° 弯折处钢筋（内皮测量）

d—钢筋直径；*xy*、*yz*—线段长度；*O*—圆心

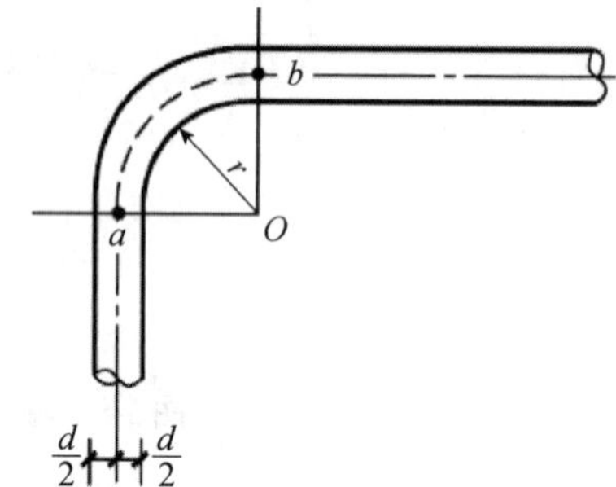

图 5-12　90° 弯曲处钢筋（中和轴测量）

d—钢筋直径；*r*—弯曲半径；*ab*—弧线；*O*—圆心

二、钢筋标注尺寸与下料尺寸的关系

钢筋在图纸中标注显示的长度与钢筋的下料长度是两个不同的概念，钢筋图示尺寸（图 5-13）是构件截面长度减去钢筋混凝土保护层后的长度；钢筋下料长度（图 5-14）应是钢筋图示尺寸减去钢筋弯曲调整值后的长度。

在实际施工中还常遇到弯折的斜筋情况，遇到有弯折的斜筋，如 30°、45°、60°、90° 斜筋，需要标注尺寸时，除了沿斜向标注其外皮尺寸外，还要把斜向尺寸当作直角三角形的斜边，而另外标注出其两个直角边的尺寸，如图 5-15 所示。

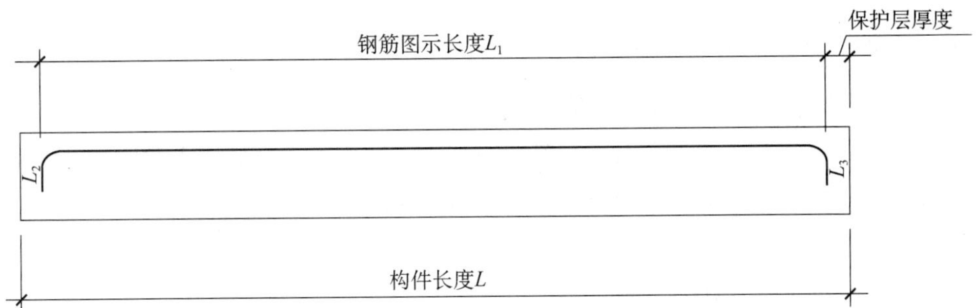

图5-13　钢筋图示尺寸示意

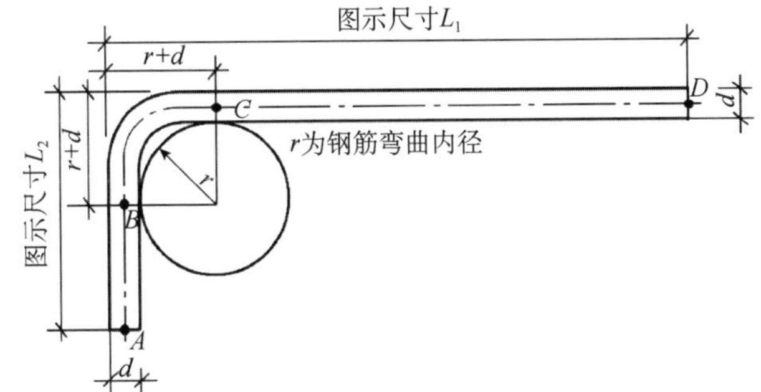

图5-14　钢筋下料长度计算示意

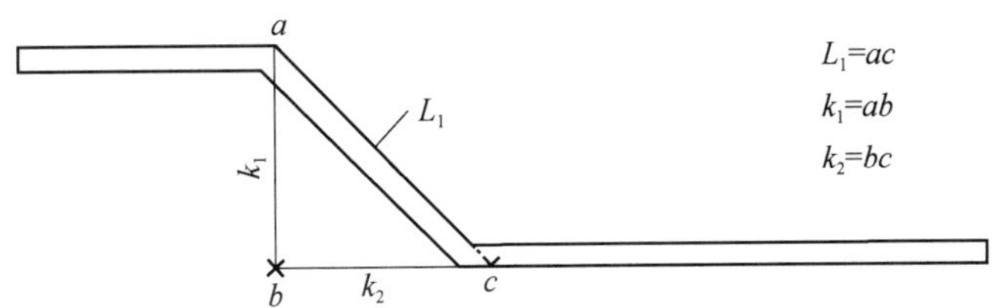

图5-15　斜筋尺寸标注示意（外皮尺寸）

k_1、k_2—两直角边尺寸；L_2—斜边尺寸；ab、bc、ac—线段长度

三、下料计算基本公式及实例

在进行下料计算前还应知道“角度基准”“加工弯曲角度”这两个概念。钢筋弯曲前的原始状态为笔直的钢筋，弯折以前为0°。这个0°的钢筋轴线，就是“角度基准”。如图5-16所示，部分弯折后的钢筋轴线与弯折以前的钢筋轴线所形成的角度即为加工弯曲角度。

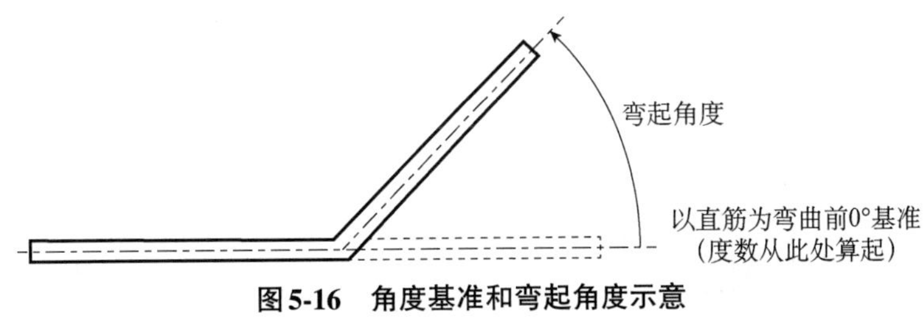

图5-16　角度基准和弯起角度示意

（一）外皮差值计算公式

（1）<90° 钢筋弯曲外皮差值计算公式

如图 5-17 所示，钢筋直径为 d；钢筋弯曲加工半径为 R。钢筋加工弯曲后，钢筋内皮 pq 间弧线，就是以 R 为半径的弧线，设钢筋弯折的角度为 α 。

自 O 点引垂线交水平钢筋外皮线于 x 点，再从 O 点引出线交倾斜钢筋外皮线与 z 点。$\angle xOz$ 等于 α 。Oy 平分 $\angle xOz$，因此 $\angle xOy$、$\angle zOy$ 均为 α/2。

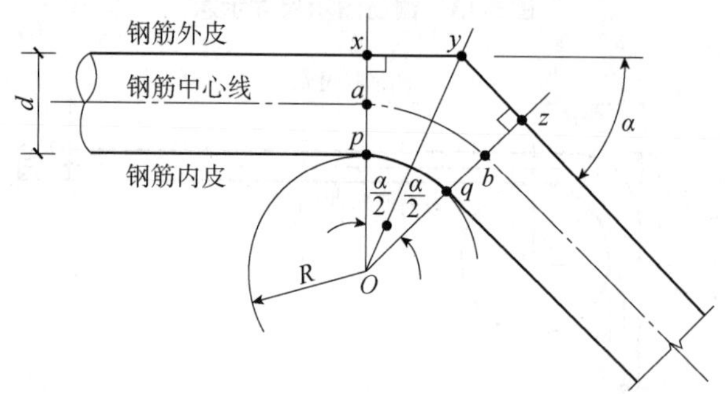

图 5-17 ≤90° 钢筋弯曲外皮差值计算示意

d—钢筋直径；R—钢筋弯曲的加工半径；α—钢筋弯折的角度；xy、yz—线段长度；ab、pq—弧线长度；O—圆心

根据以上分析，钢筋加工弯曲后，其中心线的长度是不变的，$xy+yz$ 的展开长度与弧线 ab 的展开长度之差，即为所求的差值。差值计算如下：

$$xy = yz = (R+d) \times \tan(\alpha/2)$$

$$xy + yz = 2(R+d) \times \tan(\alpha/2)$$

$$ab\text{（弧长）} = (R+d/2) \times a$$

$$xy+yz-ab\text{（弧长）} = 2 \times (R+d) \times \tan(\alpha/2) - (R+d/2) \times a \qquad (5\text{-}4)$$

式中：a 表示弧度。

以角度 α、弧度 a 和 R 为变量计算的外皮差值公式为：

$$\text{外皮差值} = 2 \times (R+d) \times \tan(\alpha/2) - (R+d/2) \times a \qquad (5\text{-}5)$$

用角度 α 换算弧度 a 的公式如下：

$$\text{弧度}(a) = \pi \times [\text{角度}(\alpha)/180°]$$

将式（5-5）中弧度换算成角度，即：

$$\text{外皮差值} = 2 \times (R+d) \times \tan(\alpha/2) - (R+d/2) \times \pi \times (\alpha/180°)$$

常用钢筋加工弯曲半径取值可参考表 5-6 的规定。

表 5-6 常用钢筋加工弯曲半径 R

钢筋用途	钢筋加工弯曲半径 R
HPB300 级箍筋、拉筋	2.5 d 且>$d/2$

续表

钢筋用途	钢筋加工弯曲半径 R
HPB300 级主筋	≥1.25 d
HRB335 级主筋	≥2 d
HRB400 级主筋	≥2.5 d
平法框架主筋直径 d ≤25mm	4 d
平法框架主筋直径 d >25mm	6 d
平法框架顶层边节点主筋直径 d ≤25 mm	6 d
平法框架顶层边节点主筋直径 d >25 mm	8 d
轻骨料混凝土结构构件 HPB300 级主筋	≥1.75 d

（2）>90° 钢筋弯曲外皮差值计算

当钢筋弯曲角度>90° 时，弯曲角度为 135° 或 180° 时，可将 135° 看作是 90° +45° ，将 180° 看作是 90° + 90° ；然后根据≤90° 外皮差值计算公式分别计算即可。

（3）算例

图 5-18 所示为钢筋表中的简图，并已知钢筋是非框架结构构件 HPB300 级主筋，直径 d =20 mm。求钢筋加工弯曲前，所需备料切下的实际长度。

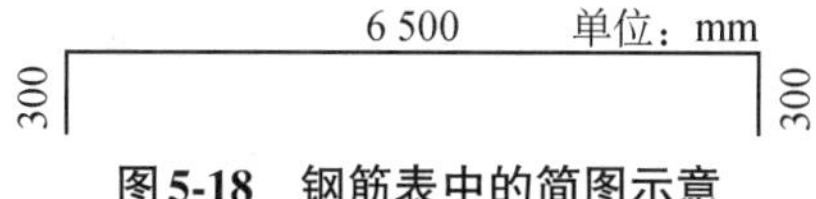

图5-18　钢筋表中的简图示意

【解】(1) 查表 5-6，可知钢筋加工弯曲半径 R=1.25 倍钢筋直径，钢筋直径根据计算公式得出 d =20 mm；

（2）如图 5-17 所示可知，α=90°

（3）计算与 α=90° 相对应的弧度值 a=π×90° /180° =1.57

（4）将 R=1.25 d、d=20 mm、角度 α=90° 和弧度 a=1.57 带入公式（1-2）中得 90° 弯钩的外皮差值=2×（1.25×20+20）×*tan*（90° /2）－（1.25×20+20/2）×1.57

=90×1−54.95

=35.05（mm）

则下料长度=6 500+300+300−2×35.05=7 029.9（mm）.

（二）内皮差值计算公式

（1）≤90° 钢筋弯曲内皮差值计算公式

≤90° 钢筋弯曲内皮差值计算，如图 5-19 所示。

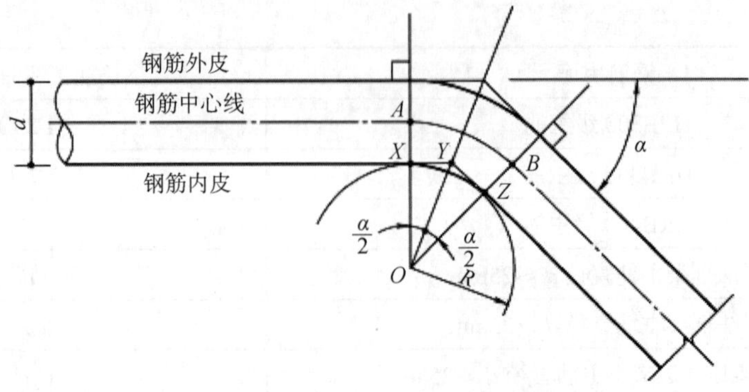

图 5-19　≤90° 钢筋弯曲内皮差值计算示意

d—钢筋直径；*R*—钢筋弯曲的加工半径；*α*—钢筋弯折的角度；*XY*、*YZ*—线段长度；*AB*—弧线长度；*O*—圆心

由图可知，折线 *XY*、*YZ* 长度：$XY=YZ=R\times tan（\alpha/2）$

两折线之和（展开长度）：$XY+YZ=2\times R\ tan（\alpha/2）$

弧线 *AB* 展开长度=$（R+2/d）\times\pi\times\alpha/180°$

则以角度 *α* 和 *R* 为变量计算内皮差值公式如下：

$$XY+YZ-AB=2\times R\ tan（\alpha/2）-（R+2/d）\times\pi\times\alpha/180°$$

（2）>90° 钢筋弯曲内皮差值计算

当钢筋弯曲角度>90° 时，如弯曲角度为 135° 或 180° 时，可将 135° 看作是 90° + 45° ，将 180° 看作是 90° + 90° ；然后根据≤90° 内皮差值计算公式分别计算即可。

（三）箍筋计算公式

（1）箍筋概念

箍筋的常用形式有 3 种，目前施工图中应用最多的是图 5-20（c）所示的形式。图 5-20（a）、（b）所示的箍筋形式多用于非抗震结构，5-20（c）所示的箍筋形式多用于平法框架抗震结构或非抗震结构。箍筋下料尺寸宜根据内皮尺寸计算。

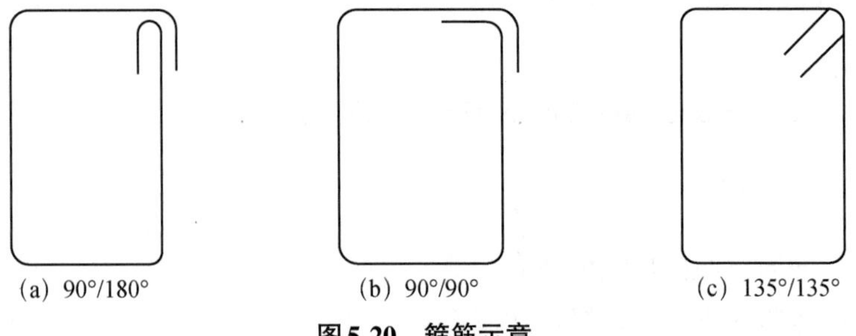

（a）90°/180°　（b）90°/90°　（c）135°/135°

图 5-20　箍筋示意

（2）根据箍筋内皮尺寸计算箍筋下料尺寸

图 5-21（a）所示是绑扎在梁柱中的箍筋（已经弯曲加工完成）。为了便于计算，可将它看作两个部分，一部分如图 5-21（b）所示，为 1 个闭合的矩形，4 个角是以 $R=2.5d$ 为半径的弯曲圆弧；另一部分如图 5-21（c）所示，有 1 个半圆，它是由 1 个半圆和 2 条相等的直线段组成。图 5-21（d）是图 5-21（c）的放大示意图。

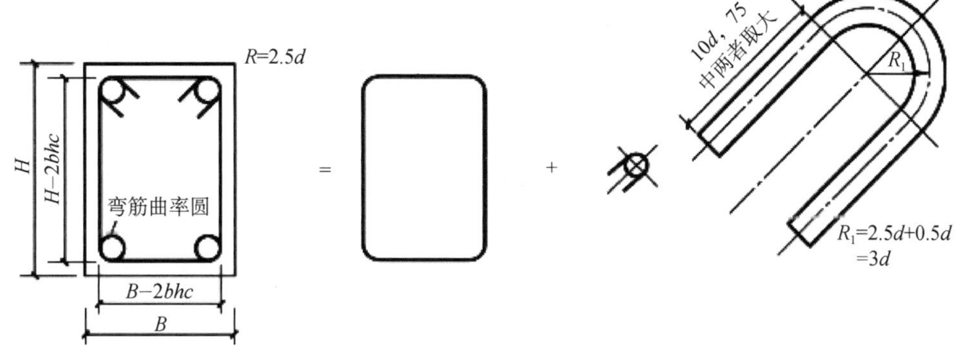

矩形箍筋已知内皮标注尺寸计算下料长度

图 5-21　箍筋下料计算示意

注：bhc—保护层厚度；R—弯曲半径；d—钢筋直径；H—梁柱截面高度；B—梁柱截面宽度；R_1—半圆半径

根据图 5-21（b）和图 5-21（c）可知，两者之和即为箍筋的下料长度。

图 5-21（b）所示是带有圆角的矩形，四边的内部尺寸减去内皮法的钢筋弯曲加工的 90° 差值，即为带圆角矩形的长度。下料长度公式如下：

$$\begin{aligned}\text{长度}&=\text{内皮尺寸}-4\times\text{差值}\\&=2(H-2bhc)+2(B-2bhc)-4\times0.288d\\&=2H+2B-8bhc-1.152d\end{aligned}$$

式中，$0.288d$，是根据内皮差值计算公式计算所得。

图 5-21（c）中的下料长度：

半圆中心线长：$3d\pi\approx9.425d$

端钩的弧线和直线段长度：

当 $10d>75$ mm 时，为 $9.425d+2\times10d=29.425d$

当 $10d<75$ mm 时，为 $9.425d+2\times75=9.425d+150$

箍筋合计下料长度：

$10d>75$ mm 时，箍筋下料长度$=2H+2B-8bhc+28.273d$

$10d<75$ mm 时，箍筋下料长度$=2H+2B-8bhc+8.273d+150$

式中 bhc 为保护层厚度，单位为 mm。

第三节　钢筋配料单

一、钢筋配料单编制步骤

（1）首先要熟悉图纸，识读构件配筋图。把结构施工图中钢筋的品种、规格，列成钢筋明细表，并读出钢筋设计尺寸，弄清每一钢筋编号的直径、规格、种类、形状和数量以及在构件中的位置和相互关系。

（2）其次是绘制钢筋简图，然后是计算每种规格钢筋的下料长度，再根据钢筋下料长度填写和编写钢筋下料单。

（3）汇总编制钢筋配料单，在配料单中，要反映出工程名称、钢筋编号、钢筋简图和尺寸、钢筋直径、数量、下料长度以及质量等。

（4）最后是填写钢筋料牌，根据钢筋配料单将每一编号的钢筋制作一块料牌作为钢筋加工的依据。

二、钢筋配料计算注意事项

配料计算时应注意：

（1）在设计图纸中，钢筋配置的细节问题没有注明时，一般可根据构造要求处理。对外形复杂的构件，应采用放 1∶1 足尺或放大样的办法用尺量钢筋长度。

（2）配料计算时要考虑钢筋的形状和尺寸，在符合设计要求的前提下要有利于加工、运输和安装。

（3）配料时，还要考虑到施工需要的附加钢筋。比如，基础双层钢筋网中保证上层钢筋网位置用的钢筋撑脚，柱钢筋骨架增加四面斜筋撑以及墙板双层钢筋网中固定钢筋间距用的钢筋撑铁等。

（4）钢筋配料计算完毕之后，应填写配料单，并经严格校核，准确无误。

三、钢筋配料单的填写

钢筋配料计算完毕，需填写钢筋配料单，作为钢筋工下料加工的依据，样表见表 5-7，实例见表 5-8。

表 5-7 钢筋配料单（样表）

构件名称及数量	钢筋编号	简图	钢号	直径/mm	下料长度/mm	单位根数	合计根数	质量/kg
	总重/kg							

注：单位根数是每一构件统一编号钢筋的根数，合计根数是一个单位工程中统一编号钢筋的根数。

表 5-8 钢筋配料单（实例）

构件名称及数量	钢筋编号	简图	钢号	直径/mm	下料长度/mm	单位根数	合计根数	质量/kg
L1 梁（共 10 根）	①	200 6 190	Φ	25	6 820	2	20	523.75
	②	6 190	Φ	12	6 340	2	20	112.6
	③	765 636 3 760	Φ	25	6 824	1	10	262.72
	④	265 636 4 760	Φ	25	6 824	1	10	262.72
	⑤	162 462	Φ	6	1 298	32	320	91.78
	总重/kg	Φ 6：91.78kg；Φ 12：112.60kg；Φ 25：1 049.19kg						

钢筋配料单在钢筋工程的施工过程中起着非常重要的作用，是提出材料计划、签发任务单和限额领料的依据，可起到节约钢筋原料与简化操作的效果，所以钢筋生产加工前需读懂下料单，合理下料，完成钢筋加工，以期实现更好的经济效益。

第六章　钢筋加工

第一节　钢筋加工工艺流程及方法

预制构件钢筋加工工艺流程为：

钢筋调直→钢筋下料→弯曲成型→钢筋连接/桁架加工（如果需要）→形成钢筋骨架。

一、钢筋的除锈和调直

（一）除锈

（1）加工方法，钢筋均应清除油污和锤打能剥落的浮皮、铁锈。大量除锈，可通过钢筋冷拉或钢筋调直机调直过程完成；少量的钢筋除锈，可采用电动除锈机或喷砂方法除锈，钢筋局部除锈可采取人工使用钢丝刷或砂轮等方法进行。

（2）注意事项及质量要求，如除锈后钢筋表面有严重的麻坑、斑点等，已伤蚀截面时应降级使用或剔除不用，带有蜂窝状锈迹的钢筋不得使用。

（二）调直

（1）加工方法，使用调直设备对盘卷钢筋进行调直，预制构件工厂常用调直机调直，如图 6-1。

图6-1　调直设备调直

（2）注意事项及质量要求。用调直机调直钢筋时，表面伤痕不应使截面面积减少 5%以上。调直后的钢筋应平直、无局部曲折。

（3）钢筋调直设备操作规程

1）料架、料槽应安装平直，并应对准导向筒，调直筒和下切孔的中心。

2）应用手转动飞轮，检查传动机构和工作装置，调整间隙，紧固螺栓，启动空运转，确认正常后方可作业。

3）应按调直钢筋直径，选用适当的调直块及传动速度。调直块的孔径应比钢筋直径大 2～5 mm，经调试合格，方可送料。

4）调直块未固定，防护罩未盖好前不得送料。作业中严禁打开各部防护罩及调整间隙。

5）当钢筋送入后，手与曳轮应保持一定的距离，不得接近。

6）送料前应将不直的钢筋端头切除，导向筒前应安装一根 1 m 长的钢管。钢筋应先穿过钢管再送入调直前端的导孔内。

7）经过调直后的钢筋如有慢弯，可加大调直块的偏移量，直到调直为止。

二、钢筋下料

（1）加工方法。使用断料设备对已调直的钢筋或直条钢筋按需要的长度进行剪切断料，加工常用钢筋剪切生产线进行全自动下料，如图 6-2 所示。

图 6-2　钢筋剪切生产线全自动下料

（2）注意事项及质量要求。应将同规格钢筋根据不同长短搭配、统筹配料；一般先断长料，后断短料，以减少短头和损耗。避免用短尺量长料，防止产生累计误差，应在工作台上标出尺寸、刻度，并设置控制断料尺寸用的挡板。切断过程中如发现劈裂或缩头严重的弯头等，必须切除。切断后，钢筋断口不得有马蹄形或起弯等现象，钢筋长度偏差应≥10 mm。

（3）钢筋剪切生产设备操作规程

机器的运行分为自动、手动和回参三种方式。

1）自动：在自动方式下，只有启动、停止按钮可以运行。急停按钮在任何时候都能起作用。要启动自动运行，必须做好相应的准备工作：

①确认系统电、气都已经满足启动条件，且系统机械部分工作正常。在第一次启动自

动运行前，最好在手动方式下，逐一试遍所有动作，如各个气缸、夹紧、所有伺服电机等。

②在系统参数画面根据所需的剪切参数（钢筋长度、数量及翻料位置）。

以上两步必须由生产管理人员完成，尤其是第二步，一旦调试设定完毕，不能轻易修改，除非机械部分调整。

③若无报警存在，按启动按钮即可启动自动运行。

④在自动运行过程中，如果发现机器异常，可以按停止按钮或急停按钮中断程序运行。系统因故障停机，在排除故障后，必须回到手动方式按复位按钮复位后才能继续启动自动运行。在自动运行过程中，如果伺服在进/输送的中间停止运行，此时没拉到位，余下的长度只能在手动方式下补足。

2）手动：将控制台上的方式选择按钮转到“手动”的位置即处于手动工作方式。控制台的几乎所有控制（操作）按钮，只能在此方式下才能作用。此方式下启动、停止按钮无效。手动方式下的按钮动作如下：所有电机启动、剪切、JOG+、JOG−、复位、出料。

3）回参：将控制台上的方式选择按钮转到“手动”的位置即处于回参工作方式。回参工作方式是专门针对伺服操作的。此时控制台上只有三个按钮起作用：伺服选择开关、JOG+和 JOG−（JOG 是指设备的点动模式，JOG+指设备正转，JOG−指设备反转）。

三、弯曲成型

（1）加工方法。将下料得到的钢筋直料弯制成配料表上要求的形状和尺寸，加工常用钢筋弯曲设备（图 6-3）和钢筋弯箍设备（图 6-4）进行全自动作业。

图6-3　钢筋弯曲设备

图6-4　钢筋弯箍设备

（2）注意事项及质量要求。第一根钢筋弯曲成型后，应与配料表进行复核，符合要求后再成批加工。成型后的钢筋要求形状正确，平面上无凹曲，弯点处无裂缝。其尺寸允许偏差值应符合表6-1的要求。

表6-1 钢筋加工的允许偏差

项目	允许偏差/mm
受力筋沿长度方向的净尺寸	±10
弯起钢筋的弯折位置	±20
箍筋外廓尺寸	±5

（3）钢筋弯曲设备操作规程

1）接通电源。

2）各单机分别试运转，并观察其运转情况。

3）在确保其无异常情况后，方可联机启动。

4）联机启动后，严禁在开机状态下身体靠近或用手触摸机器，防止挤手或其他意外。

5）操作台上的急停开关应始终处于容易控制状态，周围空间要足够大，这样有利于工作人员紧急停车，避免人身伤害及设备损坏。

6）气管路中的压缩空气的压力通过调压过滤器进行调整，调整压力应从小到大逐步调整，不可速度过快，具体操作如下：

先将转动旋钮拉起，向右旋转为调高出口压力（反之向左旋转为调低出口压力），在调节压力时，应逐步均匀地调至所需压力值。该机构的压缩空气的压力应在0.4～0.6 MPa，如气压过高可能冲击很大，对气动元器件造成不良后果，气压过低会使气动元件执行速度过慢而影响生产。同时由于过滤器的部分材质为PC（聚碳酸酯）材料，所以严禁接近或在有机溶剂环境中使用。当出口压缩空气流量明显减少时应立即更换滤芯。

（4）钢筋弯箍设备操作规程

依次打开配电箱开关、设备电柜开关、操作台系统开关、空压机电源开关、空转设备，检查各部位是否正常。

1）作业中严禁更换芯轴和变换角度以及调速等作业，亦不得加油或清除。

2）弯曲钢筋时，严禁加工超过机械规定的钢筋直径、根数及机械转速。

3）弯曲高硬度或低合金钢筋时，应按机械铭牌规定换标最大限制直径，并调换相应的芯轴。

4）严禁在弯曲钢筋的作业半径内和机身不设固定的一侧站人。弯曲好的半成品应堆放整齐，弯钩不得朝上。

5）转盘换向时，必须在停稳后进行。

6）作业完毕、清理现场、保养机械、断电锁箱。

四、钢筋连接及钢筋桁架加工

（一）钢筋连接

常用的钢筋连接方式有绑扎连接如图 6-5 所示、焊接连接如图 6-6 所示及机械连接如图 6-7 所示。

图6-5　绑扎连接

图6-6　焊接连接

图6-7　机械连接

（1）钢筋绑扎

1）钢筋绑扎用具

钢筋绑扎工具一般有：铅丝钩、小撬棒、起拱扳子、绑扎架等，具体见表 6-2。

表 6-2　钢筋绑扎工具　　单位：mm

工具名称	图示	说明
铅丝钩	(a) (d) (b) (c) 25 20 170 30 20 ϕ10 ϕ14	铅丝钩是主要的钢筋绑扎工具，是用直径 12～16 mm 、长度为 160～200 mm 圆钢制作的，根据工程需要，可在其尾部加上套管、小扳口等形式的钩子
小撬棒		小撬棒主要用来调整钢筋间距，矫直钢筋的部分弯曲，垫保护层垫块等
起拱扳子	起拱扳子 ϕ16 楼板弯起钢筋	起拱扳子是用来弯制楼板弯起钢筋的工具。楼板的弯起钢筋不是预先弯曲成型，而是待弯起钢筋和分布钢筋绑扎成网片后用起拱扳子来操作

续表

工具名称	图示	说明
绑扎架	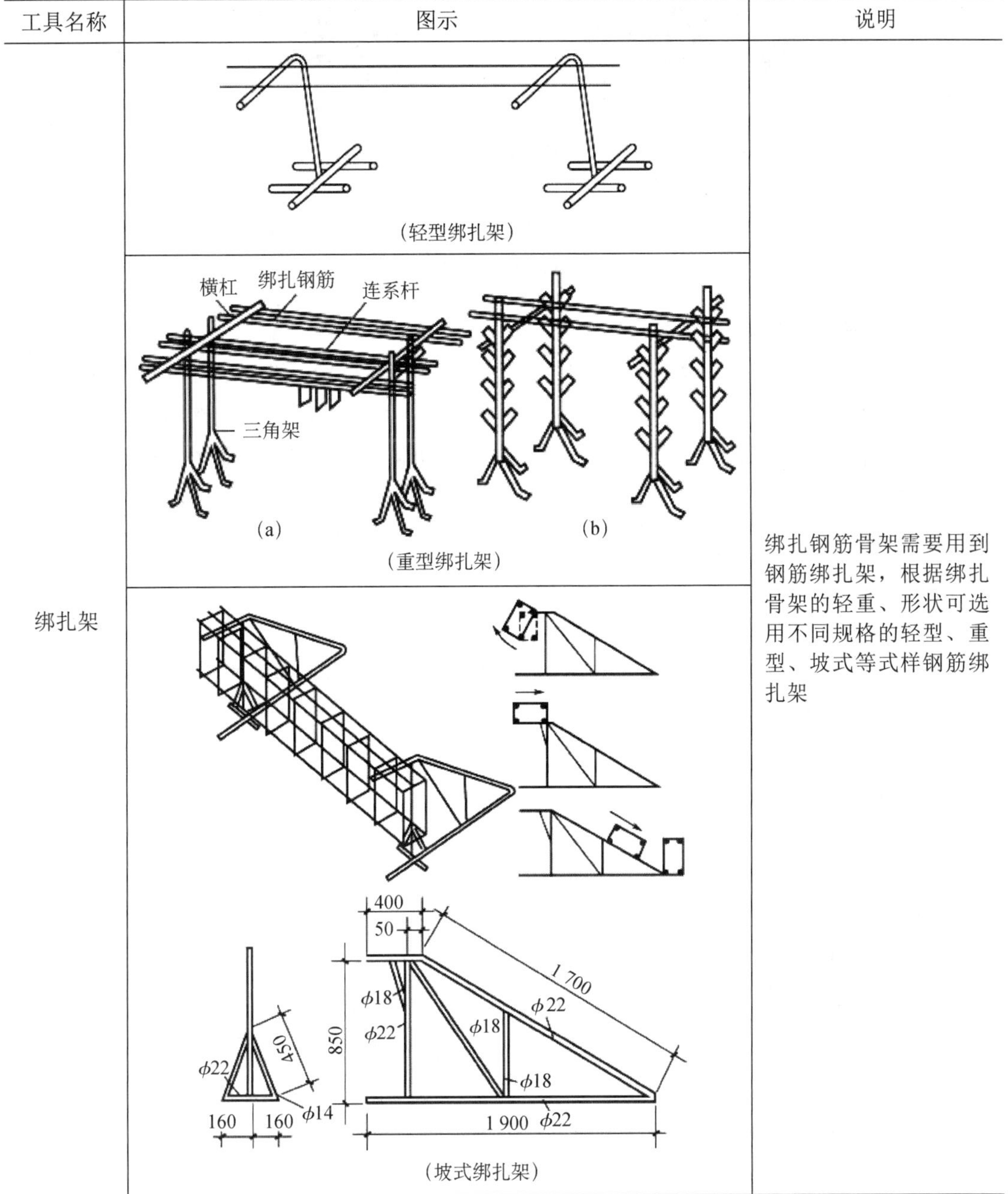 （轻型绑扎架） （重型绑扎架） （坡式绑扎架）	绑扎钢筋骨架需要用到钢筋绑扎架，根据绑扎骨架的轻重、形状可选用不同规格的轻型、重型、坡式等式样钢筋绑扎架

2）钢筋绑扎方法

绑扎钢筋是借助铅丝钩用铁线把各种单根钢筋绑扎成整体骨架或网片。绑扎钢筋的扎扣方法按稳固、顺势等操作的要求可分为若干种，其中，最常用的一种是一面顺扣绑扎方法，如图 6-8 所示。采用一面顺扣绑扎方法时，先将钢丝扣穿套钢筋交叉点，接着用钢筋钩钩住钢丝弯成圆圈的一端，旋转钢筋钩，一般旋 1.5～2.5 转即可。操作时，扎扣要短，才能少转快扎。这种方法操作简便，绑点牢靠，适用于钢筋网、骨架各个部位的绑扎。

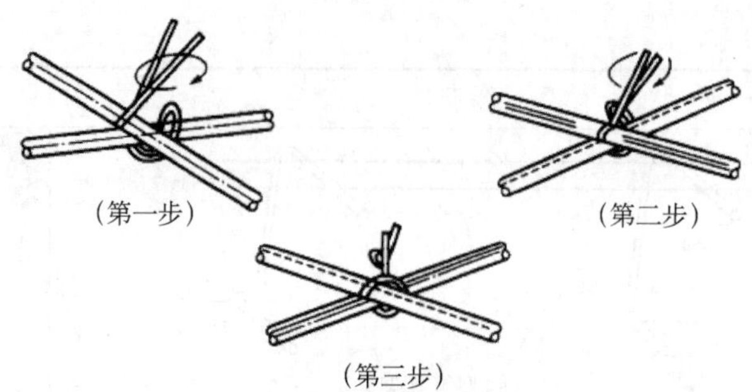

图6-8　钢筋一面顺扣绑扎法示意

3）钢筋绑扎搭接连接

同一构件中相邻纵向受力钢筋的绑扎搭接接头宜相互错开。绑扎搭接接头中钢筋的横向净距不应小于钢筋直径，且应≥25 mm。同一连接区段内，纵向受拉钢筋搭接接头面积百分率应符合设计要求；当设计无具体要求时，应符合下列规定：对梁类、板类及墙类构件应≤25%；对柱类构件应≤50%；当工程中确有必要增大接头面积百分率时，对梁类构件应≤50%，对其他构件可根据实际情况放宽。纵向受力钢筋绑扎搭接接头的最小搭接长度应符合设计要求。钢筋的绑扎搭接接头应在接头中心和两端用铁丝扎牢；墙、柱、梁的钢筋骨架中各竖向面钢筋网交叉点应全数绑扎；板上部钢筋网的交叉点应全数绑扎，底部钢筋网除边缘部分外可间隔交错绑扎；构造柱纵向钢筋宜与承重结构同步绑扎；此外还应注意梁及柱中箍筋、墙中水平分布钢筋、板中钢筋距构件边缘的起始距离宜为50 mm。

（2）钢筋焊接连接

在钢筋工程焊接施工前，参与该项工程施焊的焊工应进行现场条件下的焊接工艺试验，经试验合格后，方可进行焊接。焊接过程中，如果钢筋牌号、直径发生变更，应再次进行焊接工艺试验。工艺试验使用的材料、设备、辅料及作业条件均应与实际施工一致。

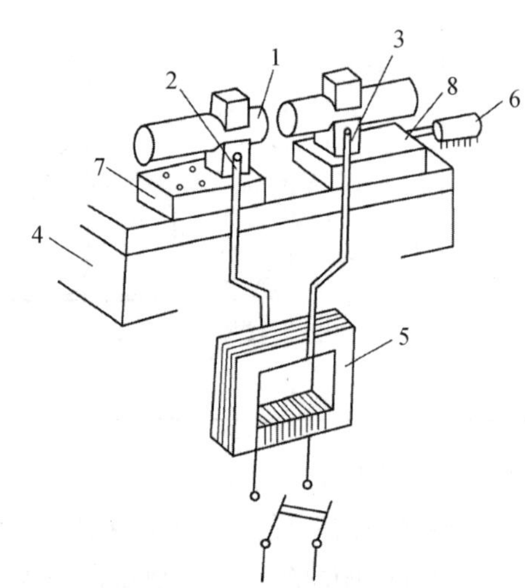

图6-9　对焊机基本构造

注：1—焊接的钢筋；2—固定电极；3—可动电极；4—机座；5—变压器；6—手动顶压机构；7—固定座板；8—动板

1）钢筋闪光对焊

钢筋闪光对焊是将两根钢筋以对接形式水平安放在对焊机上，利用电阻热使接触点金属熔化，产生强烈闪光和飞溅，迅速施加顶锻力完成的一种压焊方法。闪光对焊也可用于制作封闭环式箍筋。筋闪光对焊一般采用“连续闪光焊”、“预热闪光焊”或“闪光—预热闪光焊”工艺方法。对焊常采用对焊机，其基本构造如图6-9所示，钢筋对焊接头外形如图 6-10 所示。

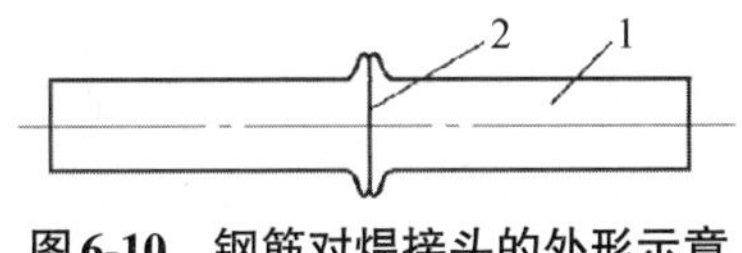

图 6-10　钢筋对焊接头的外形示意

注：1—钢筋；2—接头

①工艺选择

钢筋闪光对焊主要是根据钢筋的直径、钢筋牌号、钢筋端面平整度、焊机容量等来判断采用焊接工艺。一般，当钢筋直径较小，钢筋牌号较低，在表 6-3 规定的范围内时，可采用“连续闪光焊”；当钢筋直径超过表 6-3 规定的范围时，且钢筋端面较平整，宜采用“预热闪光焊”；当钢筋直径超过表 6-3 规定的范围时，且钢筋端面不平整，应采用“闪光—预热闪光焊”。

表 6-3　钢筋绑扎工具

焊机容量/kVA	钢筋牌号	钢筋直径/mm
160 （150）	HPB300 HRB335　HRBF335 HRB400　HRBF400	22 22 20
100	HPB300 HRB335　HRBF335 HRB400　HRBF400	20 20 18
80 （75）	HPB300 HRB335　HRBF335 HRB400　HRBF400	16 14 12

②工艺过程

连续闪光焊工艺过程包括：连续闪光和顶锻过程。施焊时先闭合一次电路，使两根钢筋端面轻微接触，促使钢筋间隙产生闪光，接着徐徐移动钢筋，使两钢筋端面仍保持轻微接触，形成连续闪光过程。当闪光达到一定程度后（烧平端面，闪掉杂质，热至熔化），就以一定的压力迅速进行顶锻。先带电顶锻，再无电顶锻到一定长度，焊接接头即告完成。

预热闪光焊工艺过程包括：预热、闪光和顶锻的过程。施焊时先闭合电源，然后使两根钢筋端面交替地轻微接触和分开，此时钢筋端面间隙处即发出断续闪光，形成预热的过程。当钢筋达到预热温度后进入闪光阶段，随即顶锻而成。

闪光—预热闪光焊工艺过程包括：一次闪光、预热；二次闪光及顶锻过程。施焊时，首先一次闪光，使钢筋端部闪平，然后预热；再将两根钢筋端面交替地轻微接触和分开，使其间隙发生断续闪光来实现预热的过程；二次闪光与顶锻过程同连续闪光焊。

③操作要点

进行闪光对焊前，应注意调伸长度、烧化留量、顶锻留量以及变压器级数等焊接参数的选择。进行闪光对焊时应牢记预热要充分、顶锻前瞬间闪光要强烈、顶锻快而有力的操作要领。

调伸长度的选择：应随着钢筋牌号的提高和钢筋直径的加大而增长，主要是减缓接头的温度梯度，防止热影响区产生淬硬组织；当焊接 HRB400、HRBF400 等牌号钢筋时，调伸长度宜在 40～60 mm 选用。

烧化留量的选择：应根据焊接工艺方法确定。当连续闪光焊时，闪光过程应较长；烧化留量应等于两根钢筋在断料时切断机刀口严重压伤部分（包括端面的不平整度），再加 8～10 mm；当闪光—预热闪光焊时，应区分一次烧化留量和二次烧化留量。一次烧化留量应≥10 mm，二次烧化留量应≥6 mm。

顶锻留量应为 3～7 mm，并应随钢筋直径的增大和钢筋牌号的提高而增加。其中，有电顶锻留量约占 1/3，无电顶锻留量约占 2/3，焊接时必须控制得当。焊接 HRB500 钢筋时，顶锻留量宜稍微增大，以确保焊接质量。

变压器级数的选择：要根据钢筋牌号、直径、焊机容量以及不同的工艺方法来确定核实的变压器级数。当变压器级数和次级电压过低，焊接电流小，就会使闪光困难，加热不足，更不能利用闪光保护焊口免受氧化；相反，如果变压器级数太高，闪光过强，也会使大量热量被金属微粒带走，钢筋端部温度升不上去。

2）钢筋电阻点焊

钢筋电阻点焊是将两根钢筋安放成交叉叠接形式，压紧于两电极之间，利用电阻热熔化母材金属，加压形成焊点的一种压焊方法。

电阻点焊的工艺过程包括：预压、通电、锻压三个阶段。

进行电阻点焊时，焊点压入深度应为较小钢筋直径的 18%～25%，如焊点压入深度过小，不能保证焊点的抗剪力；压入深度过大，对于冷轧带肋钢筋或冷拔低碳钢丝，会影响主筋的抗拉强度。焊接时应保持电极与钢筋之间接触面的清洁平整，当电极使用变形时，应及时修正。

电阻点焊的工艺参数应根据钢筋牌号、直径及焊机性能等具体情况，选择变压器级数、焊接通电时间和电极压力。在焊接生产中，准确调整好各个电极之间的距离，要经常检查各个焊点的焊接电流和焊接通电时间；特别是采用钢筋焊接网成型机组，配置多个焊接变压器，更要认真安装、调试和操作，以确保各焊点质量。当采用常用 DN3-75 型气压式点焊机焊接 HPB300 钢筋或 CDW550 钢丝时，焊接通电时间应符合表 6-4 的规定，电极压力应符合表 6-5 的规定。

表 6-4　焊接通电时间　　单位：s

变压器级数	较小钢筋直径/mm						
	4	5	6	8	10	12	14
1	1.10	0.12	—	—	—	—	—
2	0.08	0.07	—	—	—	—	—

续表

变压器级数	较小钢筋直径/mm						
	4	5	6	8	10	12	14
3	—	—	0.22	0.70	1.50	—	—
4	—	—	0.20	0.60	1.25	2.50	4.00
5	—	—	—	0.50	1.00	2.00	3.50
6	—	—	—	0.40	0.75	1.50	3.00
7	—	—	—	—	0.50	1.20	2.50

注：点焊 HRB335、HRBF335、HRB400、HRBF400、HRB500、HRBF500 或 CRB550 钢筋时，焊接通电时间可延长 20%～25%。

表 6-5　电极压力

单位：N

较小钢筋直径/mm	HPB300	HRB335　HRBF335 HRB400　HRBF400 HRB500　HRBF500 CRB550　CDW550
4	980～1 470	1 470～1 960
5	1 470～1 960	1 960～2 450
6	1 960～2 450	2 450～2 940
8	2 450～2 940	2 940～3 430
10	2 940～3 920	3 430～3 920
12	3 430～4 410	4 410～4 900
14	3 920～4 900	4 900～5 880

3）钢筋电弧焊

钢筋电弧焊是以焊条作为一极、钢筋作为另一极，利用焊接电流通过产生的电弧热进行焊接的一种熔焊方法。钢筋电弧焊包括帮条焊、搭接焊、坡口焊、窄间隙焊和熔槽帮条焊 5 种接头型式，可采用焊条电弧焊或二氧化碳气体保护电弧焊两种工艺方法。帮条焊时，宜采用双面焊；当不能进行双面焊时，可采用单面焊，帮条长度应符合表 6-6 的规定。当帮条焊牌号与主筋相同时，帮条直径可与主筋相同或小一个规格；当帮条焊直径与主筋相同时，帮条牌号可与主筋相同或低一个牌号等级。搭接焊时，宜采用双面焊。当不能进行双面焊时，可采用单面焊，搭接长度需满足表 6-6 的要求。

表 6-6　钢筋帮条长度

钢筋牌号	焊缝形式	帮条长度
HPB300	单面焊	≥8 *d*
	双面焊	≥4 *d*
HRB335　HRBF335 HRB400　HRBF400 HRB500　HRBF500　RRB400W	单面焊	≥10 *d*
	双面焊	≥5 *d*

注：*d* 为主筋直径/mm。

当采用帮条焊或搭接焊时，钢筋的装配和焊接应符合下列规定：

①帮条焊时，两主筋端面的间隙应为 2～5 mm。

②搭接焊时，焊接端钢筋宜预弯，并应使两钢筋的轴线在同一直线上。

③帮条焊时，帮条与主筋之间应用四点定位焊固定；搭接焊时，应用两点固定；定位焊缝与帮条端部或搭接端部的距离应≥20 mm。

④焊接时，应在帮条焊或搭接焊形成焊缝中引弧；在端头收弧前应填满弧坑，并应使主焊缝与定位焊缝的始端和终端熔合。

当采用坡口焊时，其准备工作和焊接工艺应符合下列规定：

①坡口面应平顺，切口边缘不得有裂纹、钝边和缺棱。

②坡口角度应在规定范围内选用。

③钢垫板厚度宜为 4～6 mm，长度宜为 40～60 mm；平焊时，垫板宽度应为钢筋直径加 10 mm；立焊时，垫板宽度宜等于钢筋直径。

④焊缝的宽度应大于 V 形坡口的边缘 2～3 mm，焊缝余高应为 2～4 mm，并平缓过渡至钢筋表面。

⑤钢筋与钢垫板之间，应加焊 2～3 层侧面焊缝。

⑥当发现接头中有弧坑、气孔及咬边等缺陷时，应立即补焊。

窄间隙焊一般应用于直径为 16 mm 及以上钢筋的现场水平连接。焊接时，钢筋端部应置于铜模中，并应留出一定间隙，连续焊接，熔化钢筋端面，使熔敷金属填充间隙并形成接头；其焊接工艺应符合下列规定：

①钢筋端面应平整。

②宜选用低氢型焊接材料。

③从焊缝根部引弧后应连续进行焊接，左右来回运弧，在钢筋端面处电弧应少许停留，并使熔合。

④当焊至端面间隙的 4/5 高度后，焊缝逐渐扩宽；当熔池过大时，应改连续焊为断续焊，避免过热。

⑤焊缝余高应为 2～4 mm，且应平缓过渡至钢筋表面。

熔槽帮条焊一般应用于直径为 20 mm 及以上钢筋的现场安装焊接。焊接时应加角钢作垫板模。其接头形式、角钢尺寸和焊接工艺应符合下列规定：

①角钢边长宜为 40～70 mm。

②钢筋端头应加工平整。

③从接缝处垫板引弧后应连续施焊，并应使钢筋端部熔合，防止未焊透、气孔或夹渣。

④焊接过程中应及时停焊清渣；焊平后，再进行焊缝余高的焊接，其高度应为 2～4 mm。

⑤钢筋与角钢垫板之间，应加焊侧面焊缝 1～3 层，焊缝应饱满，表面应平整。

4）钢筋电渣压力焊

钢筋电渣压力焊只使用于柱、墙等构件中竖向受力钢筋的连接，将两根钢筋安放成竖向或斜向（斜向度在 4∶1 的范围内）对接形式，利用焊接电流通过两根钢筋端面间隙，在焊剂层下形成电弧过程和电渣过程，产生电弧热和电阻热，熔化钢筋，加压完成的一种压焊方法。电渣压力焊适用于 φ12～32 的 HPB300、HRB335、HRB400、HRB500、HRBF335、HRBF400、HRBF500 钢筋。钢筋电渣压力焊应用于柱、墙、构筑物等现浇混凝土结构中竖向受力钢筋连接；不得在竖向焊接后横置于梁、板等构件中作水平钢筋使用。电渣压力焊有杠杆式和丝杠传动式等，如图 6-11 和图 6-12 所示。

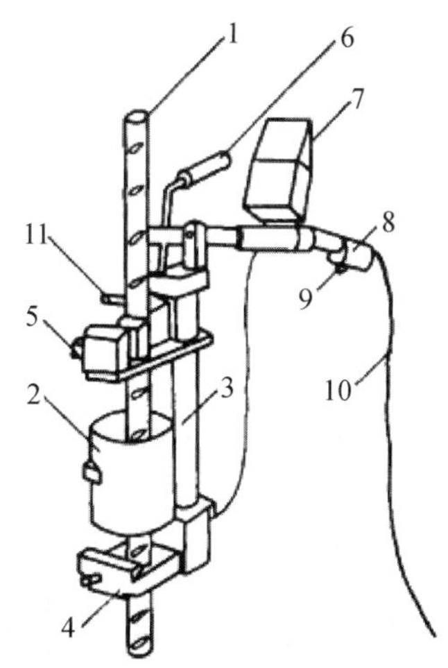

图6-11　杠杆式单柱焊接机头

注：1—钢筋；2—焊剂盒；3—单导柱；4—固定夹头；5—活动夹；6—手柄；7—监控仪表；8—操作把；9—开关；10—控制电缆；11—电缆插座

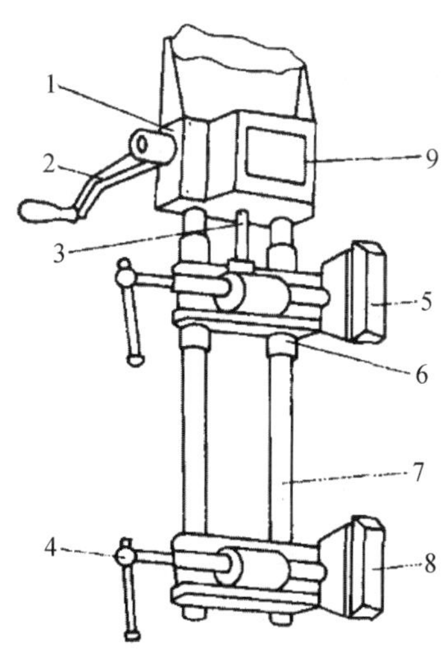

图6-12　丝杆传动式双柱焊接机头

注：1—伞形齿轮箱；2—手柄；3—升降丝杆；4—夹紧装置；5—上夹头；6—导管；7—双导柱；8—下夹头；9—操作盒

钢筋电渣压力焊工艺过程应符合下列规定：

①焊接夹具的上下钳口应夹紧于上、下钢筋上；钢筋一经夹紧不得晃动，且两钢筋应同心。

②引弧可采用直接引弧法或铁丝圈（焊条芯）间接引弧法。

③引燃电弧后，应先进行电弧过程，然后，加快上送下压钢筋的速度，使上钢筋端面插入液态渣池约 2 mm，转变为电渣过程，最后在断电的同时，迅速下压上钢筋，挤出熔化金属和熔渣。

④接头焊毕，应稍作停歇，方可回收焊剂和卸下焊接夹具；敲去渣壳后，四周焊包凸出钢筋表面的高度，当钢筋直径为 25 mm 及以下时应≥4 mm；当钢筋直径为 28 mm 及以上时应≥6 mm。

（3）钢筋机械连接

钢筋机械连接是通过钢筋与连接件或其他介入材料的机械咬合作用或钢筋端面的承

压作用，将一根钢筋中的力传递至另一根钢筋的连接方法。现场常用的钢筋接头有直螺纹钢筋接头和锥螺纹接头，常用的连接形式有钢筋套筒挤压连接、钢筋锥螺纹套筒连接、钢筋镦粗直螺纹套筒连接和钢筋滚压直螺纹套筒连接。

1）钢筋机械连接形式

①钢筋套筒挤压连接

钢筋套筒挤压连接是将两根待接钢筋插入钢套筒，用挤压连接设备沿径向挤压钢套筒，使之产生塑性变形，依靠变形后的钢套筒与被连接钢筋纵、横肋产生的机械咬合后成为整体的钢筋连接方法，如图 6-13 所示。

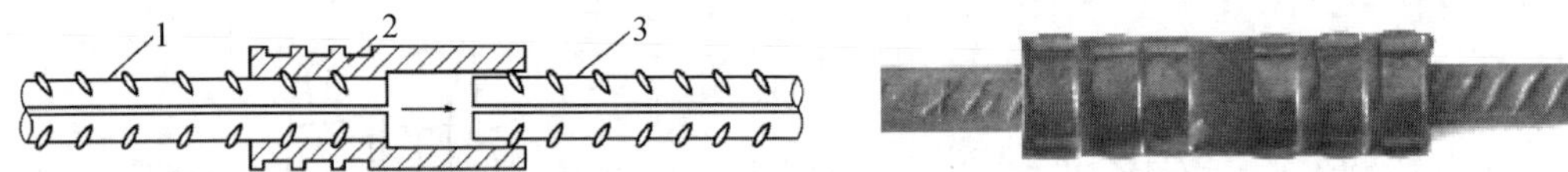

图6-13　钢筋套筒挤压连接示意

注：1—已挤压的钢筋；2—钢套筒；3—未挤压的钢筋

②钢筋锥螺纹套筒连接

钢筋锥螺纹套筒连接是将两根待接钢筋端头用套丝机做出锥形外丝，然后用带锥形内丝的套筒将钢筋两端拧紧的钢筋的连接方法。锥螺纹套筒连接适用于直径 16～40 mm 的 HPB300～HRB400 级同径或异径的钢筋连接，如图 6-14 所示。

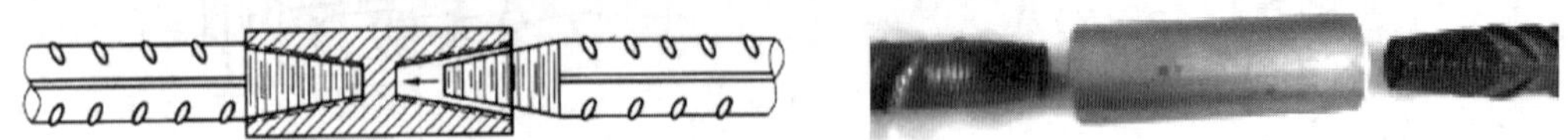

图6-14　钢筋锥螺纹套筒连接示意

③钢筋镦粗直螺纹套筒连接

钢筋墩粗直螺纹套筒连接是先将钢筋端头镦粗，再切削成直螺纹，然后用带直螺纹的套筒将钢筋两端拧紧的钢筋连接方法。

④钢筋滚压直螺纹套筒连接

钢筋滚压直螺纹套筒连接（图 6-15）是利用金属材料塑性变形后冷作硬化增强金属材料强度的特性，使接头与母材等强的连接方法。根据滚压直螺纹成型方式，又可分为直接滚压螺纹、压肋滚压螺纹、剥肋滚压螺纹三种类型。

图6-15　钢筋滚压直螺纹套筒连接

2）钢筋丝头加工要求

直螺纹钢筋丝头加工应符合下列规定：

①钢筋端部应采用带锯、砂轮锯或带圆弧形刀片的专用钢筋切断机切平。

②镦粗头不应有与钢筋轴线相垂直的横向裂纹。

③钢筋丝头长度应满足产品设计要求，极限偏差应为 0 p～2.0 p。

④钢筋丝头宜满足 6f 级精度要求，应采用专用直螺纹量规检验，通规应能顺利旋入并达到要求的拧入长度，止规旋入不得超过 3 p。各规格的自检数量应≥10%，检验合格率应≥95%。

锥螺纹钢筋丝头加工应符合下列规定：

①钢筋端部不得有影响螺纹加工的局部弯曲。

②钢筋丝头长度应满足产品设计要求，拧紧后的钢筋丝头不得相互接触，丝头加工长度极限偏差应为−0.5 p～−1.5 p。

③钢筋丝头的锥度和螺距应采用专用锥螺纹量规检验；各规格丝头的自检数量应≥10%，检验合格率应≥95%。

3）接头安装要求

①直螺纹接头安装时可用管钳扳手拧紧，钢筋丝头应在套筒中央位置相互顶紧，标准型、正反丝型、异径型接头安装后的单侧外露螺纹不宜超过 2 p；对无法对顶的其他直螺纹接头，应附加锁紧螺母、顶紧凸台等措施紧固。接头安装后应用扭力扳手校核拧紧扭矩，最小拧紧扭矩值应符合表 6-7 的要求。

表 6-7 直螺纹接头安装时最小拧紧扭矩值

钢筋直径/mm	≤16	18～20	22～25	28～32	36～40	50
拧紧扭矩/N·m	100	200	260	320	360	460

②锥螺纹接头安装时应严格保证钢筋与连接件的规格相一致，应用扭力扳手拧紧，拧紧扭矩值应满足表 6-8 的要求。现场校核用的扭力扳手与安装用的扭力扳手应区分使用，校核用的扭力扳手应每年校核 1 次，准确度级别不应低于 5 级。

表 6-8 锥螺纹接头安装时拧紧扭矩值

钢筋直径/mm	≤16	18～20	22～25	28～32	36～40	50
拧紧扭矩/N·m	100	180	240	300	360	460

③套筒挤压接头安装时，钢筋端部不得有局部弯曲，不得有严重锈蚀和附着物。钢筋端部应有挤压套筒后可检查钢筋插入深度的明显标记，钢筋端头离套筒长度中点不宜超过 10 mm。应从套筒中央开始，依次向两端挤压，挤压后的压痕直径或套筒长度的波动范围应用专用量规检验；压痕处套筒外径应为原套筒外径的 0.80～0.90 倍，挤压后套筒长度应为原套筒长度的 1.10～1.15 倍。挤压后的套筒不应有可见裂纹。

（二）钢筋桁架加工

钢筋桁架是以钢筋为上弦、下弦及腹杆，通过电阻点焊连接而成的桁架，如图 6-16 所示。

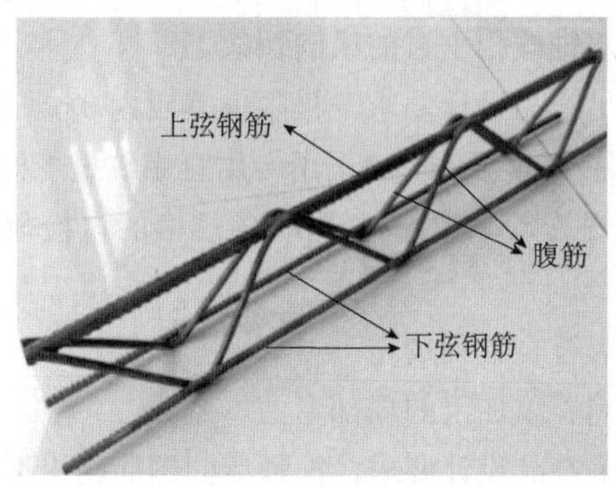

图 6-16　钢筋桁架

（1）加工方法。加工常用桁架成型设备进行全自动作业，如图 6-17 所示。

图 6-17　桁架成型

（2）桁架成型设备操作规程

机器的运行分为自动、手动和回参三种方式。

1）自动：在自动方式下，只有启动、停止按钮可以动作。当然急停按钮是什么时候都能起作用的。要启动自动运行，必须做好相应的准备工作：

①确认系统水、电、气都已经满足启动条件，且系统机械部分工作正常。在第一次启动自动运行前，最好在手动方式下，逐一试遍所有动作，如各个气缸、电极、两台伺服等。

②在系统参数画面根据现场调试结果，设置好时间参数和伺服参数。

③在焊接控制器上，设置好所需的焊接参数。

以上步骤必须由生产管理人员完成，尤其是第②步，一旦调试设定完毕，除非需要机械部分调整，否则不能轻易修改。

④若无报警存在，按启动按钮即可启动自动运行。

⑤在自动运行过程中，如果发现机器异常，可以按停止按钮或急停按钮中断程序运行。系统因故障停机，在排除故障后，必须回到手动方式下，按复位按钮复位，然后才能继续启动自动运行。在自动运行过程中，如果伺服在步进/输送的中间停止运行，此时没拉到位，余下的长度只能在手动或回参方式下，以单步或手动的方式人为补足。

⑥不得擅自更改或变更桁架成型机的工作程序。

⑦变频器、伺服控制器的参数在成型机出厂前已经设定好，除专业人员外其他人不得私自修改。

⑧报警列表画面显示当前错误，当有故障时，三角框内的绿色 OK 就变成红色的 OFF，当按下操作台上的复位按钮，故障消除后又变成绿色的 OK。

2）手动：将控制台上的方式选择按钮转到“手动”的位置即处于手动工作方式。控制台的几乎所有控制（操作）按钮，只能在此方式下才能作用。此方式下启动、停止按钮无效。手动方式下的按钮动作如下：

步进夹紧、步退夹紧、上压紧、下压紧、电极、焊接、剪切、JOG+、JOG−、复位、成品输送夹紧、折弯前进、折弯后退、托盘上升、托盘下降、推网前进、推网后退、开料。

3）回参：将控制台上的方式选择按钮转到“0”的位置即处于回参工作方式。回参工作方式是专门针对伺服操作的。此时控制台上只有三个按钮起作用：伺服选择开关、JOG+和 JOG−。

五、形成钢筋骨架

将下料得到的钢筋直料和经过弯曲成型制成的钢筋半成品按配筋图的要求组合后进行绑扎或焊接，形成钢筋骨架，常见的钢筋骨架有焊接形成的钢筋网片骨架（图 6-18）和绑扎形成的钢筋骨架（图 6-19）。加工厂常用钢筋网成型机进行自动化作业（图 6-20）。

图6-18　焊接形成的钢筋网片骨架

图6-19　绑扎形成的钢筋骨架

图6-20　钢筋网成型机

第二节　钢筋成品保护及编码

一、钢筋成品保护

（一）成品钢筋堆放

（1）应对已加工的单件成型钢筋按结构部位或者作业流水段所用钢筋组配后分类捆扎存放。对已加工的组合成型钢筋应进行分类存放，并采取防变形措施。

（2）成型钢筋在加工场区的存放应符合下列规定：

1）成型钢筋应堆放整齐，应具有防止受潮、锈蚀、污染和受压变形的措施。

2）同一工程中同类型构件的成型钢筋制品应按施工先后顺序和规格分类摆放整齐。

3）成型钢筋制品不宜露天存放，当只能露天存放时，宜选择平坦、坚实的场地，并采取措施防止锈蚀、碾压和污染。

（二）成品运输

（1）搬运或者吊装成型钢筋时，应提前检查作业区域附近是否有障碍物、架空电线和其他临时电气设备，防止钢筋在回转时碰撞电线或发生触电事故。

（2）起吊成型钢筋时下方严禁站人，起吊细长的成型钢筋时严禁一点吊装。

（3）成型钢筋运送应符合下列规定：

1）成型钢筋配送车辆应符合车辆运输管理的有关规定，应满足成型钢筋制品外形尺寸和额定载重量的要求，当发生超长、超宽的特殊情况时应办理有关运输手续。

2）成型钢筋装卸应考虑车体平衡，运送应按配送计划装车运送，运输时应采取绑扎固定措施。多个部位混装运送时应采取较易区分的分离隔开措施。

3）运送成型钢筋小件（边长≤200 mm 的箍筋、拉筋等）时，应采用具有底板和四边侧板的吊篮装车。小件堆放高度不应超出吊篮的四边侧板高度。

（4）防止成型钢筋料牌在装车和运送过程中掉落。

二、成型钢筋编码

（一）单件成型钢筋编码

（1）单件成型钢筋编码由形状代码、端头特性、钢筋牌号、钢筋公称直径、钢筋下料长度组成，如图 6-21 所示。

示例：2010 型，两端需要接头 T2，钢筋牌号 HRB400，钢筋公称直径为 22 mm，钢筋下料长度为 2 000 mm 的单件成型钢筋制品，标记为：2010T2HRB400/22−2000。

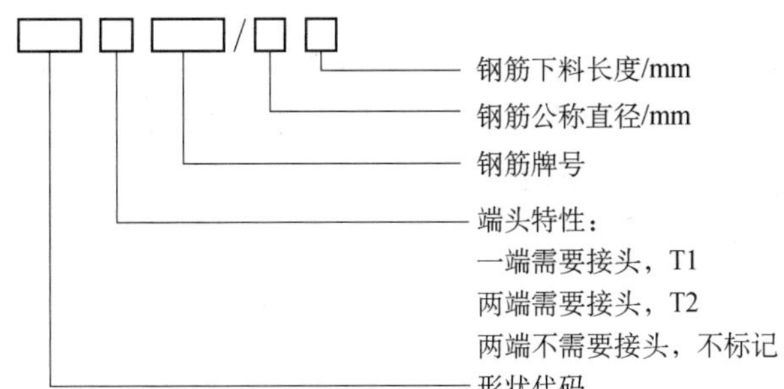

图6-21　钢筋编码示意

（2）单件成型钢筋制品的形状代码的格式和内容见表6-9。

表6-9　单件成型钢筋制品形状及代码

形状代码	形状示意图	形状代码	形状示意图
0000		1000	
1010		1020	
1030		2010	
2011		2020	
2021		2030	
2031		2040	
2041		2050	
2060		3010	
3011		3012	
3013		3020	
3021		3022	
3030		3031	
4010		4011	
4012		4013	
4020		4021	

续表

形状代码	形状示意图	形状代码	形状示意图
4030	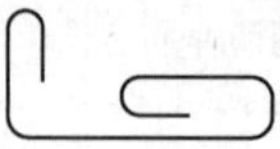	4031	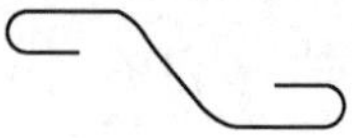
4040	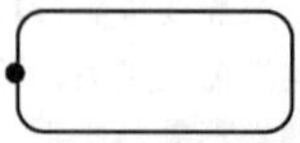	5010	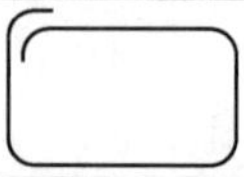
5011	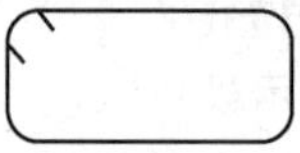	5012	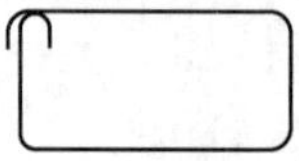
5013	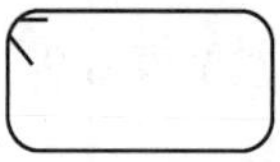	5020	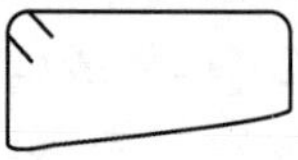
5021	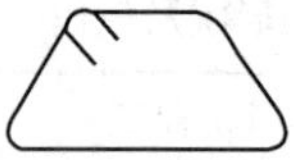	5022	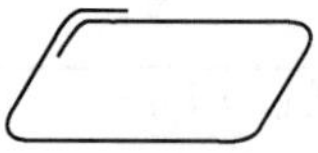
5023		5024	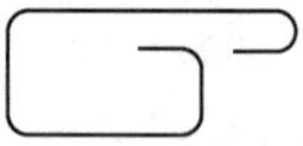
5025	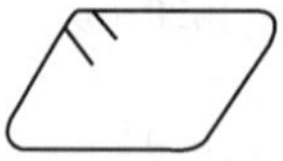	5026	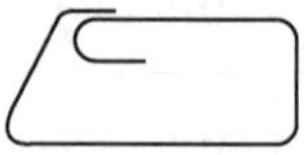
5030		5031	
5032		5033	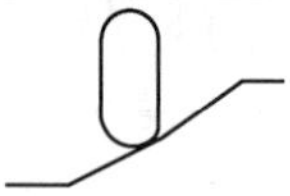
6010	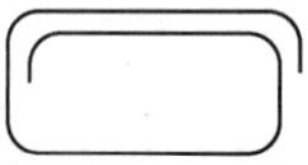	6011	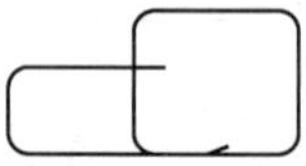
6012	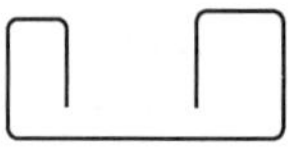	6013	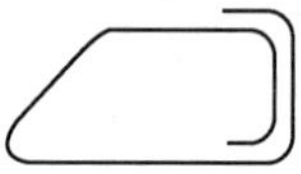
6020	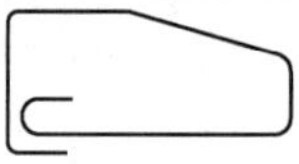	6021	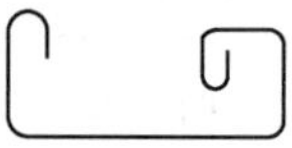
6022		6023	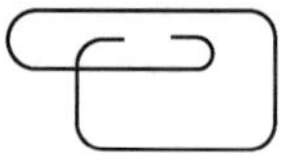
7010	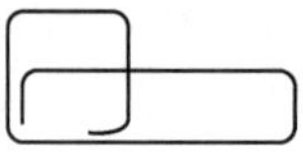	7011	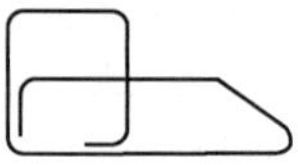
7012	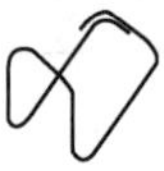	8010	
8020	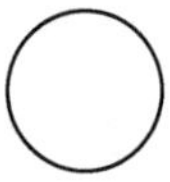	8021	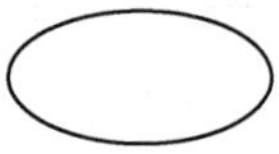

续表

形状代码	形状示意图	形状代码	形状示意图
8030		8031	
8040		8041	
8050		8051	

注：形状代码第 1 位数字代表单件成型钢筋制品的弯折次数（不含端头弯钩）。其中 8 代表圆弧状或螺旋状连续弯曲；第 2 位数字代表单件成型钢筋制品端头弯钩特征：0-无弯钩、1-一端弯钩、2-两端弯钩；第 3 位、第 4 位数字代表单件成型钢筋制品的形状。当出现表中未列出的图样时，由生产者根据以上规则自行定义。

（二）组合成型钢筋编码

（1）钢筋焊接网标记应符合现行国家标准《钢筋混凝土用钢　第 3 部分：钢筋焊接网》（GB/T 1499.3）的有关规定。其他组合成型钢筋制品标记由形状代码、最大直径或对角线尺寸、最大长度、设计构件编号组成。如图 6-22 所示。

示例：ZGY100 型，最大直径为 1 500 mm，最大长度为 16 000 mm，设计构件编号为 123456 的组合成型钢筋制品，标记为：ZGY100/1500−16000−123456。

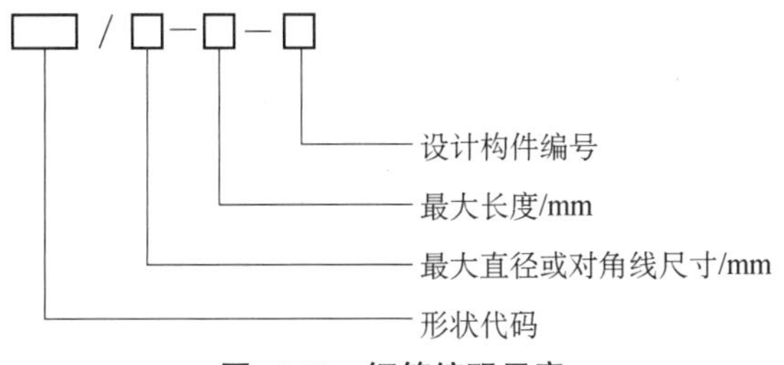

图 6-22　钢筋编码示意

（2）组合成型钢筋制品的形状代码的格式和内容见表 6-10。

表 6-10　合成型钢筋制品形状及代码

形状代码	形状示意图	形状代码	形状示意图
ZGY100		ZGF210	
ZGY200		ZGD100	
ZGJ100		ZGD200	

续表

形状代码	形状示意图	形状代码	形状示意图
ZGF100	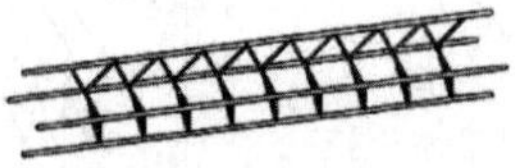	ZGT100	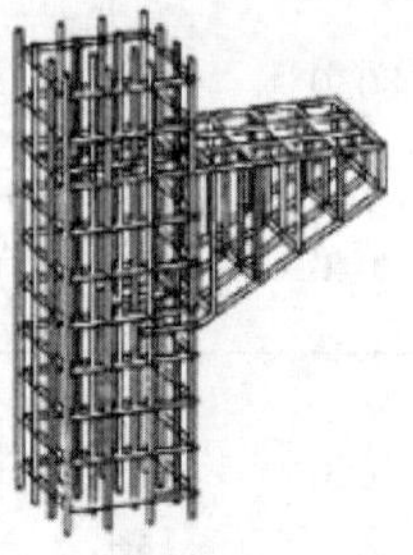
ZGF110	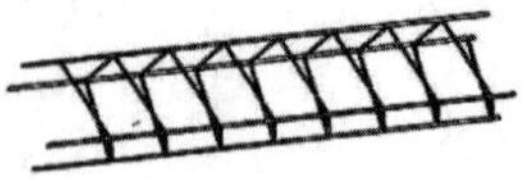	ZGT200	
ZGF200	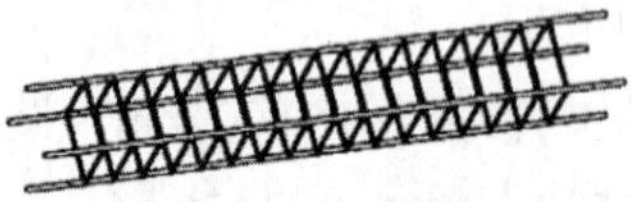	Z××###	所有其他组合成型钢筋制品形状代码

注：本表中形状代码前 2 位大写英文字母 ZG 代表组合成型钢筋，第 3 位大写英文字母 Y 代表圆形、J 代表桁架形、F 代表方形、D 代表多边形、T 代表承台形，第 4 位到第六位阿拉伯数字代表不同规格形状。当出现本表中列出的规格形状时，由生产者自行定义。其中 Z 代表组合，××两位为大写英文字母，代表组合钢筋形状特征，第 4 位到第 6 位为阿拉伯数字，代表规格大小。

第七章　钢筋工程质量检查与验收

第一节　钢筋材料质量检查与验收

一、检验要求

1）钢筋进厂时，加工配送企业应检查钢筋生产和销售单位的资质，以及进厂钢筋产品质量证明，严禁使用无证产品。钢筋生产企业的资质文件应包括生产许可证、营业执照和其他荣誉证书等相关文件。钢筋销售企业的资质文件主要是营业执照和相应的授权委托证书。钢筋产品质量证明文件为产品质量证明书和出厂合格证书，有时产品质量证明书和出厂合格证书可以合并。当用户有特别要求时，还应列出相关检验数据。为确保钢筋原材质量，严禁购买和使用无生产许资质的企业生产的钢筋。

2）钢筋表面不应有裂纹、结疤、油污、颗粒状或片状铁锈。钢筋加工前表面应清洁、无严重锈蚀，否则应及时清理表面的油渍、漆污、水泥浆和铁锈。除锈的方法可采用除锈机、风砂枪等机械方法，当钢筋数量较少时，也可采用人工除锈。除锈后的钢筋不应长期存放，应尽快使用；对于锈蚀程度较轻的钢筋，也可根据实际情况直接使用。除锈后如发现有严重的钢筋表面缺陷，如麻坑、斑点等，会影响成型钢筋力学性能及其他应用性能时，应对该批钢筋按相关标准规定重新检验性能指标，并根据检验结果处置该批钢筋。

3）钢筋进加工厂时，加工配送企业应按国家现行相关标准的规定抽取试件作屈服强度、抗拉强度、伸长率、弯曲性能和重量偏差检验，检验结果应符合国家现行相关标准的规定。

4）同一厂家、同一牌号、同一规格的钢筋连续三次进厂检验均一次检验合格时，其以后的检验批量可扩大一倍。当扩大批量检验出现一次不合格情况时，应按扩大前的检验批量重新验收，并不能再次扩大检验批量。钢筋原材的质量关系到混凝土结构的承载力和最终的工程质量，对其质量应从严要求。加工配送企业对甲方供应的钢筋原材（即来料加工）以及自行采购的钢筋原材均应按相关钢筋产品标准的规定进行抽样检验。

对热轧光圆钢筋、热轧带肋钢筋、余热处理钢筋、钢筋焊接网性能及检验相关的标准有：《钢筋混凝土用钢　第 1 部分：热轧光圆钢筋》（GB/T 1499.1）、《钢筋混凝土用钢　第 2 部分：热轧带肋钢筋》（GB/T 1499.2）、《钢筋混凝土用余热处理钢筋》（GB 13014）、《钢筋混凝土用钢　第 3 部分：钢筋焊接网》（GB/T 1499.3）。与冷加工钢筋性能及检验相关标准《冷轧带肋钢筋》（GB/T 13788）、《高延性冷轧带肋钢筋》（YB/T 4260）、《冷轧带肋钢筋混凝土结构技术规程》（JGJ 95）、《冷拔低碳钢丝应用技术规程》（JGJ 19）等。

钢筋进场抽样检验的结果应符合相关标准的规定，该检验结果是决定钢筋材料能否在钢筋加工配送企业中使用的重要判断依据。由于工程量、运输条件和各种钢筋的用量等的差异，很难对钢筋进厂的批量大小做出统一规定。实际验收时，进场钢筋若在有关标准中对进入施工现场的钢筋检验批量做了具体规定，应按规定检验批量执行；进场钢筋若在有关钢筋产品标准中只有对产品出厂检验批量作了规定，则在钢筋进场检验时，检验批量应按下列情况确定：

1）对同一厂家、同一牌号、同一规格的钢筋，当一次进厂的数量大于该产品规定的出厂检验批量时，应划分为若干个出厂检验批量，按出厂检验的抽样方案执行。

2）对同一厂家、同一牌号、同一规格的钢筋，当一次进厂的数量小于或等于该产品规定的出厂检验批量时，应作为一个检验批量，然后按出厂检验的抽样方案执行。

3）对不同时间进场的同批钢筋，当确认有可靠依据时，可按一次进场的钢筋处理。

对于每批钢筋的检验数量，应按相关产品标准执行。国家现行标准《钢筋混凝土用钢　第 1 部分：热轧光圆钢筋》（GB/T 1499.1）和《钢筋混凝土用钢　第 2 部分：热轧带肋钢筋》（GB/T 1499.2）中规定热轧钢筋每批抽取 5 个试件，先进行重量偏差检验，再取其中 2 个试件进行拉伸试验检验屈服强度、抗拉强度、伸长率，取其中 2 个试件进行弯曲性能检验。对于钢筋伸长率，一般钢筋宜检验最大力下总伸长率，牌号带“E”的钢筋必须检验最大力下总伸长率。

二、性能要求

钢筋应符合国家现行标准《钢筋混凝土用钢　第 1 部分：热轧光圆钢筋》（GB/T 1499.1）、《钢筋混凝土用钢　第 2 部分：热轧带肋钢筋》（GB/T 1499.2）、《钢筋混凝土用余热处理钢筋》（GB 13014）、《冷轧带肋钢筋》（GB/T 13788）和《高延性冷轧带肋钢筋》（YB/T 4260）等的规定。

（1）常用钢筋种类和力学性能应符合表 7-1 的规定。

表 7-1　常用钢筋种类和力学性能

钢筋牌号	公称直径范围/mm	屈服强度 f_{yk} /（N/mm²）	抗拉强度 f_{stk} /（N/mm²）	断后伸长率 A_{gt} / %	最大力下总伸长率 A_{gt} / %
HPB300	6～22	300	420	25.0	10.0
HRB335	6～14	335	455	17.0	7.5
HRB400 HRBF400	6～50	400	540	16.0	7.5
HRB400E HRBF400E	6～50	400	540	—	9.0
HRB500 HRBF500	6～50	500	630	15.0	7.5
HRB500E HRBF500E	6～50	500	630	—	9.0
RRB400	8～40	400	600	14.0	5.0
CRB550	4～12	500	550	8.0	—
CPB550	5～18	500	550	5.0	—
CRB600H	5～12	520	600	14.0	5.0

（2）钢筋的公称直径、计算截面面积和理论重量应符合表 7-2 的规定。

表 7-2　钢筋的公称直径、计算截面面积和理论重量

公称直径/mm	计算截面面积/mm²	单根钢筋理论重量/（kg/m）
6	28.3	0.222
8	50.3	0.395
10	78.5	0.617
12	113.1	0.888
14	153.9	1.21
16	201.1	1.58
18	254.5	2.00
20	314.2	2.47
22	380.1	2.98
25	490.9	3.85
28	615.8	4.83
32	804.2	6.31
36	1 017.9	7.99
40	1 256.6	9.87
50	1 964	15.42

（3）钢筋单位长度允许重量偏差应符合表 7-3 的规定。

表 7-3　钢筋单位长度允许重量偏差

<table>
<tr><th colspan="2">公称直径/mm</th><th>实际重量与理论重量的偏差/%</th></tr>
<tr><td rowspan="3">热轧带肋钢筋</td><td>6～12</td><td>±6</td></tr>
<tr><td>14～20</td><td>±5</td></tr>
<tr><td>22～50</td><td>±4</td></tr>
<tr><td rowspan="2">热轧光圆钢筋</td><td>6～12</td><td>±7</td></tr>
<tr><td>14～22</td><td>±5</td></tr>
<tr><td>冷轧带肋钢筋</td><td>4～12</td><td>±4</td></tr>
<tr><td>冷轧光圆钢筋</td><td>5～18</td><td>±4</td></tr>
<tr><td>高延性冷轧带肋钢筋</td><td>5～12</td><td>±4</td></tr>
</table>

（4）钢筋的工艺性能参数应符合表 7-4 的规定，弯芯直径弯曲 180° 后，钢筋受弯曲部位表面不应产生裂纹。

表 7-4　钢筋的工艺性能参数

<table>
<tr><th>牌号</th><th>公称直径 d</th><th>弯芯直径</th></tr>
<tr><td>CPB550</td><td>5～12</td><td>$3d$</td></tr>
<tr><td>CRB550</td><td>5～12</td><td>$3d$</td></tr>
<tr><td>CRB600H</td><td>5～12</td><td>$3d$</td></tr>
<tr><td>HRB335</td><td>6～14</td><td>$3d$</td></tr>
<tr><td rowspan="3">HRB400
HRBF400
RRB400</td><td>6～25</td><td>$4d$</td></tr>
<tr><td>28～40</td><td>$5d$</td></tr>
<tr><td>50</td><td>$6d$</td></tr>
<tr><td rowspan="3">HRB500
HRBF500
RRB500</td><td>6～25</td><td>$6d$</td></tr>
<tr><td>28～40</td><td>$7d$</td></tr>
<tr><td>50</td><td>$8d$</td></tr>
</table>

（5）HRB335E，HRB400E，HRB500E，HRBF335E，HRBF400E 或 HRBF500E 钢筋应用在按一级、二级、三级抗震等级设计的框架和斜撑构件（含梯段）中的纵向受力部位时，其强度和最大力下总伸长率的实测值应符合现行国家现行标准《混凝土结构工程施工质量验收规范》（GB 50204）的有关规定，其中 HRB335E 和 HRBF335E 不得用于框架梁、柱的纵向受力钢筋，只可用于斜撑构件。

（6）盘卷钢筋调直后应进行力学性能和重量偏差的检验，其强度应符合国家现行有关标准的规定，断后伸长率和重量负偏差应符合表 7-5 的规定。

表 7-5　盘卷钢筋和直条钢筋调直后的断后伸长率、重量负偏差的要求

<table>
<tr><th rowspan="2">钢筋牌号</th><th rowspan="2">断后伸长率 A/%</th><th colspan="3">重量负偏差/%</th></tr>
<tr><th>直径
6～12 mm</th><th>直径
14～20 mm</th><th>直径
22～50 mm</th></tr>
<tr><td>HPB300</td><td>≥21</td><td>≤10</td><td>—</td><td>—</td></tr>
<tr><td>HRB335</td><td>≥16</td><td rowspan="7">≤7</td><td rowspan="7">≤6</td><td rowspan="7">≤5</td></tr>
<tr><td>HRB400、HRBF400</td><td>≥15</td></tr>
<tr><td>HRB500、HRBF500</td><td>≥14</td></tr>
<tr><td>HRB400E、HRBF400E</td><td>—</td></tr>
<tr><td>HRB500E、HRBF500E</td><td>—</td></tr>
<tr><td>RRB400</td><td>≥13</td></tr>
<tr><td>CRB550</td><td>≥7</td><td>≤5</td><td>—</td><td>—</td></tr>
<tr><td>CPB550</td><td>≥5</td><td>≤5</td><td>≤5</td><td>—</td></tr>
<tr><td>CRB600H</td><td>≥13</td><td>≤5</td><td>—</td><td>—</td></tr>
</table>

注：1　断后伸长率 A 的量测标距为 5 倍的钢筋公称直径。

2　重量负偏差/%按公式（W_0-W_d）/ W_0×100%计算，其中 W_0 为钢筋的理论重量/（kg/m），W_d 为调直后钢筋的实际重量/（kg/m）。

3　对直径为 28～40 mm 的带肋钢筋，表中断后伸长率可降 1%；对直径>40 mm 的带肋钢筋，表中断后伸长率可降低 2%。

第二节　钢筋加工质量检查与验收

一、主控项目

（一）钢筋弯折的弯弧内直径

（1）钢筋弯折的弯弧内直径应符合下列规定：

1）光圆钢筋应≥钢筋直径的 2.5 倍。

2）335 MPa 级、400 MPa 级带肋钢筋，应≥钢筋直径的 4 倍。

3）500 MPa 级带肋钢筋，当直径为 28 mm 以下时应≥钢筋直径的 6 倍，当直径为 28 mm 及以上时应≥钢筋直径的 7 倍。

4）箍筋弯折处尚应≥纵向受力钢筋的直径。

（2）检查数量，同一设备加工的同一类型钢筋，每个工作班抽查不应少于 3 件。

（3）检验方法，尺量。

（二）纵向受力钢筋的弯折后平直段长度

（1）纵向受力钢筋的弯折后平直段长度应符合设计要求。光圆钢筋末端做 180° 弯钩时，弯钩的平直段长度应≥钢筋直径的 3 倍。

（2）检查数量，同一设备加工的同一类型钢筋，每个工作班抽查不应少于 3 件。

（3）检验方法，尺量。

（三）弯钩

（1）箍筋、拉筋的末端应按设计要求作弯钩，并应符合下列规定：

1）对一般结构构件，箍筋弯钩的弯折角度应≥90°，弯折后平直段长度应≥箍筋直径的 5 倍；对有抗震设防要求或对设计有专门要求的结构构件，箍筋弯钩的弯折角度应≥135°，弯折后平直段长度不应小于箍筋直径的 10 倍。

2）圆形箍筋的搭接长度应≥其受拉锚固长度，且两末端弯钩的弯折角度不应小于 135°，弯折后平直段长度对一般结构构件应≥箍筋直径的 5 倍，对有抗震设防要求的结构构件应≥箍筋直径的 10 倍。

3）梁、柱复合箍筋中的单肢箍筋两端弯钩的弯折角度均应≥135°，弯折后平直段长度应符合 1）中对箍筋的有关规定。

（2）检查数量，同一设备加工的同一类型钢筋，每个工作班抽查不应少于 3 件。

（3）检验方法，尺量。

（四）盘卷钢筋调直后的力学性能和重量偏差

（1）盘卷钢筋调直后应进行力学性能和重量偏差检验，其强度应符合国家现行的有关标准规定，其断后伸长率、重量偏差应符合表 7-6 的规定。力学性能和重量偏差检验应符合下列规定：

1）应对 3 个试件先进行重量偏差检验，再取其中 2 个试件进行力学性能检验。

2）重量偏差应按下式计算：

$$\Delta = \frac{W_d - W_0}{W_0} \times 100\%$$

式中：Δ ——重量偏差/%；

W_d ——3 个调直钢筋试件的实际重量之和/kg；

W_0 ——钢筋理论重量/kg，取每米理论重量/（kg/m）与 3 个调直钢筋试件长度之和/m 的乘积。

3）检验重量偏差时，试件切口应平滑并与长度方向垂直，其长度应≥500 mm；长度应≥1 mm，重量的量测精度应≥1 g。

4）采用无延伸功能的机械设备调直的钢筋，可不进行力学性能和重量偏差检验。

（2）检查数量，同一设备加工的同一牌号、同一规格的调直钢筋，重量≤30 t 为一批，每批见证抽取 3 个试件。

（3）检验方法，检查抽样检验报告。

表 7-6　盘卷钢筋调直后的断后伸长率、重量偏差要求

<table>
<tr><th rowspan="2">钢筋牌号</th><th rowspan="2">断后伸长率
A/%</th><th colspan="2">重量偏差/%</th></tr>
<tr><th>直径 6～12 mm</th><th>直径 14～16 mm</th></tr>
<tr><td>HPB300</td><td>≥21</td><td>≥−10</td><td>—</td></tr>
<tr><td>HRB335、HRBF335</td><td>≥16</td><td rowspan="4">≥−6</td><td rowspan="4">≥−6</td></tr>
<tr><td>HRB400、HRBF400</td><td>≥15</td></tr>
<tr><td>RRB400</td><td>≥13</td></tr>
<tr><td>HRB500、HRBF500</td><td>≥14</td></tr>
</table>

注：断后伸长率 A 的量测标距为 5 倍钢筋直径。

二、一般项目

形状、尺寸

（1）钢筋加工的形状、尺寸应符合设计要求，其偏差应符合表 7-7 的规定。

表 7-7　钢筋加工的允许偏差

项目	允许偏差/mm
受力钢筋沿长度方向的净尺寸	±10
弯起钢筋的弯折位置	±20
箍筋外廓尺寸	±5

（2）检查数量，同一设备加工的同一类型钢筋，每工作班抽查不应少于 3 件。

（3）检验方法，尺量。

第三节　组合成型钢筋质量验收

钢筋骨架分为焊接的钢筋网片骨架和绑扎的钢筋骨架。在模外制作的钢筋骨架应在入模前进行验收，在模内绑扎的钢筋骨架应在混凝土浇筑前进行验收。

一、焊接的钢筋网片骨架验收

（1）焊接的钢筋网片骨架型号应与预制构件型号一致。

（2）焊接钢筋网片骨架的钢筋品种、型号、规格应满足设计要求，钢筋原材的力学性能和重量偏差应合格。

（3）焊接钢筋网片骨架焊点开焊数量不应超过整张网片骨架交叉点总数的 1%，并且任意一根钢筋上开焊点不应超过该支钢筋上交叉点总数的 50%。

（4）焊接钢筋网片骨架最外圈的钢筋上的交叉点不应开焊。

（5）钢筋焊接网片骨架纵向筋、横向筋间距应与设计要求一致，布筋间距允许偏差取±10 mm 和规定间距的±5%两者中的较大值。

（6）焊接钢筋网片骨架的长度和宽度允许偏差取±25 mm 和规定长度±5%的较大值。

（7）钢筋焊接网片骨架的抗剪试验应合格。

（8）钢筋半成品、钢筋网片、钢筋骨架和钢筋桁架应检查合格后方可进行安装，并应符合下列规定：

1）钢筋表面不得有油污，不应严重锈蚀。

2）钢筋网片和钢筋骨架宜采用专用吊架进行吊运。

3）混凝土保护层厚度应满足设计要求。保护层垫块宜与钢筋骨架或网片绑扎牢固，按梅花状布置，间距满足钢筋限位及控制变形要求，钢筋绑扎丝甩扣应弯向构件内侧。

4）钢筋成品的尺寸偏差应符合表 7-8 的规定，钢筋桁架的尺寸偏差应符合表 7-9 的规定。

表 7-8　钢筋成品的允许偏差和检验方法

项目			允许偏差/mm	检验方法
钢筋网片	长、宽		±5	钢尺检查
	网眼尺寸		±10	钢尺量连续三挡，取最大值
	对角线		5	钢尺检查
	端头不齐		5	钢尺检查
钢筋骨架	长		0，−5	钢尺检查
	宽		±5	钢尺检查
	高（厚）		±5	钢尺检查
	主筋间距		±10	钢尺量两端、中间各一点，取最大值
	主筋排距		±5	钢尺量两端、中间各一点，取最大值
	箍筋间距		±10	钢尺量连续三档，取最大值
	弯起点位置		15	钢尺检查
	端头不齐		5	钢尺检查
	保护层	柱、梁	±5	钢尺检查
		板、墙	±3	钢尺检查

表 7-9　钢筋桁架尺寸允许偏差

项次	检验项目	允许偏差/mm
1	长度	总长度的±0.3%，且不超过±10
2	高度	+1，−3
3	宽度	±5
4	扭翘	≤5

二、绑扎的组合成型钢筋验收

（1）绑扎的钢筋骨架型号应与预制构件型号一致。

（2）纵向受力钢筋的牌号、规格、数量、位置、长度应符合要求。

（3）箍筋、横向钢筋的牌号、规格、数量、间距、位置，箍筋弯钩的弯折角度及平直段长度应符合要求。

（4）钢筋连接方式、接头位置、接头质量、搭接长度应符合要求。

（5）受力钢筋沿长度方向的净尺寸允许偏差≤±10 mm，弯起钢筋的弯折位置偏差≤±20 mm，箍筋外廓尺寸允许偏差≤±5 mm。

（6）钢筋交叉点应满绑，相邻点的绑丝扣成八字开，绑丝头顺钢筋方向压平或朝向钢筋骨架内侧，绑扎应牢固。

（7）带滚丝接头的滚丝质量应合格。

第四节　钢筋加工常见质量问题与控制要点

一、钢筋加工作业常见质量问题

钢筋加工作业过程中，常见质量问题见表 7-10。

表 7-10　钢筋加工常见质量问题

环节	项目	造成结果	问题原因	责任人	预处理方法
钢筋加工	钢筋加工尺寸偏差较大	尺寸不合格，形成下差的钢筋要废掉重新加工	加工时定尺出现错误	操作工 质检员	严格按照图纸尺寸加工，并严格检查
	形状与设计有偏差	形状跟设计图不符，钢筋废掉重新加工	图纸拿错或手工加工时出现偏差	操作工 质检员	严格按照图纸尺寸加工，手工加工要做钢筋加工模板
钢筋骨架制作	绑扎不牢固	钢筋骨架松散，钢筋错位，无法入模	绑扎人员没有绑扎牢固	操作工 质检员	严格按照操作规程绑扎，并严格检查
	伸出钢筋数量或直径不对	钢筋骨架不能入模，需重新制作	钢筋加工错误或操作人员取错钢筋，检查人员没有及时发现	操作工 质检员	严格按照图纸尺寸加工，并严格检查
	伸出钢筋位置偏差过大	钢筋骨架不能入模，需重新制作	钢筋加工错误，检查人员没有及时发现	操作工 质检员	严格按照图纸尺寸加工，并严格检查

续表

环节	项目	造成结果	问题原因	责任人	预处理方法
钢筋骨架制作	伸出钢筋的伸出长度不足	连接或锚固长度不够，会造成结构安全隐患	钢筋加工错误，检查人员没有及时发现	操作工 质检员	严格按照图纸尺寸加工，并严格检查
	钢筋保护层垫块放置错误	保护层或大或小影响结构性能	保护层垫块型号安装错误或保护层垫块安装反了	操作工 质检员	严格按照图纸中给出的钢筋保护层垫块的大小来进行安装，安装中要注意有钢筋槽的垫块要与钢筋相对应，不要安反

二、钢筋加工作业质量控制要点

钢筋加工作业质量控制要点见表 7-11。

表 7-11 钢筋加工质量控制要点

环节		钢筋原材料进厂	钢筋加工	钢筋骨架制作与入模
依据或准备	事项	（1）依据设计和规范要求制定采购标准 （2）制定验收程序 （3）制定保管规定	（1）依据图纸 （2）准备加工设备 （3）培训工人 （4）制定允许偏差值	（1）依据图纸 （2）编制操作规程 （3）准备工器具 （4）培训工人 （5）制定检验标准
	责任人	技术负责人	技术负责人 生产负责人 质量负责人	技术负责人 生产负责人 质量负责人
入口把关	事项	钢筋进厂验收、检验	钢筋下料和成型半成品检查	钢筋下料和成型半成品检查
	责任人	质检员 试验员 保管员	操作工 质检员	操作工 质检员
过程控制	事项	检查是否按要求保管	（1）钢筋尺寸检查 （2）钢筋骨架形状检查	复查伸出钢筋的外露长度和中心位置
	责任人	保管员 质检员	操作工 质检员	操作工 质检员
结果检查	事项	钢筋使用中是否有问题	钢筋加工尺寸及形状是否与图纸一致	复查伸出钢筋的外露长度和中心位置
	责任人	质检员 驻厂监理	质检员 驻厂监理	操作工 质量负责人 驻厂监理

第八章　钢筋配送

第一节　钢筋吊装

钢筋的吊装主要涉及单筋的吊装和钢筋骨架的吊装，本节主要介绍钢筋骨架吊装时的注意事项和技术处理措施。

一、钢筋骨架吊点的设置

为保证吊运钢筋骨架时吊点处钩挂的钢筋不变形，在钢筋骨架内挂吊钩处设置短钢筋，将吊钩挂在短钢筋上，这样可以不用兜吊，既有效地防止了骨架变形，又防止骨架中局部钢筋的变形，如图 8-1 所示。当骨架较长时，可以将短钢筋换为短钢管或采用通长钢管。

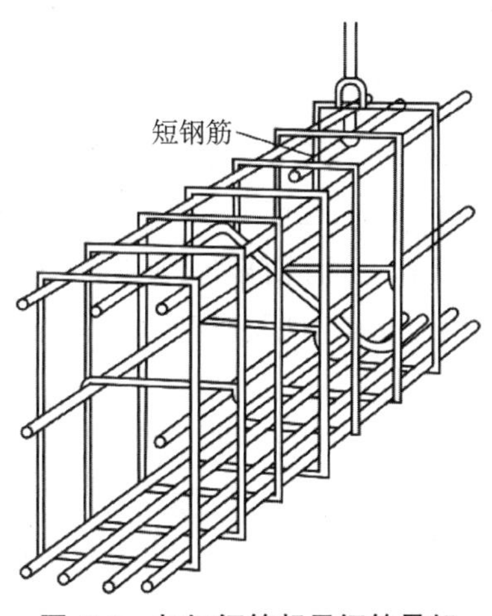

图 8-1　加短钢筋起吊钢筋骨架

二、起吊方式的确定

钢筋网与钢筋骨架的吊点，应根据其尺寸、重量及刚度而定。宽＞1 m 的水平钢筋网宜采用四点起吊，跨度＜6 m 的钢筋骨架宜采用两点起吊，如图 8-20 所示。跨度大、刚度差的钢筋骨架宜采用横吊梁（铁扁担）四点起吊，如图 8-3 所示。为了防止吊点处钢筋受力变形，可采取兜底吊运或加短钢筋的措施。

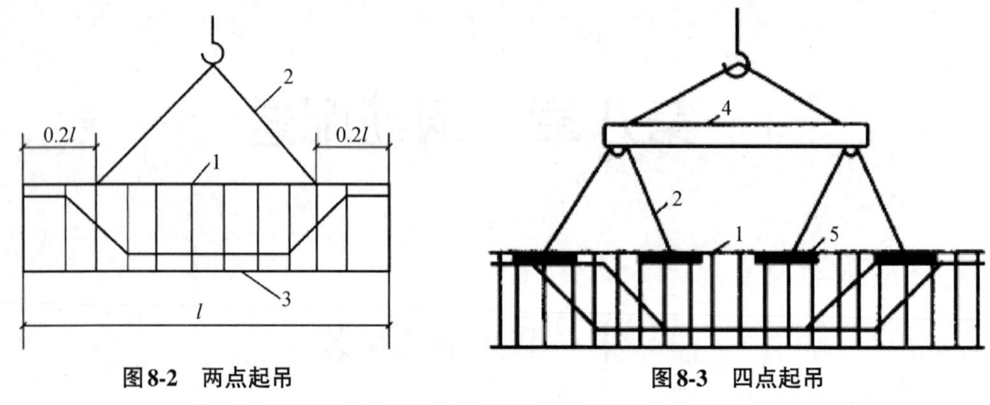

图8-2　两点起吊　　**图8-3　四点起吊**

注：1—钢筋骨架；2—吊索；3—兜底索；4—铁扁担；5—短钢筋

第二节　钢筋运送及交验

一、成型钢筋运送

（1）成型钢筋运送

成型钢筋运送应符合下列规定：

1）成型钢筋配送车辆应符合车辆运输管理的有关规定，应满足成型钢筋制品外形尺寸和额定载重量的要求，当发生超出规定的特殊情况时应办理有关运输手续。

2）成型钢筋装卸应考虑车体平衡，运送应按工程使用部位装车运送，运输时应采取绑扎固定措施。多个部位混装运送时，应有较易区分的隔开措施。

3）运送成型钢筋小件时，应采用具有底板和四边侧板的吊篮装车。小件堆放高度不应超出吊篮的四边侧板高度。

（2）成型钢筋配送时的捆扎、组配

成型钢筋配送时的捆扎、组配应符合下列规定：

1）成型钢筋应捆扎整齐、牢固，防止运输吊装过程中成型钢筋发生变形。

2）每捆成型钢筋两端应分别在明显处悬挂料牌。料牌内容应包含工程名称、结构部位、成型钢筋制品标记、数量、示意图及主要尺寸、生产厂名、生产日期。

3）每捆成型钢筋的重量不应超过 2 t，且应易于吊装和点数。

4）螺纹连接丝头应加带螺纹保护帽，连接套筒的无钢筋端应有套筒保护盖，且有明显的套筒规格标记。

5）同一工程中同类型构件的成型钢筋制品应按施工先后顺序和规格分类打捆。

（3）成型钢筋料牌在装车和运送过程中不应掉落。

二、成型钢筋交验

成型钢筋出厂时应按出厂批次全数检查钢筋料牌悬挂情况和钢筋表面质量。每捆成型钢筋均应有料牌标识，钢筋表面不应有裂纹、结疤、油污、颗粒状或片状铁锈。料牌掉落的成型钢筋严禁出厂。成型钢筋交接时，钢筋加工厂应提供出厂合格证、出厂检验报告、钢筋原材质量证明文件和交货验收单。

（一）出厂合格证

出厂合格证是随同材料校验的必需资料之一。其主要形式和内容，不同加工厂家均有所不同。

（二）出厂检验报告（加工场的验收记录、复试报告）

工厂的验收记录和复试报告是决定材料签收或拒收的主要依据。验收记录和复试报告一般包括下列内容：

（1）进厂（场）批次、复试报告编号。

（2）材料名称、规格、等级等。

（3）检验的项目、指标、结果等。

（4）送检日期、检验单位等。

（5）结果判定、检验单位证明件等。

（6）其他必须说明的内容。

（三）钢筋原材质量证明文件

材料质量证明文件是随同材料交验的必需资料之一，包括质量证明书及型式检验报告等。质量证明书根据材料不同，其格式及内容也有较大的差异，但均应包含下列内容：

（1）质量证明书编号。

（2）材料名称、规格、等级等。

（3）检验的项目、指标、结果等。

（4）发货（检查）日期、检验员编号等。

（5）结果判定等。

（四）交货验收单（成型钢筋配送表）

交货验收单（成型钢筋配送表）是随同材料交验的必需资料之一，应包含下列内容：

（1）送货单号。

（2）货物名称、规格、数量等。

（3）发货单位名称、收货单位名称、收货单位地址。

（4）发货日期。

（5）其他必须说明的内容如运输车号、联系方式等，格式参见表 8-1。

表 8-1 交货验收单（成型钢筋配送表）

配送表编号： 配送车辆编号： 施工单位名称： 日期：

工程名称			项目地址			
工程编号			配送时间			
序号	成型钢筋编号	成型钢筋类型	加工日期	总根数	重量/kg	备注

第九章　拓展知识

第一节　建筑业 10 项新技术——装配式混凝土结构技术

一、装配式混凝土剪力墙结构技术

（一）技术内容

装配式混凝土剪力墙结构是指全部或部分采用预制墙板构件，通过可靠的连接方式后使浇混凝土、水泥基灌浆料形成整体的混凝土剪力墙结构。这是近年来在我国应用最多、发展最快的装配式混凝土结构技术。

国内的装配式剪力墙结构体系主要包括以下 2 种。

1. 高层装配整体式剪力墙结构

装配式剪力墙结构体系中，部分或全部剪力墙采用预制构件，预制剪力墙之间的竖向接缝一般位于结构边缘构件部位，该部位采用现浇方式与预制墙板形成整体，预制墙板的水平钢筋在后浇部位实现可靠连接或锚固；预制剪力墙水平接缝位于楼面标高处，水平接缝处钢筋可采用套筒灌浆连接、浆锚搭接连接或在底部预留后浇区内进行搭接连接的形式。在每层楼面处设置水平后浇带并配置连续纵向钢筋，在屋面处设置封闭后浇圈梁。采用叠合楼板、预制楼梯及预制或叠合阳台板。该结构体系主要用于高层住宅，整体受力性能与现浇剪力墙结构相当，按“等同现浇”设计原则进行设计。

2. 多层装配式剪力墙结构

多层装配式剪力墙结构与高层装配整体式剪力墙结构相比，结构计算可采用弹性方法进行，并可根据实际情况建立分析模型，以建立适用于装配特点的计算与分析方法。在构造连接措施方面，边缘构件设置及水平接缝的连接均有所简化，降低了剪力墙及边缘构件配筋率、配箍率要求，允许采用预制楼盖和干式连接的做法。

（二）技术指标

高层装配整体式剪力墙结构和多层装配式剪力墙结构的设计应符合《装配式混凝土结构技术规程》（JGJ 1—2014）和《装配式混凝土建筑技术标准》（GB/T 51231—2016）中将装配整体式剪力墙结构的最大适用高度与现浇结构相比适当降低。装配整体式剪力墙结构的高宽比限值，与现浇结构基本一致。

作为混凝土结构的一种类型，装配式混凝土剪力墙结构在设计和施工中应符合《混凝土结构设计规范》（GB 50010—2010）、《混凝土结构施工规范》（GB 50666—2011）、《混凝土结构工程施工质量验收规范（2015 年版）》（GB 50204—2015）中各项基本规定；若房屋层数为 10 层及 10 层以上或者高度大于 28 m，还应该参照《高层建筑混凝土结构技术规程》（JGJ 3—2010）中关于剪力墙结构的一般规定。

针对装配式混凝土剪力墙结构的特点，结构设计中还应该注意以下基本要求：

应采取有效措施加强结构的整体性。装配整体式剪力墙结构是在选用可靠的预制构件受力钢筋连接技术的基础上，采用预制构件与后浇混凝土相结合的方法，通过连接节点的合理构造，将预制构件连接成一个整体，保证其具有与现浇混凝土结构基本等同的承载能力和变形能力，达到与现浇混凝土结构等同的设计目标。其整体性主要体现在预制构件之间、预制构件与后浇混凝土之间的连接节点上，包括接缝混凝土粗糙面及键槽的处理、钢筋连接锚固技术、各类附加钢筋、构造钢筋的使用等。

装配式混凝土结构的材料宜采用高强钢筋与适宜的高强混凝土。预制构件在工厂生产，可进行蒸汽养护，对于混凝土的强度、抗冻性及耐久性有显著提升，方便高强混凝土技术的使用，且可以提早脱模提高生产效率；采用高强混凝土可以减小构件截面尺寸，便于运输吊装。采用高强钢筋，可以减少钢筋数量，简化连接节点，便于施工，降低成本。

装配式结构的节点和接缝应受力明确、构造可靠，一般采用经过充分的力学性能试验研究、施工工艺试验和实际工程检验的节点。节点和接缝的承载力、延性和耐久性等一般通过对构造、施工工艺进行严格要求来满足，必要时单独对节点和接缝的承载力进行验算。若采用相关标准、图集中均未提及的新型节点连接构造，应进行必要的技术研究与试验验证。

装配整体式剪力墙结构中预制构件合理的接缝位置、尺寸及形状设计是十分重要的，应以模数化、标准化为设计工作基本原则。接缝对建筑功能、建筑平立面、结构受力状况、预制构件承载能力、制作安装、工程造价等都会产生一定的影响。设计时应满足建筑模数协调、建筑物理性能、结构和预制构件的承载能力、便于施工和进行质量控制等多项要求。

（三）适用范围

装配式混凝土剪力墙结构技术适用于抗震设防烈度为 6～8 度的地区，装配整体式剪力墙结构可用于高层居住建筑，多层装配式剪力墙结构可用于低、多层居住建筑。

二、装配式混凝土框架结构技术

（一）技术内容

装配式混凝土框架结构包括装配整体式混凝土框架结构及其他装配式混凝土框架结构。装配整体式混凝土框架结构是指全部或部分框架梁、柱采用预制构件通过可靠的连接方式装配而成，连接节点处采用现场后浇混凝土、水泥基灌浆料等方式将构件连成整体的混凝土结构。其他装配式框架是指各类干式连接的框架结构，主要与剪力墙、抗震支撑等配合使用。

装配整体式框架结构可采用与现浇混凝土框架结构相同的方法进行结构分析，其承载力极限状态及正常使用极限状态的作用效应可采用弹性分析法确定。在结构内力与位移计算时，对现浇楼盖和叠合楼盖，均可假定楼盖在其平面为无限刚性。装配整体式框架结构构件和节点的设计均可按与现浇混凝土框架结构相同的方法进行，此外，应对叠合梁端竖向接缝、预制柱柱底水平接缝部位进行受剪承载力验算，并对预制构件在短暂设计状况下进行验算，同时应通过合理的结构布置，避免预制柱的水平接缝产生拉力。

装配整体式框架主要包括框架节点后浇和框架节点预制两大类：框架节点后构件在梁柱节点处通过后浇混凝土连接，预制构件为一字形；而后者的连接节点位于框架柱、框架梁中部，预制构件有十字形、T 形、一字形等形状且包含节点，由于预制框架节点制作、运输、现场安装难度较大，现阶段工程较少采用。

装配整体式框架结构连接节点设计时，应合理确定梁和柱的截面尺寸以及钢筋的数量、间距位置等，钢筋的锚固与连接应符合国家现行标准相关规定，并考虑构件钢筋的碰撞问题以及构件的安装顺序，确保装配式结构的易施工性。装配整体式框架结构中，预制柱的纵向钢筋可采用套筒灌浆、机械冷挤压等连接方式。当梁柱节点现浇时，叠合框架梁纵向受力钢筋应伸入后浇节点区锚固或连接，其下部的纵向受力钢筋也可伸至节点区外的后浇段内进行连接。当叠合框架梁对接连接时，梁下部纵向钢筋在后浇段内宜采用机械连接、套筒灌浆连接或焊接等连接形式。叠合框架梁的箍筋可采用整体封闭或组合封闭的形式。

（二）技术指标

装配式框架结构的构件及结构的安全性与质量应满足《装配式混凝土结构技术规程》（JGJ 1—2014）、《装配式混凝土建筑技术标准》（GB/T 51231—2016）、《混凝土结构设计规范（2015 年版）》（GB 50010—2010）、《混凝土结构工程施工规范》（GB 50666—2011）、《混凝土结构工程施工质量验收规范》（GB 50204—2015）以及《预制预应力混凝土装配整体式框架结构技术规程》（JGJ 224—2010）等的有关规定。当采用钢筋机械连接技术时，应符合《钢筋机械连接应用技术规程》（JGJ 107—2016）的规定；当采用钢筋套筒灌浆连接技术时，应符合《钢筋套筒灌浆连接应用技术规程》（JGJ 355—2015）的规定；当钢筋采用锚固板的方式锚固时，应符合《钢筋锚固板应用技术规程》（JGJ 256—2011）的规定。

装配整体式框架结构的关键技术指标如下：

（1）装配整体式框架结构房屋的最大适用高度与现浇混凝土框架结构适用高度基本相同。

（2）装配式混凝土框架结构宜采用高强混凝土、高强钢筋，框架梁和框架柱的纵向钢筋尽量选用大直径钢筋，以减少钢筋数量，拉大钢筋间距，有利于提高装配施工效率，保证施工质量，降低成本。

（3）当房屋高度大于 12 m 或层数超过 3 层时，预制柱宜采用套筒灌浆连接，包括全灌浆套筒和半灌浆套筒。矩形预制柱截面宽度或圆形预制柱直径不宜小于 400 mm，且不宜小于同方向梁宽的 1.5 倍；预制柱的纵向钢筋在柱底采用套筒灌浆连接时，柱箍筋加密区长度不应小于纵向受力钢筋连接区域长度与 500 mm 之和；当纵向钢筋的混凝土保护层厚度大于 50 mm 时，宜采取增设钢筋网片等措施控制裂缝宽度以及防止受力过程中的混凝土保护层剥离脱落。当采用叠合框架梁时，后浇混凝土叠合层厚度不宜小于 150 mm，抗震等级为一级、二级叠合框架梁的梁端箍筋加密区宜采用整体封闭箍筋。

（4）采用预制柱及叠合梁的装配整体式框架时，柱底接缝宜设置在楼面标高处，且后浇节点区混凝土上表面应设置粗糙面。柱纵向受力钢筋应贯穿后浇节点区，柱底接缝厚度为 20 mm，并应用灌浆料填实。装配式框架节点，包括中间层中节点、中间层端节点、顶层中节点和顶层端节点，框架梁和框架柱的纵向钢筋的锚固和连接可采用与现浇框架结构节点相同的方式，对于顶层端节点还可采用柱伸出屋面并将柱纵向受力钢筋锚固在伸出段内的方式。

（三）适用范围

装配整体式混凝土框架结构技术可用于 6～8 度抗震设防地区的公共建筑、居住建筑以及工业建筑。除 8 度抗震地区（0.3g）外，装配整体式混凝土结构房屋的最大适用高度与现浇混凝土结构相同。其他装配式混凝土框架结构主要适用于各类低层和多层居住建筑、公共建筑与工业建筑。

三、混凝土叠合楼板技术

（一）技术内容

混凝土叠合楼板技术将楼板沿厚度方向分成两部分，底部是预制底板，上部是后浇混凝土叠合层。底部配置钢筋的预制底板作为楼板的一部分，在施工阶段作为后浇混凝土叠合层的模板承受荷载，与后浇混凝土层形成整体的叠合混凝土构件。

混凝土叠合楼板按具体受力状态，分为单向受力叠合板和双向受力叠合板；预制底板按有无外伸钢筋可分为“有胡子筋”和“无胡子筋”；拼缝按照连接方式可分为分离式接缝

（即底板间不拉开的“密拼”）和整体式接缝（底板间有后浇混凝土带）。

预制底板按照受力钢筋种类可以分为预制混凝土底板和预制预应力混凝土底板：预制混凝土底板采用非预应力钢筋时，为了增强刚度目前多采用桁架钢筋混凝土底板；预制预应力混凝土底板分为预应力混凝土平板和预应力混凝土带肋板、预应力混凝土空心板。

跨度大于 3 m 时预制底板宜采用桁架钢筋混凝土底板或预应力混凝土平板，跨度大于 6 m 时预制底板宜采用预应力混凝土带肋底板、预应力混凝土空心板，叠合楼板厚度大于 180 mm 时宜采用预应力混凝土空心叠合板。

保证叠合面上下两侧混凝土共同承载、协调受力是预制混凝土叠合楼板设计的关键，一般通过叠合面的粗糙度以及界面抗剪构造钢筋实现。

施工阶段是否设置可靠支撑决定了叠合板设计的计算方法。设置可靠支撑的叠合板，预制构件在后浇混凝土重量及施工荷载下，不会发生影响内力的变形，按整体受弯构件进行计算；无支撑的叠合板，二次成形浇筑混凝土的重量及施工荷载影响了构件的内力和变形，应按二阶段受力的叠合构件进行计算。

（二）技术指标

（1）预制混凝土叠合楼板的设计及构造要求应符合《混凝土结构设计规范（2015 年版）》（GB 50010—2010）、《装配式混凝土结构技术规程》（JGJ 1—2014）、《装配式混凝土建筑技术标准》（GB/T 51231—2016）的相关要求；预制底板制作、施工及短暂设计状况设计应符合《混凝土结构工程施工规范》（GB 50666—2011）的相关要求；施工验收应符合《混凝土结构工程施工质量验收规范》（GB 50204—2015）的相关要求。

（2）相关国家建筑标准设计图集包括《桁架钢筋混凝土叠合板（60 mm 厚底板）》（15G366-1）、《预制带肋底板混凝土叠合板》（14G443）、《预应力混凝土叠合板（50 mm、60 mm 实心底板）》（06SG439-1）。

（3）预制混凝土底板的混凝土强度等级不宜低于 C30；预制预应力混凝土底板的混凝土强度等级不宜低于 C40；后浇混凝土叠合层的混凝土强度等级不宜低于 C25。

（4）预制底板厚度不宜小于 60 mm，后浇混凝土叠合层厚度不应小于 60 mm。

（5）预制底板和后浇混凝土叠合层之间的结合面应设置成粗糙面，其面积不宜小于结合面的 80%，凹凸深度不应小于 4 mm；桁架钢筋的预制底板，设置成自然粗糙面即可。

（6）预制底板跨度大于 4 m，或用于悬挑板及相邻悬挑板上部纵向钢筋在悬挑层内锚固时，应设置桁架钢筋或设置其他形式的抗剪构造钢筋。

（7）预制底板采用预制预应力底板时，应采取控制反拱的可靠措施。

（三）适用范围

混凝土叠合楼板技术适用于各类房屋中的楼盖结构，特别适用于住宅及各类公共建筑。

四、预制混凝土外墙挂板技术

（一）技术内容

预制混凝土外墙挂板是安装在主体结构上起围护、装饰作用的非承重预制混凝土外墙板，简称外墙挂板。外墙挂板按构件构造可分为钢筋混凝土外墙挂板、预应力混凝土外墙挂板两种形式；按与主体结构连接节点构造可分为点支承连接、线支承连接两种形式；按保温形式可分为无保温、外保温、夹心保温三种；按建筑外墙功能定位可分为围护墙板和装饰墙板。各类外墙挂板可根据工程需要与外装饰、保温、门窗结合形成一体化预制墙板系统。

预制混凝土外墙挂板可采用面砖饰面、石材饰面、彩色混凝土饰面、清水混凝土饰面、露骨料混凝土饰面及表面带装饰图案的混凝土饰面等类型，可使建筑外墙具有独特的表现力。

预制混凝土外墙挂板在工厂采用工业化方式生产，具有施工速度快、质量好、维修费用低的优点，主要包括预制混凝土外墙挂板（建筑和结构）设计技术、预制混凝土外墙挂板加工制作技术和预制混凝土外墙挂板安装施工技术。

（二）技术指标

支承预制混凝土外墙挂板的结构构件应具有足够的承载力和刚度，民用外墙挂板仅限跨越一个层高和一个开间，厚度不宜小于100 mm，混凝土强度等级不低于C25，主要技术指标如下：

（1）结构性能应满足《混凝土结构设计规范（2015 年版）》（GB 50010—2010）和《混凝土结构工程施工质量验收规范》（GB 50204—2015）的要求；

（2）装饰性能应满足《建筑装饰装修工程质量验收标准》（GB 50210—2018）的要求；

（3）保温隔热性能应满足设计及《严寒和寒冷地区居住建筑节能设计标准》（JGJ26—2018）的要求；

（4）抗震性能应满足《装配式混凝土结构技术规程》（JGJ 1—2014）、《装配式混凝土建筑技术标准》（GB/T 51231—2016）的要求。与主体结构采用柔性节点连接，结构层间变位性能好，抗震性能满足抗震设防烈度可达 8 度。

（5）构件燃烧性能及耐火极限应满足《建筑防火设计规范》（GB 50016—2014）的要求。

（6）作为建筑围护结构产品，其定位应与主体结构的耐久性要求一致，即不应低于 50 年使用年限，饰面装饰（涂料除外）及预埋件、连接件等配套材料耐久性使用年限不低于 50 年，其他如防水材料、涂料等应采用 10 年质保期以上的材料，定期维护和更换。

（7）外墙挂板防水性能与有关构造应符合国家现行有关标准的规定，并符合《建筑业 10 项新技术（2017 版）》第 8.6 节的有关规定。

（三）适用范围

预制混凝土外墙挂板技术适用于工业与民用建筑的外墙工程，可广泛应用于混凝土框架结构、钢结构的公共建筑、住宅建筑和工业建筑中。

五、夹心保温墙板技术

（一）技术内容

三明治夹心保温墙板（简称夹心保温墙板）是把保温材料夹在两层混凝土墙板（内叶墙、外叶墙）之间形成的复合墙板，可达到增强外墙保温节能性能，减小外墙火灾危险，提高墙板保温寿命，从而减少外墙维护费用的目的。夹心保温墙板一般由内叶墙、保温板、拉接件和外叶墙组成，形成类似于三明治的构造形式，内叶墙和外叶墙一般为钢筋混凝土材料，保温板一般为 B1 或 B2 级的有机保温材料，拉接件一般为高强度 FRP 复合材料或不锈钢材质。夹心保温墙板可广泛应用于预制墙板或现浇墙体中，但预制混凝土外墙更适合采用夹心保温墙板技术。

根据夹心保温外墙的受力特点，可分为非组合夹心保温外墙、组合夹心保温外墙和部分组合夹心保温外墙。其中非组合夹心保温外墙内外叶混凝土受力相互独立，易于计算和设计，适用于各种高层建筑的剪力墙和围护墙；组合夹心保温外墙的内外叶混凝土需要共同受力，一般只适用于单层建筑的承重外墙或作为围护墙；部分组合夹心保温外墙的受力介于组合和非组合之间，受力非常复杂，计算和设计难度较大，其应用方法及范围有待进一步研究。

非组合夹心墙板一般由内叶墙承受所有的荷载作用，外叶墙起到保温材料的保护层作用，两层混凝土之间可以产生微小的相互滑移，保温拉接件对外叶墙的平面内变形约束较小，可以释放外叶墙在温差作用下产生的温度应力，从而避免外叶墙在温度作用下开裂，使得外叶墙、保温板与内叶墙和结构同寿命。我国装配混凝土结构预制外墙主要采用非组合夹心墙板。

夹心保温墙板中的保温拉接件布置应综合考虑墙板生产、施工和正常使用工况下的受力限度和变形影响。

（二）技术指标

夹心保温墙板的设计应该与建筑结构同寿命，墙板中的保温拉接件应具有足够的承载力和变形性能。非组合夹心墙板应遵循外叶墙混凝土在温差变化作用下能够释放温度应力，与内叶墙之间能够形成微小的自由滑移的设计原则。

非组合夹心保温外墙的拉结件在与混凝土共同工作时，承载力安全系数应满足以下要求：对于抗震设防烈度为 7 度和 8 度的地区，考虑地震组合时安全系数不小于 3.0，不考虑地震组合时安全系数不小于 4.0；对于 9 度及以上地区，必须考虑地震组合，承载力安全系数不小于 3.0。

非组合夹心保温墙板的外叶墙在自重作用下垂直位移应控制在一定范围内，内叶墙和外叶墙之间不得有穿过保温层的混凝土连通桥。

夹心保温墙板的热工性能应满足节能要求，拉结件本身应满足力学、锚固及耐久等性能要求，拉结件的产品与设计应用应符合国家现行有关标准。

（三）适用范围

夹心保温墙板技术适用于高层及多层装配式剪力墙结构的外墙、高层及多层装配式框架结构非承重外墙挂板、高层及多层钢结构非承重外墙挂板等，可适用于各类居住与公共建筑。

六、叠合剪力墙结构技术

（一）技术内容

叠合剪力墙结构是指采用两层带格构钢筋（桁架钢筋）的预制墙板，现场安装就位后，在两层板中间浇筑混凝土，辅以必要的现浇混凝土剪力墙、边缘构件、楼板，共同形成的结构。在工厂生产预制构件时，设置桁架钢筋，既可作为吊点，又增加平面外刚度，防止起吊时开裂。在使用阶段，桁架钢筋作为连接墙板的两层预制片与二次浇筑夹心混凝土之间的拉接筋，可提高结构整体性能和抗剪性能，这种连接方式区别于其他装配式结构体系，板与板之间无拼缝，无须做拼缝处理，防水性好。

利用信息技术，将叠合式墙板和叠合式楼板的生产图纸转化为数据格式文件，直接传输到工厂主控系统读取相关数据，并通过全自动流水线，辅以机械支模手进行构件生产，所需人工少，生产效率高，构件精度达毫米级。同时，构件形状可自由变化，在一定程度上解决了模数化限制的问题，突破了个性化设计与工业化生产的矛盾。

（二）技术指标

叠合剪力墙结构采用与现浇剪力墙结构相同的方法进行结构分析与设计，其主要力学技术指标与现浇混凝土结构相同，但当同一层内既有预制又有现浇抗侧力构件时，宜对现浇抗侧力构件在地震作用下的弯矩和剪力乘以不小于 1.1 的增大系数以应对地震状况。高层叠合剪力墙结构其建筑高度、规则性、结构类型应满足《装配式混凝土建筑技术标准》（GB/T 51231—2016）等规范标准要求。

结构与构件的设计应满足《建筑结构荷载规范》（GB 50009—2012）、《建筑抗震设计规范（2016 年版）》（GB 50011—2010）、《混凝土结构设计规范（2015 年版）》（GB 50010—2010）和《装配式混凝土建筑技术标准》（GB/T 51231—2016）等的要求。

（三）适用范围

叠合剪力墙结构技术适用于抗震设防烈度为 6～8 度的多层、高层建筑，包含工业与民用建筑。除了地上，本技术结构体系具有良好的整体性和防水性能，还适用于地下工程，包含地下室、地下车库、地下综合管廊等。

七、预制预应力混凝土构件技术

（一）技术内容

预制预应力混凝土构件是指通过工厂生产并采用先张预应力技术的各类水平构件和竖向构件，主要包括预制预应力混凝土空心板、预制预应力混凝土双 T 板、预制预应力梁及预制预应力墙板等。各类预制预应力水平构件可形成装配式或装配整体式楼盖，空心板、双 T 板可以不设置后浇混凝土层，也可根据使用要求与结构受力要求设置后浇混凝土层。预制预应力梁可为叠合梁，也可为非叠合梁。预制预应力墙板可应用于各类公共建筑于工业建筑中。

预制预应力混凝土构件的优势在于采用高强预应力钢丝、钢绞线，可以节约钢筋和混凝土用量，并降低楼盖结构高度，施工阶段普遍不设支撑从而节约支模费用，综合经济效益显著。预制预应力混凝土构件组成的楼盖具有承载能力大、整体性好、抗裂度高等优点，完全符合“四节一环保”的绿色施工标准以及建筑工业化的发展要求。预制预应力技术可增加墙板的长度，有利于实现“多层一墙板”。

（二）技术指标

（1）预应力混凝土空心板的标志宽度为 1.2 m，也有 0.6 m、0.9 m 等其他宽度；标准板高 100 mm、120 mm、150 mm、180 mm、200 mm、250 mm、300 mm、380 mm 等；不同截面高度能够满足的板轴跨度为 3～18 m。

（2）预应力混凝土双 T 板有双 T 坡板和双 T 平板两种，坡板的标志宽度为 2.4 m、3.0 m 等，坡板的标志跨度为 9 m、12 m、15 m、18 m、21 m、24 m 等；平板的标志宽度为 2.0 m、2.4 m、3.0 m 等，平板的标志跨度为 9 m、12 m、15 m、18 m、21 m、24 m 等。

（3）预应力混凝土梁跨度根据工程确定，在工业建筑中多为 6 m、7.5 m、9 m。

（4）预应力混凝土墙板多为固定宽度（1.5 m、2.0 m、3.0 m 等），长度根据柱距或层高确定。

根据工程需要，也可采用非标跨度、宽度的构件，采用单独设计的方法即可。

预制预应力混凝土板的生产、安装、施工应满足《混凝土结构设计规范（2015 年版）》（GB 50010—2010）、《混凝土结构工程施工质量验收规范》（GB 50204—2015）、《装配式混凝土结构技术规程》（JGJ 1—2014）的有关规定。工程应用时可以根据《预应力混凝土圆孔板》（03SG435-1～2）、《SP 预应力空心板》（05SG408）、《预应力混凝土双 T 板（坡板宽度 2.4 m、3.0 m；平板宽度 2.0 m、2.4 m、3.0 m)》（08SG432-1)，《大跨度预应力空心板（跨度 4.2～18.0 m)》（13G440）等的要求，直接选用预制构件，也可根据工程情况单独设计。

（三）适用范围

预制预应力混凝土构件技术广泛适用于各类工业与民用建筑中。预应力混凝土空心板可用于混凝土结构、钢结构建筑中的楼盖与外墙挂板，预应力混凝土双 T 板多用于公共建筑、工业建筑的楼盖、屋盖，其中双 T 坡板仅用于屋盖，9 m 以内跨度楼盖可采用预应力空心板（SP 板）+后浇叠合层的叠合楼盖，9 m 以内的超重载及 9 m 以上的楼盖，采用预应力混凝土双 T 板+后浇叠合层的叠合楼盖。预制预应力梁截面可为矩形、花篮梁或 L 形、倒 T 形，便于与预应力混凝土双 T 板和空心板连接。

八、钢筋套筒灌浆连接技术

（一）技术内容

钢筋套筒灌浆连接技术是带肋钢筋插入内腔为凹凸表面的灌浆套筒，通过向套筒与钢筋的间隙灌注专用高强水泥基灌浆料，灌浆料凝固后将钢筋锚固在套筒内将预制构件用钢筋连接。该技术将灌浆套筒预埋在混凝土构件内，在安装现场从预制构件外通过注浆管将灌浆料注入套筒，来完成预制构件钢筋的连接，是预制构件中受力钢筋连接的主要形式，主要用于各种装配整体式混凝土结构的受力钢筋连接。

钢筋套筒灌浆连接接头由钢筋、灌浆套筒、灌浆料三种材料组成，其中灌浆套筒分为半灌浆套筒和全灌浆套筒，半灌浆套筒的接头一端为灌浆连接，另一端为机械连接。

钢筋套筒灌浆连接施工流程主要包括：预制构件在工厂完成套筒与钢筋的连接、套筒在模板上的安装固定和进出浆管道与套筒的连接，在建筑施工现场完成构件安装、灌浆腔密封、灌浆料加水拌和及套筒灌浆。

竖向预制构件的受力钢筋连接可采用半灌浆套筒或全灌浆套筒。构件宜采用连通腔灌浆方式，并应合理划分联通腔区域。构件也可采用单个套筒独立灌浆，构件就位前水平缝处应设置座浆层。套筒灌浆连接应用经接头型式检验确认的与套筒相匹配的灌浆料，使用与材料工艺配套的灌浆设备，以压力灌浆方式将灌浆料从套筒下方的进浆孔灌入，从套筒上方出浆孔流出，及时封堵进出浆孔，确保套筒内有效连接部位的灌浆料填充密实。

水平预制构件纵向受力钢筋在现浇带处连接可采用全灌浆套筒。套筒安装到位后，套筒注浆孔和出浆孔应位于套筒上方，使用单套筒灌浆专用工具或设备进行压力灌浆，灌浆料从套筒一端进浆孔注入，从另一端出浆口流出后，进浆孔、出浆孔接头内灌浆料浆面均应高于套筒外表面最高点。

套筒灌浆施工后，灌浆料同条件养护试件的抗压强度达到 35 MPa 后，方可进行对接头有扰动的后续施工。

（二）技术指标

钢筋套筒灌浆连接技术的应用须满足《装配式混凝土技术规程》（JGJ 1—2014）、《钢筋套筒灌浆连接应用技术规程》（JGJ 355—2015）和《装配式混凝土建筑技术标准》（GB/T 51231—2016）的相关规定。钢筋套筒灌浆连接的传力机理比传统机械连接更复杂，《钢筋套筒灌浆连接应用技术规程》对钢筋套筒灌浆连接接头性能、型式检验、工艺检验、施工与验收等进行了专门要求。

灌浆套筒按加工方式分为铸造灌浆套筒和机械加工灌浆套筒。铸造灌浆套筒宜选用球墨铸铁，机械加工套筒宜选用优质碳素结构钢、低合金高强度结构钢、合金结构钢或其他经过接头型式检验的符合要求的钢材。

灌浆套筒的设计、生产和制造应符合《钢筋连接用灌浆套筒》（JG/T 398—2019）的相关规定，专用水泥基灌浆料应符合《钢筋连接用套筒灌浆料》（JG/T 408—2019）的各项要求。当采用其他材料的灌浆套筒时，套筒性能指标应符合有关产品的标准规定。

套筒材料主要性能指标：球墨铸铁灌浆套筒的抗拉强度不小于 550 MPa，断后伸长率不小于 5%，球化率不小于 85%；各类钢制灌浆套筒的抗拉强度不小于 600 MPa，屈服强度不小于 355 MPa，断后伸长率不小于 16%；其他材料套筒符合有关产品标准要求。

灌浆料主要性能指标：初始流动度不小 300 mm；30 min 流动度不小于 260 mm；1 d 抗压强度不小于 35 Mpa；28 d 抗压强度不小于 85 MPa。

套筒材料在满足断后伸长率等指标时，可采用抗拉强度超过 600 MPa（如 900 MPa、1 000 MPa）的材料，以减小套筒壁厚和外径尺寸，也可根据生产工艺采用其他强度的钢材。灌浆料在满足流动度等指标时，可采用抗压强度超过 85 MPa（如 110 MPa、130 MPa）的材料，以便于连接大直径钢筋和高强钢筋并缩短灌浆套筒长度。

（三）适用范围

钢筋套筒灌浆连接技术适用于装配整体式混凝土结构中直径 12～40 mm 的 HRB 400、HRB 500 钢筋的连接，包括：预制框架柱和预制梁的纵向受力钢筋、预制剪力墙竖向钢筋等的连接，也可用于既有结构改造现浇结构竖向及水平钢筋的连接。

九、装配式混凝土结构建筑信息模型应用技术

（一）技术内容

利用建筑信息模型（BIM）技术，实现装配式混凝土结构的设计、生产、运输、装配、运维的信息交互和共享，实现装配式建筑全过程一体化协同工作。应用 BIM 技术，装配式建筑、结构、机电、装饰装修全专业协同设计，实现建筑、结构、机电、装修一体化；设计 BIM 模型直接对接生产、施工，实现设计、生产、施工一体化。

（二）技术指标

建筑信息模型（BIM）技术指标主要有支撑全过程 BIM 平台技术、设计阶段模型精度、各类型部品部件参数化程度、构件标准化程度、设计直接对接工厂生产系统 CAM 技术以及基于 BIM 与物联网技术的装配式施工现场信息管理平台技术。装配式混凝土结构设计应符合《装配式混凝土建筑技术标准》（GB/T 51231—2016）、《装配式混凝土结构技术规程》（JGJ 1—2014）和《混凝土结构设计规范（2015 年版）》（GB 50010—2010）等的有关要求，也可选用《预制混凝土剪力墙外墙板》（15G365-1）、《预制钢筋混凝土阳台板、空调板及女儿墙》（15G368-1）等进行参考。

除上述各项规定外，针对建筑信息模型技术的特点，装配式建筑全过程使用 BIM 技术应用还应注意以下关键技术内容：

（1）搭建模型时，应采用统一标准格式的各类型构件文件，且各类型构件文件应按照固定、规范的插入方式，放置在模型的合理位置。

（2）预制构件出图排版设计阶段，应结合构件类型和尺寸，按照相关图集要求进行图纸排版、尺寸标注、辅助线段和文字说明，采用统一标准格式，并满足《建筑制图标准》（GB/T 50104—2000）和《建筑结构制图标准》（GB/T 50105—2010）的要求。

（3）预制构件生产应设计 BIM 模型，采用“BIM+MES+CAM”技术，实现工厂自动化钢筋生产、构件加工；应用二维码技术、RFID 芯片等可靠的识别与管理技术及工厂生产管理系统，实现可追溯的全过程质量管控。

（4）应用“BIM+物联网+GPS”技术，进行装配式预制构件运输过程追溯管理、施工现场可视化指导堆放、吊装等，实现装配式建筑可视化施工现场信息管理。

（三）适用范围

装配式混凝土结构建筑信息模型应用技术的适用范围如下：

（1）装配式剪力墙结构：预制混凝土剪力墙外墙板，预制混凝土剪力墙叠合板，预制钢筋混凝土阳台板、空调板及女儿墙等构件的深化设计、生产、运输与吊装。

（2）装配式框架结构：预制框架柱、预制框架梁、预制叠合板、预制外挂板等构件的深化设计、生产、运输与吊装。

（3）异形构件的深化设计、生产、运输与吊装：异形构件分为结构形式异形构件和非结构形式异形构件，结构形式异形构件包括坡屋面、阳台等；非结构形式异形构件包括排水檐沟、建筑造型等。

十、预制构件工厂化生产加工技术

（一）技术内容

预制构件工厂化生产加工技术是采用自动化流水线、机组流水线、长线台座生产线生产标准定型预制构件并兼顾异型预制构件，采用固定台模线生产房屋建筑预制构件，满足预制构件的批量生产加工和集中供应要求的技术。

工厂化生产加工技术包括预制构件工厂规划设计、各类预制构件生产工艺设计、预制构件模具方案设计及其加工技术、钢筋制品机械化加工和成型技术、预制构件机械化成型技术、预制构件节能养护技术以及预制构件生产质量控制技术。

非预应力混凝土预制构件生产技术涵盖混凝土技术、钢筋技术、模具技术、预留预埋技术、浇筑成型技术、构件养护技术，以及吊运、存储和运输技术等，代表构件有桁架钢筋预制板、梁柱构件、剪力墙板构件等。预应力混凝土预制构件生产技术还涵盖先张法和后张有黏结预制构件的生产技术，除了建筑工程中使用的预应力圆孔板、双T板、屋面梁、屋架、屋面板等，还包括市政和公路领域的预制桥梁构件等，重点研究预应力生产工艺和质量控制技术。

（二）技术指标

工厂化科学管理、自动化智能生产使质量和品质得到保证和提高；构件外观尺寸加工精度可达±2 mm，混凝土强度标准差不大于4.0 MPa，预留预埋尺寸精度可达±1 mm，保护层厚度控制偏差±3 mm，通过预应力和伸长值偏差控制保证预应力构件起拱满足设计要求并处于同一水平，构件承载力满足设计和规范要求。

预制构件的几何加工精度控制、混凝土强度控制、预埋件的精度、构件承载力性能、保护层厚度控制、预应力构件的预应力要求等应符合设计（包括标准图集）及有关标准的规定。

预制构件生产的效率指标、成本指标、能耗指标、环境指标和安全指标，应满足有关要求。

（三）适用范围

预制构件工厂化生产加工技术适用于建筑工程中各类钢筋混凝土和预应力混凝土预制构件。

第二节　信息化技术

一、基于智能化的装配式混凝土建筑产品生产与施工管理信息技术

（一）定义

基于智能化的装配式混凝土建筑产品生产与施工管理信息技术，是在装配式混凝土建筑产品生产和施工过程中，应用BIM、物联网、云计算、工业互联网、移动互联网等信息化技术，实现装配式混凝土建筑的工厂化生产、装配化施工、信息化管理。通过对装配式混凝土建筑产品生产过程中的深化设计、材料管理、产品制造环节进行管控，以及对施工

过程中的产品进场管理、现场堆场管理、施工预拼装管理环节进行管控，实现生产过程和施工过程的信息共享，确保生产环节的产品质量和施工环节的效率，提高装配式混凝土建筑产品生产和施工管理的水平。

（二）技术内容

（1）建立协同工作机制，明确协同工作流程和成果交付内容，并建立与之相适应的生产、施工全过程管理信息平台，实现跨部门、跨阶段的信息共享。

（2）深化设计：依据设计图纸结合生产制造要求建立深化设计模型，并将模型交付给制造环节。

（3）材料管理：利用物联网条码技术对物料进行统一标志，通过对材料收、发、存、领、用、退全过程的管理，实现可视化的仓储堆垛管理和多维度的质量追溯管理。

（4）产品制造：统一人员、工序、设备等的编码，按产品类型建立自动化生产线，对设备进行联网管理，能按工艺参数执行制造工艺，并反馈生产状态，实现生产状态的可视化管理。

（5）产品进场管理：利用物联网条码技术可实现产品质量的全过程追溯，可在 BIM 模型当中按产品批次查看产品进场进度，实现可视化管理。

（6）现场堆场管理：利用物联网条码技术对产品进行统一标记，合理利用现场堆场空间，实现产品堆垛管理的可视化。

（7）施工预拼装管理：利用 BIM 技术对产品进行预拼装模拟，减少并纠正拼装误差，提高装配效率。

（三）技术指标

（1）管理信息平台能对深化设计、材料管理、生产工序的情况进行集中管控，能在施工环节中利用生产环节的相关信息对产品生产质量进行监管，并能通过施工预拼装管理提高施工装配效率。

（2）在深化设计环节按照各专业（如预制混凝土、钢结构等）深化设计标准（要求）统一产品编码，采用专业深化设计软件开展深化设计工作，达到生产要求的设计深度，并向下游交付。

（3）在材料管理环节按照各专业（如预制混凝土、钢结构等）的物料分类标准（要求）统一物料编码。进行材料的收、发、存、领、用、退全过程信息化管理，应用物联网条码、RFID 条码等技术绑定材料和仓库库位，采用扫描枪、手机等移动设备采集现场条码信息，依据材料仓库仿真地图实现材料堆垛可视化管理，通过对材料的生产厂家、尺寸外观、规格型号等多维度信息的管理，实现质量控制的可追溯。

（4）在产品制造环节按照各专业（如预制混凝土、钢结构等）生产标准（要求）统一人员、工序、设备等的编码。制造厂应用工业互联网建立网络传输体系，利用能支持到工序级的设备，实现自动化的生产制造。

（5）采用BIM技术、计算机辅助工艺规划（CAPP）、工艺路线仿真等工具制作工艺文件，并能将工艺参数通过制造厂工业物联网体系传输给对应设备（如将切割程序传输给切割设备），各工序的生产状态可通过人员报工、条码扫描或设备自动采集等手段进行采集上传。

（6）在产品进场管理环节应用物联网技术，采用扫描枪、手机等移动设备扫描产品条码、RFID条码，将产品信息自动传输到管理信息平台，进行产品质量的可追溯管理。并可按照施工安装计划在BIM模型中直观查看各批次产品的进场状态，对项目进度进行管控。

（7）在现场堆场管理环节应用物联网条码、RFID条码等技术绑定产品信息和产品库位信息，采用扫描枪、手机等移动设备实现现场条码信息的采集，依据产品仓库仿真地图实现产品堆垛可视化管理，合理利用现场堆场空间。

（8）在施工预拼装管理环节采用BIM技术对需要预拼装的产品进行虚拟预拼装分析，通过模型或者输出报表等方式查看拼装误差，在地面完成偏差调整，降低预拼装成本，提高装配效率。

（9）可采取云部署的方式，提高信息资源的利用率，降低信息资源的使用成本。

（10）应具备与相关信息系统集成的能力。

（四）应用范围

基于智能化的装配式混凝土建筑产品生产与施工管理信息技术可应用于装配式混凝土建筑产品生产过程中的深化设计、材料管理、产品制造环节，以及施工过程中的产品进场管理、现场堆场管理、施工预拼装管理环节。

二、基于BIM的现场施工管理信息技术

（一）定义

基于BIM的现场施工管理信息技术是指利用BIM技术，借助移动互联网技术实现施工现场可视化、虚拟化的协同管理。在施工阶段结合施工工艺及现场管理需求对设计阶段施工图模型进行信息添加、更新和完善，以得到满足施工需求的施工模型。依托标准化项目管理流程，结合移动应用技术，通过基于施工模型的深化设计，以及场布、施组、进度、材料、设备、质量、安全、竣工验收等管理应用，实现施工现场信息高效传递和实时共享，提高施工管理水平。

（二）技术内容

（1）深化设计：基于施工BIM模型并结合施工操作规范与施工工艺，进行建筑、结构、机电设备等专业的综合碰撞检查，解决各专业碰撞问题，完成施工优化设计，完善施工模型，提升施工各专业的合理性、准确性和可校核性。

（2）场布管理：基于施工 BIM 模型对施工各阶段的场地地形、既有设施、周边环境、施工区域、临时道路及设施、加工区域、材料堆场、临水临电、施工机械、安全文明施工设施等进行规划布置和分析优化，以实现场地布置的科学合理性。

（3）施组管理：基于施工 BIM 模型，结合施工工序、工艺等要求，进行施工过程的可视化模拟，并对方案进行分析和优化，提高方案审核的准确性，实现施工方案的可视化交底。

（4）进度管理：基于施工 BIM 模型，通过计划进度模型（可以通过 Project 等相关软件编制进度文件，生成进度模型）和实际进度模型的动态链接，将计划进度和实际进度进行对比，找出差异，分析原因，BIM 4D 进度管理可以直观地实现对项目进度的虚拟控制与优化。

（5）材料、设备管理：基于施工 BIM 模型，可动态分配各种施工资源和设备，并输出相应的材料、设备需求信息，与材料、设备实际消耗信息进行比对，实现施工过程中材料、设备的有效控制。

（6）质量、安全管理：基于施工 BIM 模型，对工程质量、安全关键控制点进行模拟仿真以及方案优化。利用移动设备对现场工程质量、安全进行检查与验收，实现质量、安全管理的动态跟踪与记录。

（7）竣工管理：基于施工 BIM 模型，将竣工验收信息添加到模型，并按照竣工要求进行修正，进而形成竣工 BIM 模型，作为竣工资料的重要参考依据。

（三）技术指标

（1）利用 BIM 技术的设计模型，结合施工工艺及现场管理需求进行深化设计和调整，形成施工 BIM 模型，实现 BIM 模型在设计与施工阶段的无缝衔接。

（2）运用的 BIM 技术应具备可视化、可模拟、可协调等能力，实现施工模型与施工阶段实际数据的关联，进行建筑、结构、机电设备等各专业在施工阶段的综合碰撞检查、分析和模拟。

（3）采用的 BIM 施工现场管理平台应具备角色管控、分级授权、流程管理、数据管理、模型展示等功能。

（4）通过物联网技术自动采集施工现场实际进度的相关信息，实现与项目计划进度的虚拟比对。

（5）利用移动设备，可即时采集图片、视频信息，并自动上传到 BIM 施工现场管理平台，责任人员在移动端即时得到整改通知、整改回复的提醒，实现质量管理任务在线分配、处理过程及时跟踪的闭环管理要求。

（6）运用 BIM 技术，实现危险源的可视标记、定位、查询分析。安全围栏、标志牌、遮拦网等需要进行安全防护和警示的地方在模型中进行标记，提醒现场施工人员安全施工。

（7）应具备可与其他系统集成的能力。

（四）应用范围

基于 BIM 的现场施工管理信息技术适用于装配式混凝土建筑工程项目施工阶段的深化、场布、施组、进度、材料、设备、质量、安全等业务管理环节的现场协同动态管理。

三、BIM 技术的应用

（一）BIM 技术的定义及应用范围

1. BIM 技术的定义

BIM 即建筑信息模型（Building Information Model），是指在建设工程及设施全生命期内，对其物理和功能特性进行数字化表达，并依此设计、施工、运营的过程和结果的总称，简称模型。现阶段，国内常采用的主流建模软件有 Revit、Revit+Extensions、Navisworks，可实现建筑全专业的 BIM 设计、装配式混凝土构件拆分 BIM 设计、与主流结构计算软件对接、BIM 模型文件轻量化、钢筋 BIM 模型碰撞检查等功能。

2. BIM 技术的应用范围

BIM 技术可用于装配式混凝土建筑的设计、加工、运输及施工，如图 9-1 所示。

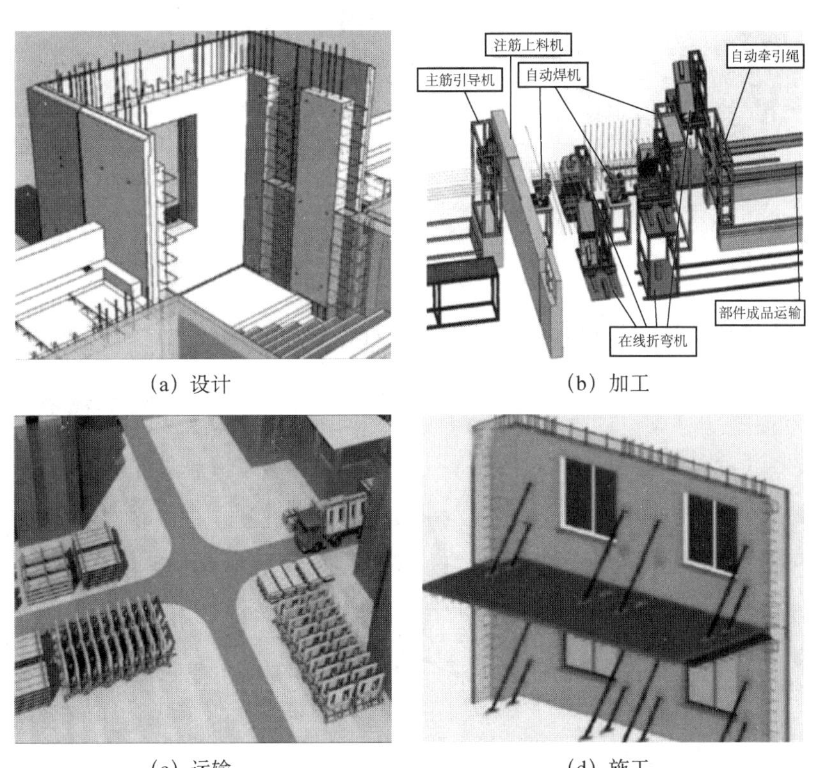

（a）设计　（b）加工

（c）运输　（d）施工

图 9-1　BIM 技术的应用

（1）设计：利用 BIM 技术可视化、模拟化特点辅助项目全过程的设计，解决构件设计过程中的错漏碰缺。

（2）加工：利用 BIM 技术进行构件的精确建模，保证构件加工过程的高效性和准确性。

（3）运输：利用 BIM 技术进行项目构件运输过程的追踪和场地布置的模拟。

（4）施工：利用 BIM 技术模拟施工过程，提高施工效率，减少施工差错，辅助安全管理。

（二）BIM 技术在设计阶段中的应用

1. 参数化建模

通过参数化驱动 BIM 模型，快速形成各种方案下的项目可视化情况。参数化建模的关键在于对构件信息（编号、结构参数、定位参数、尺寸参数等）和模型信息（空间、管线排布等）的把控，如图 9-2 所示。

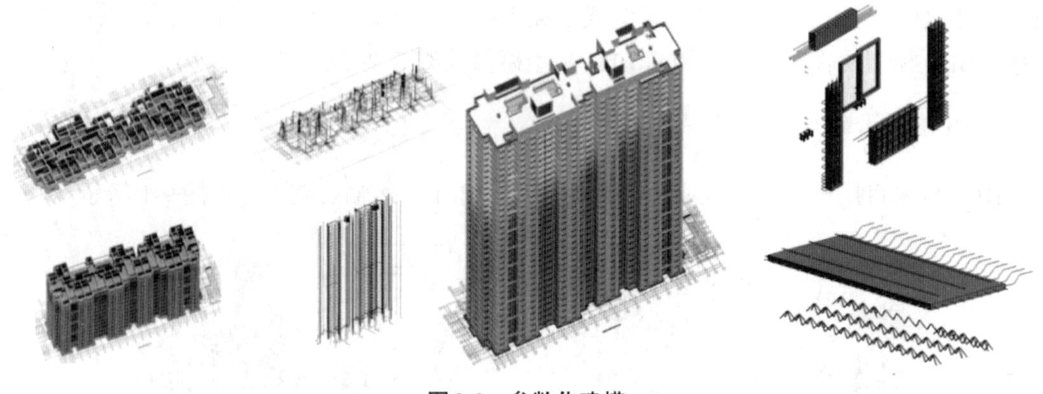

图 9-2　参数化建模

2. 三维协调

利用 BIM 可视化功能，进行各专业的错、漏、碰、缺的核查，协助解决各专业美观、设计功能、安装检修等工作，如图 9-3 所示。

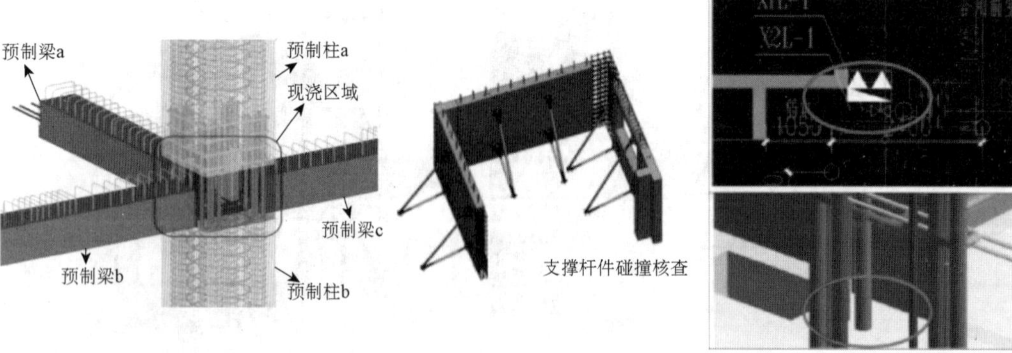

（a）钢筋核查　　（b）支撑杆件核查　　（c）管线核查

图 9-3　错、漏、碰、缺的核查

3. 构件连接节点深化设计

利用 BIM 可视化和参数化的特点，辅助项目重要连接节点的深入分析和推敲，快速形成各种方案，并和各项分析软件进行结合，多方位地保证项目质量及安全，如图 9-4 所示。

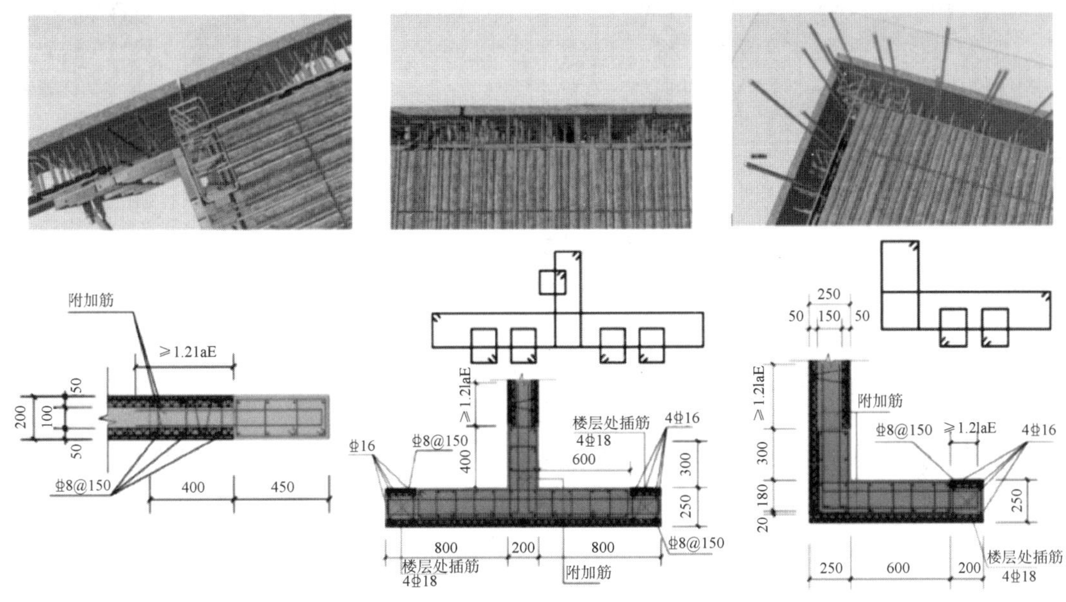

图 9-4　构件连接节点深化设计

4. 施工图设计文件快速出图

利用 BIM 可出图性，准确快速地辅助出具图纸，提高设计工作效率，利用 BIM 参数化特点，快速出具各种方案下的二维图纸，如图 9-5 所示。

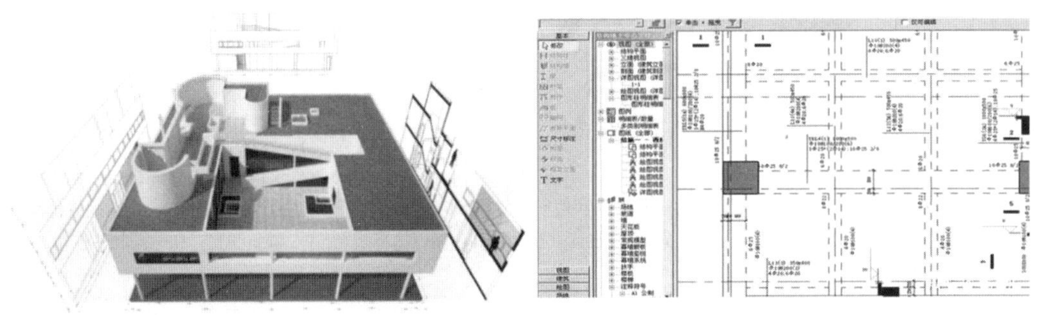

图 9-5　施工图设计文件快速出图

5. 工程量统计

利用 BIM 构件模型统计单个 BIM 构件真实工程量，乘以由 BIM 总体模型导出的 BIM 构件数量，可快速实现装配式混凝土结构构件的精确工程量统计，如图 9-6 所示。

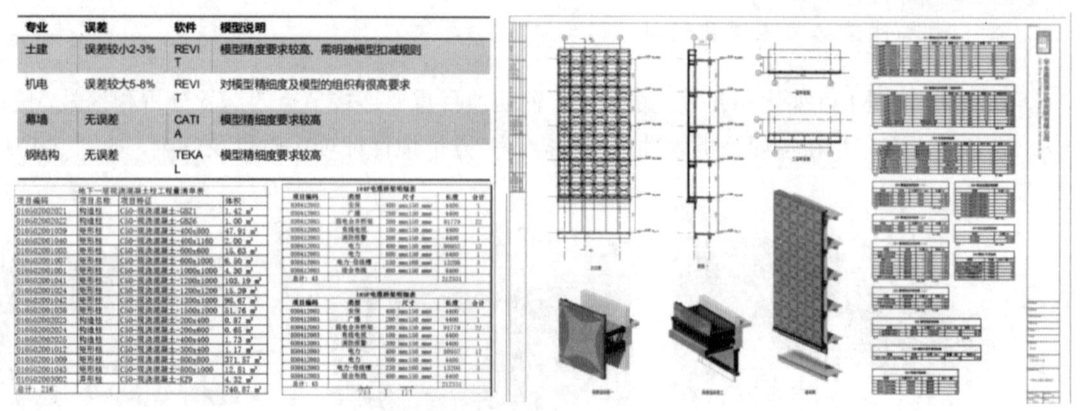

专业	误差	软件	模型说明
土建	误差较小2-3%	REVIT	模型精度要求较高、需明确模型扣减规则
机电	误差较大5-8%	REVIT	对模型精细度及模型的组织有很高要求
幕墙	无误差	CATIA	模型精细度要求较高
钢结构	无误差	TEKAL	模型精细度要求较高

图9-6 工程量统计

（三）BIM 技术在生产、运输阶段中的应用

1. 辅助工厂自动化生产与管理

通过数据转换，将设计阶段数据传递至加工厂，可实现自动生产，并辅助构件生产企业进行生产管理，如图 9-7 和图 9-8 所示。

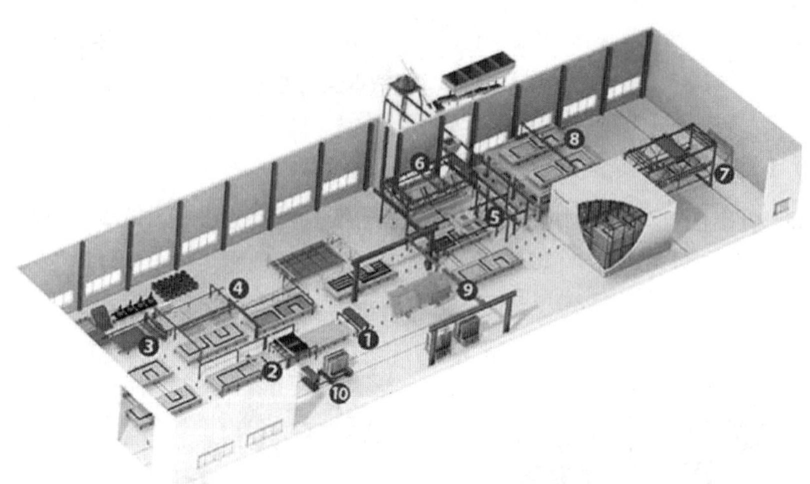

1—模板的清洁和脱模剂喷洒装置；2—标绘器和边模置放、拆卸机械手；3—钢筋网焊接设备；4—钢筋摆放机械手；5—混凝土喂料机和水泥密实装置；6—翻转装置；7—堆垛机；8—抹平装置；9—倾斜装置；10—预制件拖车。

图9-7 辅助生产厂进行自动化生产

构件位置			构件编号	构件类	设计状	加工状态		运输状态		施工状态		质检状
楼栋	单元	楼层				计划	实际	计划	实际	计划	实际	
1#楼	1	1F	YZQ-01-01-01-01	预制墙	√	20150607 - 20150612	√	20150707 - 20150712	√	20150807 - 20170809	√	
	1	1F	DHB-01-10-01-01	叠合板	√							
	1	2F	YZQ-01-01-02-01	叠合板	√							
	1	2F	YZQ-01-01-02-01	叠合板	√							
	2	1F	YZQ-02-01-02-01	叠合板	√	20150807 - 20150816	√	20150907 - 20150916	×延迟两天	20151007 - 20151016	√	
	2	1F	YZQ-02-01-02-01	预制墙	√							
	2	1F	YZQ-02-01-02-01	叠合板	√							
	2	2F	YZQ-02-02-02-01	叠合板	√							
	2	1F	YZQ-02-01-02-01	预制墙	√							
	2	1F	YZQ-02-01-02-01	叠合板	√							
	2	2F	YZQ-02-02-02-01	叠合板	√							
	3	2F	YZQ-03-01-02-01	预制墙	√	20151011 - 20151031	√	20151111 - 20151131	√	20151113 - 20151118	×延迟两天	
	3	1F	YZQ-03-01-02-01	叠合板	√							
	3	3F	YZQ-03-03-02-01	预制墙	√							
	3	1F	YZQ-03-01-02-01	叠合板	√							
	3	1F	YZQ-03-01-02-01	叠合板	√							
	3	2F	YZQ-03-02-02-01	预制墙	√							
	3	1F	YZQ-03-01-02-01	叠合板	√							
	3	2F	YZQ-03-02-02-01	预制墙	√							
	3	3F	YZQ-03-03-02-01	叠合板	√							

图 9-8　辅助生产厂进行生产管理

2. 辅助构件运输与追踪

BIM 技术可以基于三维空间布置将相关的预制构件最大限度地放入对应的运输空间内，并用模拟手段保证运输的安全性。协助项目降低运输成本，减少构件破损率，如图 9-9 所示。

（a）运输模型

（b）二维码追踪

图 9-9　辅助构件运输与追踪

（四）BIM 技术在施工阶段中的应用

1. 施工图信息模型深化

BIM 技术在施工阶段按照施工现场真实情况对设计模型进行更新和深化，内容主要对缺失构件（支吊架模型、小管线、各设备管线末端或点位）进行添加；对已有构件形体及信息（各主要设备机房管线安装情况、各主要设备参数、主要部位施工信息、运维阶段模型信息等）的纠正和深化，如图 9-10 所示。

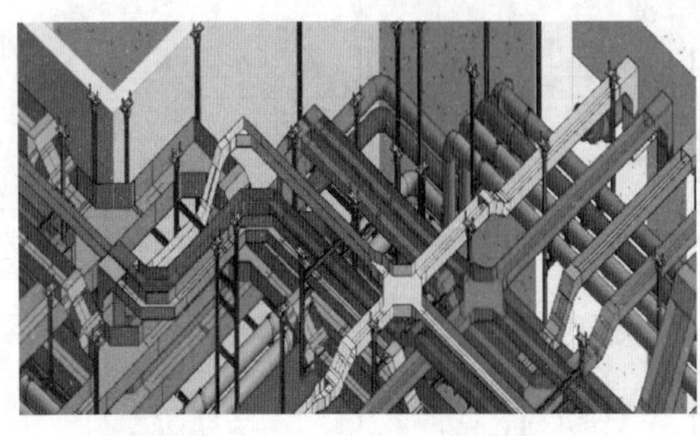

(a) 添加缺失构件

(b) 机房管线纠正和深化

图9-10　施工图信息模型深化

2. 施工方案和施工安全措施的模拟

为了模拟施工现场，保证施工方案的可行及辅助施工管理，建立脚手架、各种临时支撑等措施模型，如图9-11所示。

图9-11　施工方案和施工安全措施的模拟

3. 现场场地布置管理

通过对现场场地进行虚拟模拟，进行项目施工现场流线模拟，评估现场材料堆叠合理性，避免风险及二次搬运等。通过模拟塔吊工作的半径，找出塔吊最佳布置位置，为后续的施工做好准备，如图9-12所示。

图9-12　现场场地布置管理

4. 现场构件堆放管理

预制构件运抵施工现场后，基于预制构件信息数据库中预存的堆放构件设施信息、堆放标准以及装配顺序，自动设定堆放序列并据此指导现场施工构件的堆叠，如图 9-13 所示。

图 9-13　现场构件堆放管理

5. 施工进度模拟与管控

利用 BIM 技术的虚拟进度与实际进度的比对主要是将方案进度计划和实际进度的形象化表达，找出差异，分析原因，实现对项目进度的合理控制与优化，如图 9-14 所示。

图 9-14　施工进度模拟与管控

6. 施工质量、安全管理

当装配式混凝土建筑施工过程中发生质量、安全问题时，可依据不同质量、安全问题在模型中进行构件标注。同时可将 BIM 构件导入移动端平台，由施工管理单位或监理单位现场对构件模型进行质量、安全检测，如发现问题及时拍照上传平台供其他参与方核实修正，如图 9-15 所示。

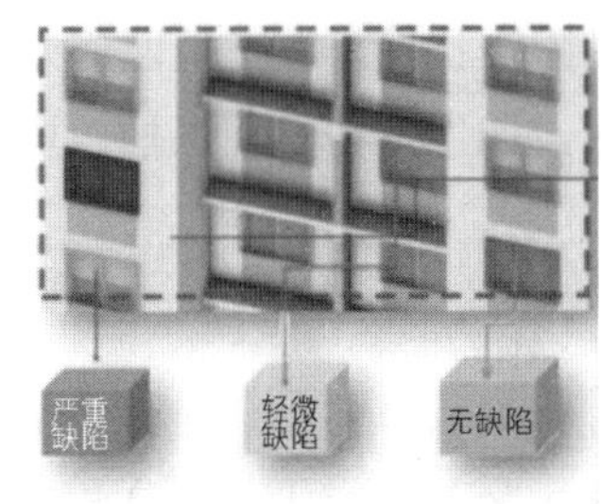

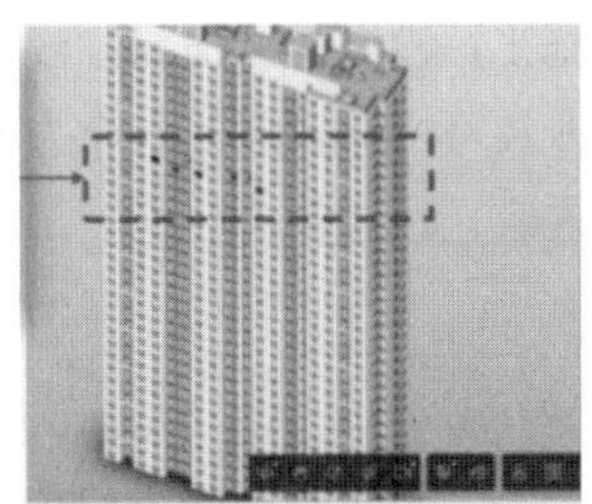

图 9-15　施工质量、安全管理

7. 项目成本管理

利用 BIM 5D 技术实现项目成本管理，BIM 5D 是在 BIM 模型基础上增加时间维度后，再增加一个维度，目前 BIM 圈内普遍认为这个维度是成本，即 BIM 4D 加上成本。BIM 5D 集成了工程量、工程进度、工程造价，不仅能统计工程量，还能将建筑构件的 3D 模型与施工进度的各种工作（WBS）相链接，动态地模拟施工变化过程，控制实施进度和实时监控成本造价的实时，如图 9-16 所示。

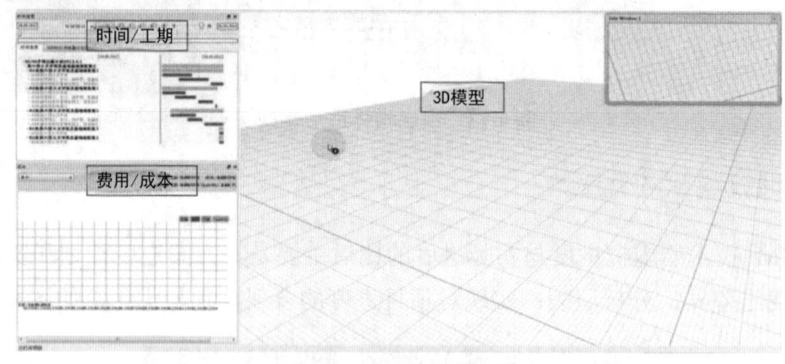

图 9-16　项目成本管理

第三节　绿色施工

一、绿色施工的概念及意义

绿色施工是指工程建设中，在保证质量、安全等基本要求的前提下，通过科学管理和技术进步，最大限度地节约资源并减少对环境负面影响的施工活动，实现节能、节地、节水、节材和环境保护（“四节一环保”）。

绿色施工作为建筑全生命周期中的一个重要阶段，是实现建筑领域资源节约和节能减排的关键环节。实施绿色施工，应依据因地制宜的原则，贯彻执行国家、行业和地方相关的技术经济政策。绿色施工应是可持续发展理念在工程施工中全面应用的体现，绿色施工并不仅仅是指在工程施工中实施封闭施工，没有尘土飞扬，没有噪声扰民，在工地四周栽花、种草，定时洒水等这些内容，它涉及可持续发展的各个方面，如生态与环境保护、资源与能源利用、社会与经济的发展等内容。

二、绿色施工的原则

1）进行总体方案优化，在规划、设计阶段，充分考虑绿色施工的总体要求，为绿色施工提供基础条件。

2）对施工策划、材料采购、现场施工、工程验收等各阶段进行控制，加强整个施工过程的管理和监督。绿色施工的总体框架由施工管理、环境保护、节材与材料资源利用、节水与水资源利用、节能与能源利用、节地与施工用地保护六个方面组成。

三、绿色施工与绿色建筑

绿色施工不同于绿色建筑。《绿色建筑评价标准》（GB/T 50378—2019）中定义，绿色建筑是指在建筑的全寿命周期内，节约资源、保护环境、减少污染，为人们提供健康、适用、高效的使用空间，最大限度地实现人与自然和谐共生的高质量建筑。因此，绿色建筑体现在建筑物本身的安全、舒适、节能和环保，绿色施工则体现在工程建设过程的“四节一环保”。

绿色施工以打造绿色建筑为落脚点，又不局限于绿色建筑的性能要求，更侧重于过程控制。没有绿色施工，建造绿色建筑就成为空谈。

四、绿色施工与文明施工

绿色施工不同于文明施工。绿色施工除了涵盖文明施工外，还包括采用降耗环保型的施工工艺和技术，节约水、电、材料等资源。因此，绿色施工高于、严于文明施工。《绿色施工导则》（建质〔2007〕223 号）中对地下设施、文物和资源的保护，节材、节能措施等都有所规定。绿色施工也需要遵循因地制宜的原则，结合各地区不同自然条件和发展状况稳步扎实地开展，避免做表面文章而浪费资源。

参考文献

[1] 张波. 装配式混凝土结构工程[M]. 北京：北京理工大学出版社，2016.

[2] 夏峰，张弘. 装配式混凝土建筑生产工艺与施工技术[M]. 上海：上海交通大学出版社，2017.

[3] 张建荣，郑晟. 装配式混凝土建筑识图与构造[M]. 上海：上海交通大学出版社，2017.

[4] 刘海成，郑勇. 装配式剪力墙结构深化设计、构件制作与施工安装技术指南[M]. 北京：中国建筑工业出版社，2016.

[5] 郭学明. 装配式混凝土结构建筑的设计、制作与施工[M]. 北京：机械工业出版社，2017.

[6] 黄营. 装配式混凝土建筑——钢筋加工[M]. 北京：机械工业出版社，2018.

[7] 上官子昌. 18G901 平法钢筋翻样与下料[M]. 北京：化学工业出版社，2019.

[8] 济南市城乡建设委员会建筑产业化领导小组办公室. 装配式整体式混凝土结构工程工人操作实物[M]. 北京：中国建筑工业出版社，2016.

[9] 中国建筑标准设计研究院. 装配式建筑系列标准应用实施指南（装配式混凝土结构建筑）[M]. 北京：中国计划出版社，2016.

[10] 张金树. 装配式建筑混凝土预制构件生产与管理[M]. 北京：中国建筑工业出版社，2017.

[11] 北京城市建设研究发展促进会，王宝申. 装配式建筑建造构件生产[M]. 北京：中国建筑工业出版社，2017.

[12] 渠立朋. BIM 技术在装配式建筑设计及施工管理中的应用探索[D]. 中国矿业大学，2019.

[13] 杨宇沫. 基于 BIM 的装配式建筑智慧建造管理体系研究[D]. 西安科技大学，2020.

[14] 常繁，樊利新. 预制装配式混凝土构件设计及生产工艺研究[J]. 河南建材，2016.